景観人類学の課題

中国広州における都市環境の表象と再生

河合洋尚

風響社

序文

一

本書は、中国広州における都市景観再生の動きを、特に広州の下町である西関《さいかん》に焦点を当て、景観人類学の視点から考察するものである。

広州は、上海、北京に次ぐ中国の大都市であり、広東省の省都である。近隣には香港、マカオ、深圳《しんせん》、東莞《とうかん》など有数の経済力をもつ都市がひしめいており、この一帯には日系の企業や日本からの訪問者も少なくない。広州は、そのなかでも香港とともに政治的・経済的なリード・オフ・マンとしての役割を果たす、中国華南地方最大の都市である。

筆者がその広州に初めて赴いたのは、二〇〇〇年四月のことであった。当時はまだ広州の主要言語である広東語をほとんど解すことができなかったが、それだけに目に飛び込んでくる光景は新鮮であった。ある日、筆者は下町の一角である西関に迷い込んだが、その時の光景は今も脳裏に焼きついている。そこでは、さまざまな動物を食材として売る自由市場の他、古びた住居が密集していた。

二〇〇四年八月、留学を機に広州に長期滞在することになった筆者は、その後の西関を再び見るため現地を訪れたが、その光景は大きく変わっていた。二〇〇三年度のＳＡＲＳ騒動によって、さまざまな動物を食材として売っていた自由市場が撤去されただけではなく、周囲の住居や小道も、改装が進んで綺麗になっていた。また、地下鉄が通り、周囲に近代的なデパートやマンションを建設する計画が進められていた。こうした変化は、筆者が広州に滞在した二〇〇四年八月から二〇〇八年二月までの間だけでも、目に見えて生じていた。

この間、西関では急速な都市開発が進む一方、往年の特色ある景観を再生しようとする、見逃すことのできない動きがみられた。北京では下町の約四〇パーセントが開発されたというが［China Daily 2010-8-14］、他方で、広州では、下町の歴史的景観を保護・再生させる努力が、広州市政府の主導によりなされてきた。その結果、西関では、青レンガの壁、横木の門、煌びやかな窓などを用いた建築物が次々と建てられ、「巷」と呼ばれる小道も石畳に改造されるなど、歴史的な光景が現代に再生されていった。同時に、物理的環境が再生されるにとどまらず、それと関連のある往年の民俗や生活様式も保存・再生の対象とされた。

広州の下町で歴史的景観の再生がおこわれた動機の一つは、二〇一〇年一一月に広州で開催されたアジア競技大会（以下、アジア・オリンピックと称す）に向けて、広州の都市イメージをつくりだすことにあった。北京においても、二〇〇八年八月にオリンピックを開催する前に、「胡同《フートン》」（横丁）のある下町を青レンガの壁と赤い門で塗り替えたことがある。広州でも同様に、北京や他の中国の都市とは異なる、特色ある都市景観をつくりだすことが目指されてきた。その際、広州の地方政府は、学術機構やマス・メディアとの提携のもと、青レンガの壁、横木の門、煌びやかな窓、石畳の小道などを西関文化として「科学的」に規定し、そのローカル[1]な文化を視覚化することで、特色ある都市景観をつくりだしてきた。

しかしながら、ここで保存・再生すべきと主張された文化は、むしろ文化財のように高尚であり特殊性を具えたそれである。すなわち、地域住民の記憶、価値観、社会関係から紡ぎだされた、いわゆる人類学的な意味での生活様式としての〈文化〉ではなかった（本書では、生活実践と関連する後者の文化概念を〈　〉で表し、あるテリトリーの特色を示す前者のそれを○○文化などカッコなしで用いる）。それゆえ、ローカル文化を視覚的に保存・再生させる名目で政策的につくられてきた景観像は、地域住民の思い描く景観像と少なからず距離が生じていた。

では、地方政府、マス・メディア、そして学術機構は、どのような理由から特色ある都市景観をつくりだしてきたのだろうか。それに対して、地域住民は、どのような立場から景観を眺め、それに迎合したり反感を抱いたりしてきたのだろうか。筆者は、このような関心をもとに、二〇〇六年四月から二〇〇八年二月まで、西関でのフィールドワークをおこなった。そして、こうした現代中国の都市的状況を解読する助けとなったのが、景観人類学と呼ばれる分野の視点と方法であった。

二

景観人類学（anthropology of landscape）は、一九九〇年頃よりイギリス社会人類学界で台頭しはじめた、比較的新しい分野である。一九九〇年代半ばから、イギリス、アメリカ、オーストラリアをはじめとする英語圏の人類学界において盛んになり、今やその研究蓄積は少なくない。特に、イギリス社会人類学界では、景観人類学は、身体論とともに最も将来性のある分野の一つとみなされることすらある［Descola and Palsson 1996: 14-15］。現在（二〇一二年）の日本では、景観人類学はまだ、それほど知られた分野ではないが、それでも西村正雄ら早稲田大学のラオス研究グループによる書籍［ラオス地域人類学研究所編　二〇〇七］の出版など、萌芽的な動きはある。

それでは、なぜ景観人類学は、社会―文化人類学（以下、人類学と単に記す）において注目され始めたのであろうか。その理論的な出発点には、文化を「書く」ことをめぐる一連の議論が関係している。一般的に人類学は、異社会に入り、そこで長期のフィールドワークをおこなうことで当該社会の文化を理解し、その文化を民族誌として書くことで自社会に翻訳することが主な仕事とされてきた。しかし、一九八〇年代後半になると、この文化を「書く」作業が、エキゾチックな、あるいはノスタルジックな異社会のビジョン(2)を描く貢献をなしてきたことに、疑問が投げかけられるようになった［Clifford and Marcus eds. 1986］。それにより、文化を「書く」技法が恣意的かつ権力的であるとする批判が、人類学の内部で強まった。

ところが、景観人類学はむしろ、この批判を逆手にとることからはじめている。すなわち、景観人類学は、文化を「書く」技法そのものを批判するのではなく、文化を「書く」営為によってつくられたエキゾチックな、もしくはノスタルジックなビジョンが、いかに現実社会をつくりだしてきたかに着目したのである。景観人類学の旗手の一人であるエリック・ハーシュによると、こうした異文化の学術的な描出は、ローカルな土地の肖像を描き出す景観画（風景画）の技法と共通性がある［Hirsch 1995: 3］。したがって、あたかも景観画を描くかのように、ある土地のローカルな特殊性を描き、そして社会へ提示する権力性を、景観人類学は研究の対象とするようになったのである。

他方で、景観人類学において、象徴人類学もしくは認識人類学の系譜を引くと考えられる方向性も現れてきている。この方向性は、文化を「書く」作業によりローカルな特殊性をもった景観がつくりだされる力学を問うのではなく、地域住民が生活実践——とりわけ生活上の経験、記憶、価値観、語り——を通して物理的環境に「意味」を付与するプロセスを問うアプローチである。

以上の二つのアプローチが具体的にどのように展開していったかについては、次の第一章で詳述するので、ここではさしあたり、これらのアプローチがそれぞれ〈空間（space）〉と〈場所（place）〉の概念と関連して研究が進められてきた事実を指摘しておきたい。

景観人類学における〈空間〉は、たとえば国家、都道府県、保護区など、政治的に境界づけられた領域的な面を指す。そして、その〈空間〉は、価値中立であるのではなく、イデオロギー的な価値が埋め込まれ、政治経済的利益を与える資源となりうる。簡潔に言えば、ここで言う〈空間〉は政治空間であるといえるだろう。そして、景観人類学の〈空間〉分析では、政府、学術機構、マス・メディア、開発業者、観光業者などが特殊性を具えた景観のビジョンを〈空間〉内において生産する、政治・経済的な力学が問われてきた。

他方で、〈場所〉は、親族・近隣などの社会関係が結ばれるとともに、記憶やアイデンティティを共有する生活の舞台を指す。つまり、〈場所〉は、人類学者が長年考察の対象としてきた生活の舞台にも相当するが、この概念は〈空間〉との対応によってはじめて成り立つ。それゆえ、景観人類学の〈場所〉分析では、〈空間〉の枠組みにおいて生産された特殊性としての景観に対して、地域住民が対応していくプロセスを考察の対象としてきた。そして、人類学者たちは、前者の景観に抗することで立ち現れる地域住民側の景観を模索することに傾倒してきた。

要するに、景観人類学では、これまで、景観がつくられる二つの異なる経緯が問われてきた。一つは、都市計画や観光パンフレットなどで描かれがちなローカルな特殊性をもつ景観であり、もう一つは、地域住民の生活実践により紡ぎ出されるそれである。こうした〈空間〉と〈場所〉を機軸とする分析手法は、西関における景観再生の動きを考察する際に、次のような示唆を与えてくれる。

第一に、広州市政府、学術機構、マス・メディアの提携下で生産された特殊性としての景観は、西関という〈空間〉を基盤に展開されてきた。そして、この動きの背景には文化を「書く」作業を通した科学的な裏づけがあり、それによりローカルな特色をもつ、西関に特有の景観が再生されていった。

第二に、科学的な権威と政治経済的な所為によって生産されたローカルな景観は、時として地域住民によりニセモノであるとして否定されている。というのも、地域住民は、〈場所〉において慣習的な価値観や記憶を培っており、そうした視点から、別様の景観を眺めうるからである。だが、時として地域住民は、政策的につくられた景観を利用することで、自己の権益を強める努力をおこなってきた。

三

本書は、〈空間〉と〈場所〉という二つの分析軸に基づき、先に述べた西関の景観再生をめぐる動きを次のような構成でもって論じる。

まず、第一章では、景観人類学の研究史と問題点を論じる。景観人類学の諸研究は、特にオセアニア、中南米、ヨーロッパの事例を中心に議論が進められており、中国の事例分析はごく限られている。だが、本章ではむしろ他地域における議論を検討し、その問題点を指摘することで、本書の問題意識と分析視角を明確にする。

次に第二章から第四章にかけては、ローカルな特色をもつ景観が広州の下町である西関にて生産されてきた経緯について検討する。ここでは、文化を「書く」営為により描出された西関文化のビジョンが、広州市政府、マス・メディア、開発業者など多様な主体により活用され、現実社会の景観へと転換していく力学を示す。ローカルな景観が〈空間〉内で生産されていく力学を探求するために、本書では三つの段階を追って論じていくことになる。すなわち、①政府によって〈空間〉が境界づけられる政治経済的条件（第二章）、②その〈空間〉を民族誌的な文化の分類学により意味づける学術の権威性（第三章）、③こうして生産された景観の象徴《シンボル》的記号が、政府、マス・メディア、開発業者、飲食店経営者などにより〈空間〉内で使われ、散布していく経緯（第四章）の三点を検討する。

そして、以上の視点からローカルな景観の生産についての考察を深めた後、さらに、第五章から第九章にかけて、西関社区（仮称）と呼ばれる地域社会を〈場所〉の観点から考察する。これら五つの章では、歴史的景観再生のプロジェクトを具体的にとりあげるとともに、そうして生産された景観に対する地域住民の反応について考察を深める。まず、西関社区の概況説明をおこない、景観にはたらきかける複数のアイデンティティ集団について言及する（第五章）。その後の章では、各種の歴史的景観の再生プロジェクト——西関屋敷と麻石道の改造（第六章）、西関風情園の建設（第七章）、Z廟と北帝誕生祭の復興（第八章）、巷の生活スタイルの再現（第九章）をそれぞれ事例として記述分析する。

これらの事例分析によって判明する結論の一つは、広州市政府の主導で政策的に生産された特色としての景観が、さまざまなアイデンティティをもつ地域住民により、異なるまなざしで眺められているということである。つまり、地域住民は各自の〈場所〉における生活上の経験、記憶、価値観、語りによって、オルターナティブな景観を再構築していた。換言すれば、〈空間〉の次元において政治経済的に生産される景観と、〈場所〉の次元において地域住民により構築される景観との間には、一定の距離が生じたのである。

このように、地方政府や学術機構などにより生産されるローカルな景観と、地域住民の生活実践により構築される景観は、西関の事例においては対立している。実際、景観人類学の諸研究でも、双方の景観は個別に扱われるか対立的に描かれる傾向にあるから、西関の景観再生をめぐる事例は、一方で景観人類学の先行研究と合致している。だが、双方の景観を対立的な視点からのみ捉えてしまうと、西関における景観再生の動きのなかで、おそらくもっとも重要な部分を他方で見落としてしまうことになりかねない。

西関における歴史的景観再生の事例で興味深いのは、もし特定の条件さえ整えば、双方の景観は並存しうるということである。すなわち、地域住民は、祖先から伝えられた慣習的な景観への接し方を一方で持続していこうとしているが、他方では、時代の流れに合わせてそのあり方を変えるべきだとも考えている。それゆえ、もし条件さえ整っていたならば、景観への慣習的な接し方を持続させつつ、ローカルな特殊性をもつ景観を再生していくという、一見すると矛盾した「調整」をおこない、両者は並存するのである。すなわち、二つの異なった景観は、対立するだけでなく、時として表裏一体性をもつに至るのである。

そうして並存した景観は、金か緑かといった単色のそれではなく、構造色としての色彩を放ち始める。玉虫の翅のように、特定の側面から見れば金色だが、角度を変えれば緑色となるような、魅力ある色を放ち始めるのである。ただし、もし条件が整わなければ双方の景観は並存することはなく、金か緑かのどちらの色を付すかという葛藤が生まれることもまた、本書の事例から窺い知ることができるであろう。

それでは、二つの異なる景観を整合させる／させないための条件とは何なのだろうか。この問題に取り組むために本書で提示するキーワードが、マルチ・フェイズ（以下、邦訳で「相律《そうりつ》」と称す）である。相律は、自然科学において「二つ以上の相から成る物質系の平衡に関する法則」と規定されるが、本書ではそれを景観論に転用し、「二つ以上の景観が一定の条件のもとで平衡しつつ一つの景観になる力学」と定義する。そして、互いが平衡する状況を「相律する」、逆に平衡しない場合は「相律しない」と動詞表記する。本書で「相律」という耳慣れない造語を使うのは、双方の景観が融合するのでも昇華するのでもなく、それぞれ矛盾することなく平衡しながら一つの景観になる状態を重視する故である。つまり、双方の（あるいは複数の）景観が互いに自律性を保ちながら、調整と接合を通して構造色としての景観を生み出す条件を探る概念が相律である、と言い換えてもよい。

相律をめぐる以上の観点に基づき、終章である第十章では本論の事例を整理する。それにより、どのような条件のもとで複数の景観が並存するのか、あるいはしないのかについて、さしあたりの結論を導くことができるであろう。そして、本書では最後に、広州における都市景観の再生を通して見た相律をめぐる理論的視座を、景観人類学の新たな課題として提起する。

四

ところで、本書の構成において、北帝誕生祭（第八章）と巷の生活スタイル（第九章）が組み込まれていることに、違和感をもたれた読者もおられるかもしれない。「景観」といえば、日常用語では自然や建築といった物理的環境を指すことが多いからである。では、なぜ民俗活動や生活スタイルが景観人類学を標榜する本書の研究対象になりうるのか。この点を補足説明しておく必要がある。

第一章で詳述するが、本書は、景観を「意味」の付与された物理的環境と規定している。同じ自然や建築であっても、個人または集団は、マス・メディア、語り、イデオロギーなどを通して異なった角度からそれらを眺めることができるが、こうした多様かつ主観的なまなざしにより立ち現れてくる物理的環境こそが、本書で景観と呼ぶものである。

ただし、実際のところ景観はただ眺められるだけではなく、時として生活や参拝などの諸行為とも結びつく。たとえば、ある聖地はA集団から神聖であると見られるが、それは時に礼拝という行為にまで敷衍される。逆に言えば、もし礼拝という行為が伴わないのであれば、その聖地は景観としての意味をもたないかもしれない。つまり、景観は物理的環境そのものだけでなく、それに付随する精神的な要素までも、時として含む。同様に、Z廟は北帝誕生祭という年中行事がなければ景観として成り立たないだろうし、巷は生活を伴わねばただの道になってしまうであろう。それゆえ、景観人類学は、自然や建築などの物理的環境だけでなく、それに付随する精神的要素も研究対象としている。

だが、このように規定すると、かえって曖昧さが際立つ可能性もまた捨てきれない。最も極端な例を挙げるならば、ある自然環境の下で生活する人々が紡ぎだすあらゆるもの――衣、食、小物、風俗・習慣、ジェンダーなどの全てが景観人類学の研究対象になってしまう恐れがあるからである。そうなると、景観人類学でいう「景観」を指す範囲が途端にぼやけてしまうのである。そこで本書では、景観人類学が内包するこうした曖昧さを避けるために、景観人類学のテーマとして以下の基準を設けることにする。

① 景観人類学の研究対象は、物理的環境（自然や建築など）をめぐる知覚および行為を基盤とする。

② そのうえで、某地区において「特色」とみなされている項目を対象とする。さもないと、都市や村落の特殊性を醸成する政策的側面を解明できないからである。

③ また、現代において人々の生活実践（民俗や慣習など）と結びついている項目を対象とする。現時点で生活に根付いておらず、コンテストや展示品などで再現されるだけの項目は含まない。

これらの基準は、もちろん今後も再検討される必要はあるが、本書ではとりいそぎ、これら三つの基準の全てを満たした項目を、研究対象として取りあげた。

例を挙げると、西関における歴史文化の再生において、西関小姐《さいかんシャオジエ》と食文化はかなり注目を集めている項目である。前者は、第二次世界大戦前まで実在したと言われる学識が高くおしゃれな西関の令嬢を全般的に指す。「東山少爺、西関小姐」（訳――東山に住む権力者の御曹司、西関に住む金持ちの令嬢）といえば、広州人ならば誰でも知っている言い回しである。その知名度を活かし、近年では、西関小姐の美人コンテストなどの各種イベントで復活している。また、西関小姐は、西関屋敷という豪邸を語るのに欠かせない存在として、しばしば言及される。他方で、後者について飲食店経営者らは、「食は広州にあり、味は西関にあり」というフレーズのもと、往年の特徴的な西関の食をレストランにて提供しはじめている。だが、両者は、ローカルな特色をもつ項目として②の基準こそ満たしているものの、西関小姐は現在の日常生活からいなくなってるし、食は必ずしも特定の物理的環境と結びついているわけでもない。この点で、前者は③の項目を、後者は①の項目を満たしていない。

以上に述べてきたような景観の概念範疇を含め、日本では景観人類学に関連する用語整理がまだ十分になされていない。この点については、次章をはじめとする本文中で逐一言及していくことにしたい。

〔追記〕　本書で表記する「中国」は大陸中国を指しており、その範疇に台湾、香港、マカオを含めていない。これら三つの地域はそれぞれ「台湾」「香港」「マカオ」と個別に称する。かような区分を図る理由は、あくまで便宜上のものであり、台湾、香港、マカオが植民地経験を通して異なった歴史を歩んできたこと、及び学界においても異なった発展が遂げられてきたことに起因する。

また、本書において地名や現地用語などの漢字にふったルビは、先頭に○印を付けたものが標準中国語（普通語）、●印を付けたものが広東語に基づくものである。原則的に、国家政策にかかわる語彙は標準中国語で、日常生活で使われる語彙は広東語で統一した。なお、○や●印のないルビは日本語である。分かりやすさを考慮して現地語のニュアンスを強調したい時にだけ標準中国語と広東語を使い、それ以外は日本語のルビをふる。

注

（1）『大辞泉』によると、「ローカル」とは、その地方に特有の風俗・自然・情緒などと関連して用いる言葉である。したがって、本書では、表象を通して創出される広州（または西関）らしい文化や景観を、「ローカルな文化」「ローカルな特色をもつ景観」という言葉で表している。

（2）　エドワード・サイードは、「他者」の群像を固定化する共時的本質主義のシステムを、「ビジョン」と名づけた［Said 1979: 239-240］。本書もまたこの用法に従い、描き出された一枚岩的な「他者」像を「ビジョン」と呼ぶ。

●目次●

景観人類学の課題——中国広州における都市環境の表象と再生

序文……1

●第Ⅰ部　景観人類学の理論と研究史

第一章　景観人類学の動向と射程……23

一　景観人類学の基本的視座　23
1　景観をめぐる諸概念の定義　25
2　景観をめぐる二つの用法　26
3　景観人類学の分析軸——〈空間〉と〈場所〉　29
4　二つの景観が提示された理論的背景　34

二　景観人類学の研究史の概要　37
1　景観の生産論をめぐる研究史　37
2　景観の構築論をめぐる研究史　45
3　「第三の景観」への接近　52

三　景観人類学の射程と課題の提示　56

●第Ⅱ部　〈空間〉政策と文化表象による景観の生産様式

第二章　広州の下町における西関〈空間〉の生産……67

はじめに　67

一　広州と西関の地理的・歴史的概況　68
1　広州の概況　68
2　テクストに見る西関の地理と歴史　70

目次

3 「西関」をめぐる民間のメンタル・マップ 75
二 広州の国際都市建設計画と西関の位置づけ 79
1 市場経済化政策前における西関の諸問題 79
2 広州における国際都市建設の計画と施策 81
3 「西聯」の役割、および〈空間〉の資源化 85
おわりに 90
第三章 西関文化を書く、西関文化を読む……95
はじめに 95
一 嶺南漢族をめぐる歴史的記述 96
1 啓蒙としての「文化」、嶺南の「民族」表象 96
2 嶺南三大民系の描写と確立 99
二 一九八〇年代以降における嶺南文化の民族誌的記述 103
1 一九七〇年代末以降にみる文化の記述 103
2 嶺南三大民系をめぐる民族誌的描写 105
3 表象としての嶺南三大民系文化 112
三 嶺南文化と西関文化の位置関係について 116
1 西関文化の政治的位置 116
2 西関文化の科学的「意味」 120
おわりに 124
第四章 西関文化の視覚化から景観の生産へ……131
はじめに 131

一　西関文化とそのシンボルの生成　132
1　記号論とシンボル生成　132
2　西関文化のシンボル生成　135
3　西関文化の記号をめぐる言説の流布　139
二　シンボルの〈空間化〉と景観の生産　144
1　西関〈空間〉におけるシンボルの視覚化　144
2　同心円的〈空間〉における景観の生産様式①　西関⇔広府　149
3　同心円的〈空間〉における景観の生産様式②　西関⇔嶺南⇔中華　157
おわりに　160

●第Ⅲ部　地域住民による〈場所〉と景観の構築過程

第五章　西関社区の地域構造……171
はじめに　171
一　西関社区における二つの〈場所〉　172
1　荔湾区の概況　173
2　社区制度の概況　175
3　西関社区の概況　178
二　西関社区におけるアイデンティティ集団と〈場〉の形成　180
1　西関村の歴史――一九九二年までの歩み　181
2　居民のカテゴリー分化――三つのアイデンティティ集団の形成　185
3　「村民」の誕生――想像上の共同体とその成員　188
おわりに　194

第六章　西関屋敷と麻石道をめぐるシンボルの生成と選択……199
はじめに　199
一　西関屋敷と麻石道をめぐるシンボルの流布　200
1　西関屋敷と麻石道をめぐる学術表象　200
2　茘湾区の都市改造計画と人工環境　203
3　西関屋敷と麻石道をめぐるマス・メディアの偏向性　206
二　多様な〈場〉によるシンボルの選択性　209
1　西関屋敷改造への参与とシンボルの「領有」——外地人の〈場〉において　209
2　西関屋敷をめぐるシンボルの脱構築——本地人の〈場〉において　214
3　麻石道をめぐる景観の想起　219
おわりに　222
第七章　詩的景観のつくられ方と読まれ方……227
はじめに　227
一　西関風情園の建設——シンボルの散布による特色ある景観の生産　228
1　ライチ湾の歴史文化的表象　228
2　西関風情園建設プロジェクトの概要　232
3　西関風情園におけるシンボルの集中　234
二　地域住民による西関風情園の読まれ方——真偽意識の謎をめぐって　236
1　西関風情園のシンボルに対するニセモノ意識　236
2　「村民」によるホンモノ意識　240
3　ホンモノからニセモノへ——地域住民の「意味」から　245

おわりに 249

第八章　廟会景観の生産・構築・相律 …… 255

はじめに 255

一　廟会景観の表象と再生——北帝誕生祭をめぐるポリティクス 256

1　Z廟と北帝誕生祭の概況 256

2　Z廟と北帝誕生祭をめぐる歴史的景観の再生計画（一九九七年以降） 258

3　区政府の指導による北帝誕生祭の実施内容（二〇〇五年～二〇〇八年） 260

4　マス・メディアによる廟会景観の宣伝 263

二　地域住民による廟会景観の「歩き方」——〈場所〉の記憶と再生 266

1　「村民」の記憶のなかのZ廟景観 266

2　経営と意思決定のシステム 270

3　象徴資本としての外的景観、〈場所〉における内的景観 273

おわりに 278

第九章　創出される巷景観 …… 285

はじめに 285

一　物理的環境から景観へ——巷をめぐる表象とまなざしの創出 286

1　社区制度と「和諧」言説 286

2　高齢者福祉施設Uクラブの導入とその社会的背景 288

3　Uクラブの活動と社区活動の結合——巷景観の前景 291

4　部分的事実の捨象と主観的まなざしの提供——巷景観の再生 294

二 〈場所〉の記憶と巷景観の再構築――福祉士と地域住民の視点 297
1 Uクラブ導入以前の西関社区 297
2 Uクラブの意思決定と西関文化――福祉士の目的 301
3 〈場所〉と景観の再構築――会員の活動 304
おわりに 309

●第Ⅳ部 景観人類学の課題

第十章 結論――景観人類学における第三のアプローチ……317
一 〈空間〉律と〈場所〉律 318
1 〈空間〉律について 318
2 〈場所〉律について 321
二 相律へのアプローチ――構造色の景観をめぐって 325
三 今後の課題――応用研究への可能性 330
1 相律論の四つの課題 330
2 相律論からみる応用研究の可能性 333

あとがき……337

参考文献 343
索引 390

装丁＝オーバードライブ・佐藤一典

地図１　中国地図における広州の位置

●第Ⅰ部　景観人類学の理論と研究史

第一章　景観人類学の動向と射程

本章では、景観人類学の基本的視座、研究史、および現時点での課題を検討する。景観人類学は、一九九〇年代に英語圏で台頭してから約二〇年間、考古学、美術史、地理学など隣接領域の影響を受けながら発展を遂げてきた。もちろん一言で景観人類学といってもその方向性や議論は必ずしも一致してきたわけではないが[1]、エリック・ハーシュ［Hirsch 1995］らが提示した〈空間（space）〉と〈場所（place）〉をめぐる研究は、景観人類学において主要な流れの一つをすでに形成している。そこで、本章は、〈空間〉と〈場所〉を基軸とする景観人類学の主要な議論に焦点を当てることで、本書の動向と射程を示すことにしたい[2]。

一　景観人類学の基本的視座

「ハムレットが住んでいたと考えるだけで、たちまちこの城が今までと変わって見えてくるのはおかしなことだと思いませんか。私たちは科学者として、城というものは石材でできていると考えています。…（中略）…しかし、ハムレットがここに住んでいたという事実によって、何も変わるはずがないのにこの城は完全に変わってしまうのです。城壁と塁壁は、まったく別の言葉を話し始めるのです」[Tuan 1977: 4]。

この言葉は、高名な物理学者であるニールス・ボーアが、シェークスピアの悲劇『ハムレット』の舞台となったクロンボー城を見学した時語ったものである。ボーアが述べるように、私たちは環境を眺める際、そこに秘められた物語や出来事の記憶を通して、異なったふうに眺めることがある。城という環境は物理学的に見れば単なる物体にすぎないのに、人間はそれを各々のもつ色眼鏡を通してさまざまに見ることができるのである。仮に人類をとりまく物体を「環境」と規定するならば、こうした主観的な眼差しを通してさまざまに色づけされた環境こそが、本書で「景観」と規定するものである。

さて、かような景観の定義に従うならば、人類学と景観の結びつきは、それほど目新しいものではない。諸個人もしくは諸集団による環境への多様なまなざしは、人類学者がこれまで〈文化〉と表現してきた概念と、少なからず関連性があるからである。たとえば、二〇世紀前半のイギリス社会人類学界では、景観は、文化的背景を記す手法として用いられてきた[Dresh 1988: 50-52]。また、戦後のイギリス社会人類学界で興隆した象徴人類学では、聖と俗、右と左、陸と海といった二分律的な記号から現地文化が解析されてきたが、これらの研究は、諸集団による環境への個別的な見方を探求したものであった。さらに、同時期にアメリカから発信された認識人類学は、現地語に基づく環境の分類法を〈文化〉研究の基軸に据えてきたが、同じく諸集団による環境知覚の個別性を扱ってきた。このように、人間と景観のつながりに関係する人類学的な研究には、少なくとも五〇年以上の歴史が認められうる。

だが、一九九〇年代以降、景観をめぐる人類学的研究は、明らかに新たな進展を遂げるようになっている。エリック・ハーシュが一九九五年に述べたところによれば、「景観」というテーマは人類学において常に周辺的な位置にあり、正面から取りあげられることは少なかった〔Hirsch 1995: 1〕。しかし、一九九〇年頃に、イギリス社会人類学界で「景観人類学」が旗揚げされるや否や、「景観」は英語圏を中心とする世界の人類学界において、たちまち注目されるテーマとなった。

それでは、景観人類学は、一九九〇年代以降、なぜ興隆したのであろうか。また、景観人類学は一体どのような研究視座をもち、どういうところが現在の人類学において新しいのであろうか。本節では、これらの問いに答えていくが、その前に「景観」をめぐる概念定義をおこなうことから始めよう。

1 景観をめぐる諸概念の定義

まず、環境、光景、景観の間の概念的な区別について述べる。

前述の通り、環境は人間をとりまく物的条件そのものを指し、しばしば自然環境（natural environment）と人工環境（built environment）とに大別される。前者は、人間の手によってではなく、自然の手によってつくられた環境を指す。それに対し、後者は「住宅、道路、集会所、聖地、工場地、商業ビルなど一連の建造物の総称」〔河合二〇〇三〕、つまり人間が手を加えた人工物を指す。そのうえで、これらの環境が呈する姿、見え方こそが光景（spectacle）であり、光景は人間のまなざしを通すことなく、「客観的」に立ち現れる。だが、実際に人間が環境を眺める際には、生活上の記憶なりマス・メディアの情報なりの影響を受け、「主観的」な色眼鏡を通すのがふつうである。その結果、環境は、諸個人や諸集団の色眼鏡を通して、さまざまに立ち現れてくるのである。例を挙げると、ある路上の石は、A集団にとってはただの石ころであるかもしれないが、B集団にとっては彼らの宇宙観の中心を占める神聖な崇拝対象であるかもしれない。このように各々の主観的なまなざしから多角的に立ち現れてくる環境こそが、景観であり風景である。

それでは、景観と風景はどのように異なるのであろうか。両者は、日常生活では混同されがちであるし、学問分野の違いや時代の変遷により、異なる定義を与えられることがある［Tuan 1974: 132-133］。さらに、英米圏にて展開されている景観人類学においては、風景と景観は一括して landscape という単語で表記されており、概念上の区別は明確にされていない。

ただし、一九九〇年以降に展開された景観人類学の諸研究を整理すると、landscape という概念には、明らかに二通りの用法がある。換言すれば、landscape という概念を二通りの角度から捉えなおすことに、景観人類学の目新しさがある。それでは、この景観をめぐる二通りの用法とはどのようなものであるかについて、次に検討してみよう。

2　景観をめぐる二つの用法

前述のように、景観に対する人類学的な取り組みは新しいものではない。とりわけ象徴人類学や認識人類学の訓練を受けてきた人類学者たちは、彼／彼女らが調査する諸集団がいかに環境を色づけするかについて、多かれ少なかれ探求してきた。たとえば、前出のハーシュが指摘するように、アメリカの人類学者であるロジャー・キージングは、ソロモン諸島に住むクワイオ人の宇宙観と、その環境認知のあり方について記述してきた［Hirsch 1995: 1-2; Keesing 1982］。他方で、人文地理学においても、諸集団が主観的なまなざしからさまざまに環境を認知する現象学的なアプローチが存在したが［Tuan 1974, 1977］、このアプローチはいくつかの人類学的研究に影響を与えた［渡邊　一九八六］。これらの一九八〇年代以前の諸研究は景観という用語こそ使っていなかったが、地球上の諸集団がいかに各々の地表を個別に捉えているのかについて、人類学の内外で議論してきた。

ところが、一九九〇年代に入ると、景観の概念そのものが問われるようになる。一九九〇年代に入って新たに問われるようになったのは、「一次的」な景観と「二次的」な景観との間の区別である〔Hirsch 1995: 2; Ingold 1993; Ucko and Layton 1999; Stewart and Strathern 2003〕。

では、何が「一次的」で何が「二次的」なのだろうか。景観人類学の理論的枠組みを提示したハーシュは、キージングによるクワイオ人の環境認知研究を例に挙げて、次のように述べる〔Hirsch 1995: 1-2〕。すなわち、クワイオの人々が祖先からの教えに従って環境を名づけ、関与し、「意味」を付与することで構築される景観は、「一次的」である。しかし、キージングという人類学者が、それを西洋社会とは異なる「他者=非西洋人」の景観としてエキゾチックに描き出したビジョンは、「二次的」である〔Hirsch 1995: 2〕。換言すれば、「自己」とは相反するビジョンとして人類学者らにより描き出された「他者」の景観像こそが、「二次的」景観だというのである。[3] この「二次的」景観は、しばしば現地において見られる現実の景観をないがしろにし、都市開発や観光開発などに利用される「空想」の、しかし政治経済的な利潤を満たす景観へと飛躍しうる〔Green 1995〕。

そもそもlandscapeという言葉はオランダ語のlandschapに由来しており、一六世紀の後半に英語圏に導入された〔Schama 1995: 19〕。本来landschapは、人間による占有の一単位や一管轄区域を指していたが、イングランドにlandscapeとして移された後、特定の視点から見た眺めを意味するようになった〔Tuan 1974: 133〕。こうして景観は、ヨーロッパの近代化の過程において、ローカルな土地の肖像を視覚的に描き出す技法として発達していった〔Stewart and Strathern 2003: 3〕。そして、近代ヨーロッパで発達した景観画は、まず田舎を描き出すことからはじまったが、それは「絵のような空想と現実の田舎とを結合させること」〔Hirsch 1995: 2〕が目的であったという。つまり、景観画は、①ノスタルジックな「他者」の肖像を描き出すだけでなく、②政策や消費行為を通して現実社会をつくりだす、そうした社会的役割をもっていたというのである〔Tuan 1974: 133〕。

このようにしてみると、景観画は、すでに見た二次的景観と類似した性質をもつことが分かるであろう。つまり、人類学はかつて現地社会の「一次的」な景観を描き出そうとしてきたが、文化の概念とともに「他者」の（すなわち「自己」とは異なる）景観を民族誌として描き出してきたがために、結果的にノスタルジックまたはエキゾチックな景観のビジョンを社会に提示してきたというのである。ここから、民族誌的記述は、景観画の延長として捉えられるとともに、景観画が政策や商業に活用されるように、ローカルな特色を表す肖像を現実に生み出すものとして把握されるようになった。

要約すれば、「一次的」な景観とは諸集団が生活実践のなかで培ってきた環境への個別のかかわりであり、他方で、「二次的」な景観とは西洋近代に端を発する空想的な描写を指している。言い換えると、前者は景観画において描写がなされるための被写体――前景（foreground）であり、後者は描写により視覚的につくられた肖像――後景（background）であると言うことができるだろう。また、後者の景観が視覚においてのみ認知されるのに対して、前者のそれは、聴覚、嗅覚を含めた五感で認識されるものとして捉えられることがある［Feld 1997; Stewart and Strathern 2002b, 2005, etc.］。

ここで先に提起した景観と風景の概念区分に立ち戻ると、景観は「まとまりのある事物の見え」を、風景は「目に見えず形として現れない何ものかとの関係を含む現象」として区分されうる［木岡　二〇〇七：四〇］。すなわち、景観は「一定の空間的まとまり」を外部から視覚的に描出する西洋近代に発する概念であるのに対し［荒山　二〇〇四：八二―八三］、風景は視覚だけでなく五感全てによる環境との主観的なかかわりを指している［山岸　一九九三：八―九、一九六］。したがって、景観人類学における「一次的」な景観は風景と、「二次的な」それは景観と、それぞれ連関性をもつことが分かるであろう。

後述するように、景観人類学は、従来検討されることの少なかった後者の景観概念に焦点を当て、それにより前者の景観（風景）のあり方を再考することからはじめている。景観人類学は、日本語でいう景観と風景の双方に焦点を当てた点で新しいといえるかもしれない。ただし、本書では表記上の混乱を避けるために、原則的には風景の概念を用いず、両者を一貫して景観と記す。そして、地域住民にとっての風景を強調する際には、一次的景観または内的景観という用語を必要に応じて使うことにする（内的景観については後述する）。

3　景観人類学の分析軸——〈空間〉と〈場所〉

これまで、景観をめぐる語句を整理するとともに、一九九〇年代以降に台頭しはじめた景観人類学における二種類の景観の区別を説明してきた。景観人類学はまず考古学の議論と密接に関連して現れはじめたが、その分析手法を提示した最初の試みの一つが、イギリスの人類学者であるティム・インゴルドにより一九九三年に提示された論考であった。インゴルドはその論考にて、景観を、「現地の居住者により認知される環境世界」であると主張した一方で、「学者など外部の他者により再度見出された像の配列」であるとも規定し、そのうえで双方の景観に対する視座を示唆した［Ingold 1993］。インゴルドの視点は、たとえばウクコとレイトンが編集した『景観の考古学と人類学』に直接的に影響したが［Ucko and Layton eds. 1999: 2］、他方で、〈場所〉と〈空間〉という対立概念ともそれぞれ対応するものであった［cf. Hirsch and O'Hanlon eds. 1995; Feld and Basso eds. 1997; Stewart and Strathern eds. 2003, etc.］。この対立概念は、イギリスの人類学者であるハーシュとオハンロンが一九九五年に出版した『景観人類学——場所と空間の狭間』で明確に打ち出して以来、景観人類学の主要な分析軸の一つとなっている。具体的には、「一次的」景観は〈場所〉と、「二次的」景観は〈空間〉と直接的にも間接的にも結びついて議論が展開されていった。それでは、〈場所〉と〈空間〉がどのような概念であるかについて、次にみていくとしよう。

まず、〈場所〉と〈空間〉は人文―社会科学全般で近年使用されるようになっているが、その概念提起は必ずしも一致しておらず、時には混同すらみられる。(4) 景観人類学においても、〈場所〉と〈空間〉の使用に完全な一致がみられるとはいい難い。ただし、基本的には、景観人類学に理論的な土台を提供してきたクリストファー・ティリーの定義を参照するか、あるいは似通った概念を用いているようにみえる。ティリーは、〈場所〉が人間の経験、感覚、思考、愛着により構築されるなわばりであるのに対し、〈空間〉は行為者が目標を達成するために線引きした資源領域であると主張した［Tilley 1994: 15-21］。

ティリーによる〈場所〉の定義は、実際のところフランスの人類学者であるマルク・オジェの〈場所〉論と通底するところがある。オジェは、〈場所〉をアイデンティティ付与的、関係的、歴史的な社会空間であると位置づけた［Augé 1999: 109-110］。すなわち、〈場所〉とは、日本語で「居場所」と表現されるような、安らぎが与えられ、生活が保障されるような、そうしたなわばりを指す［cf. Tuan 1974: 4-5］。そこでは、個々人が自己の出自を確認できるだけでなく、親族や仲間をはじめとする社会関係の網に埋め込まれ、さらに共通の起源神話や記憶を共にすることができる。

そもそも、個々人は異なる体験や記憶をもっているので、各自の眺める景観は、人の数だけ存在するはずである。しかし、その個々人は「意味（sense）」を共有することで、環境に対する集合的なまなざしを獲得することができる。ここで言う「意味」とは、具体的には共有された記憶、説話、神話、命名・分類法のことであり、集団内で感覚的に共有された何かを指す。(5) 個々人は共通の「意味」を付与することで物理的環境を景観に転換させることができると同時に、個々人は、このようにして景観に埋め込まれた「意味」を通して、自分の出自や起源神話、社会関係のあり方を知ることができる。

フランスの哲学者であるアンリ・ベルクソンはかつて、人間は物体を見る際に、物体そのものではなく、物体に付与されたイメージ（通常はフランス語でイマージュと訳される）を見るのだと指摘したことがある［Bergson 1896］。この文脈で言い換えるならば、諸集団が物理的環境に付与した「意味」は、まさにイマージュとして個人の知覚を左右する役割を果たしているといえるかもしれない。それでは、諸個人はどのような「意味」を集団内で紡ぎあげ、どのようにして物理的環境を見る色眼鏡（イマージュ）を形成するのであろうか。これが、景観人類学の〈場所〉分析における基本的な問いとなっている。

他方で、〈空間〉は、生活の舞台としてではなく、領域的な概念として説明されうる。ここで注意しなければならないのは、われわれが空間という際には、いくつかの次元が存在することである。たとえば、地理学者であるイーフー・トゥアンが『空間と場所』（邦訳は『空間の経験』）において言及したところでは、〈場所〉が安らぎと住みやすさを与えるなわばりであるのに対して、空間は漠然としており、自由であるという［Tuan 1974: 4］。ここで示唆されている空間は、われわれが日常生活で使っているような、ある種の広がりをもった物理的なそれであると理解できる。しかし、トゥアンは、空間を漠然な広がりとして価値中立的に捉えたがゆえに、〈場所〉の分析に重点を置き、空間に対しては考察を深めるに至っていない［ベルク　一九九三：四〇九］。

しかし、ポストモダニズムによる空間論転回がなされて以降、空間は分析対象としてますます注目を浴びるようになっている。その最大の貢献者はおそらくミシェル・フーコー［Foucault 1975, 1989: 335-347, etc.］とアンリ・ルフェーヴル［Lefebvre 1974］であろう。彼らはともに、空間は、イデオロギーが投影される権力の容器であり、空間を漠然とした広がりとして捉える思考体系そのものがイデオロギー的なのであると指摘した。こうしてポストモダニズム転回以降、空間は、価値中立的な対象というよりは、価値付与的な領土性の概念として捉えられるようになっている［Tilley 1994: 20-21］。すなわち、政治経済的な利益により特定の土地がいかに境界づけられ、分割され、地図として描かれ、そしてイデオロギー的な「意味」が付与されていくのか、そうした価値付与の力学が、空間の分析において新たに問われるようになったのである(6)。

景観人類学における〈空間〉概念もまた、こうした価値付与的な領土性としてのそれを指している（本書では価値付与的な空間に〈　〉をつけ、価値中立的なそれには〈　〉をつけずに表記する）。そのうえで景観人類学の〈空間〉分析は、そうした領土がどのように（たとえば国家、都道府県、市区、保護区、都市―村落のように）境界づけられ、そこにどのようなイデオロギー的な「意味」が付与され、そして物的に生産されていくのかを、基本的な問いとしてきたのである［cf. Tilley 1994］。

こうした分析手法のなかで、景観人類学が特に注意を払うのが、前述のように、「自己」とは異なる「他者」を視覚的に描き出すという民族誌的な作業である。そして、このまとまりのある文化を「書く」作業の基盤となるのが〈空間〉であり、他者の〈空間〉を視覚的に描き出すことで、そこにイデオロギー的な「意味」が付されていく力学に、景観人類学の〈空間〉分析は着目する。

こうした異質な〈空間〉を演出する力学は、具体的には「表象」の概念をもって探求される。表象とは、英語で representation と表記されるように、何かを代表して描き出す技法を指す。例を挙げるならば、中国という〈空間〉には多種多様な現象が生じており、そのなかには日本と共通性をもつものも少なくない。しかしながら、文化を描く際にはしばしば自文化にはない異質な現象がとりだされ、それがあたかも中国なる〈空間〉を代表しているかのように描出されることがある。というのも、文化は「翻訳」されねばならず、「翻訳」の必要がない〈空間〉間の連続的な部分は、しばしば捨象される傾向にあるからである［M. Strathern 1987］。チャイナドレス、カンフー、獅子舞、豪華絢爛な寺廟、風水、水墨画のような自然……。日本では、こうした珍しい要素だけが故意に拾い上げられ、それが中国という〈空間〉において全体化されることで、エキゾチックな景観がつくられていくのである。(7) 換言すれば、日本／中国、西洋／東洋のような〈空間〉を設定して、そこに異質なビジョンを固定化する権力性［Said 1979: 227, 239-240］を問うことが、景観人類学の〈空間〉分析の基軸の一つとなっている。また、こうして固定的に生み出されたビジョンが、都市計画や観光化などにより現実社会の景観に反映される権力的手続きを検討する作業もまた、景観人類学の〈空間〉分析で問われてきた問題設定である。

以上のように、現在の景観人類学においては、〈場所〉と〈空間〉を基本的な分析軸としており、これら二つの軸を基盤に景観の形成過程が議論されてきた。景観人類学をめぐる基本的視座について、ハーシュが定式化した図式を援用してまとめると、次のようになるであろう。

「一次的」な景観	⇔	「二次的」な景観
内的景観（風景）	⇔	外的景観
前景となる活動	⇔	後景となる潜在性
〈場所〉	⇔	〈空間〉
内側	⇔	外側
イマージュ	⇔	表象

図1　景観人類学の2つの景観をめぐる分析軸
出典：Hirsch［1995: 4］を参照して筆者が加筆・作成した

図1のように、景観人類学において景観は、〈空間〉と〈場所〉のそれぞれの次元で別々に扱われており、次節で詳述するように、それぞれ別個に研究が進められてきた。だが、ここで注意しなければならないのは、景観人類学では〈空間〉と〈場所〉の相互作用をむしろ重視してきたということである。

景観哲学者である角田幸彦［二〇〇一：七二］によれば、〈場所〉はもともと先端を指しており、〈空間〉よりも狭い地点という語感があるのだという。しかも、角田の説明によると、〈場所〉は立体的な広がりをもつ生活世界であり、そこでは社会関係に応じて多様な「意味」が紡がれている。これに対して〈空間〉は、より広い平面を指し、そこにはイデオロギー的な肖像が一枚岩的に描かれうる。そして、〈空間〉はその境界内に存在する多様な〈場所〉を排除していくことによって、一枚岩的な平面を形成しうる。

だが、〈空間〉の景観像は全くの無から形成されるわけではない。先の事例を再び挙げるならば、中国という〈空間〉には、確かに、豪華絢爛な寺廟も風水も水墨画のような自然環境もある。つまり、〈空間〉は、むしろ〈場所〉に依拠しており、〈場所〉における部分的事実を意図的に汲み上げることで成り立つのである。逆に、〈場所〉もまた〈空間〉と無関係ではありえない。なぜなら、〈場所〉の景観は、〈空間〉

のイデオロギー性を利用したり反発したりすることで構築されるからである。

このように、景観人類学における〈空間〉と〈場所〉は、相補的な関係にある。それゆえ、両者は、一見したところ完全に対立して把握されていないようにみえる。だが、そのような相互作用を通して導き出される景観像は、やはり二元論的な別個の範疇に収斂されることに注意しなくてはならない。言い換えるならば、景観人類学の分析は現在のところ、「二次的」な景観が構築される力学を見るか、それとも「二次的」な景観が生産される力学を見るかの、いずれかの研究に偏る傾向が強いのである。ここから導き出される景観は、双方の景観のうちのいずれかを強調しており、双方が並存する可能性を示唆する研究は極めて限られている。こうした傾向の詳細については、次節で改めて議論することにしたい。

4　二つの景観が提示された理論的背景

それでは、景観人類学において、なぜ〈場所〉と〈空間〉のそれぞれの分析軸が、別個に分かれてきたのであろうか。その背景には、景観人類学へのポストモダニズム思想の影響が見え隠れしていると考えられる。

前出のウクコとレイトンは、景観人類学がポストモダニズムより受けた影響について、環境の知覚をめぐる「主観」と「客観」の問題から言及した。ウクコとレイトンは、人類学者や考古学者らが記述する環境世界は客観的に現実を反映したものではありえず、主観的なまなざしから文化的に構築したもの――すなわち景観であると考えた［Ukco and Layton 1999: 3］。こうした見地より、彼らは、人類学的な記述を三次元から二次元へと転換させる近代西洋の景観画の技法につらなると論じるとともに、そう主張することで、環境を「客観的」に記述する生態学的アプローチを乗り越えようとした［Ukco and Layton 1999: 4-5］。

人類学が民族誌を書く主観性の問題は一九八〇年代半ば以降のアメリカですでに現れており、ウクコとレイトンの見解は、この民族誌批判をめぐる一連の議論の延長上にあると考えられる。特に、クリフォードとマーカスが『文化を書く』を上梓して以来、人類学が文化を「書く」行為は決して中立的ではなく、書き手の意図が恣意的に投影されることが問題視されるようになった〔Clifford and Marcus eds. 1986〕。そして、書き手の意図により部分的事実が捨象されることで、エキゾチックな〈空間〉をつくりあげてきた「書く」という技法《レトリック》それ自体が、問題として表面化したのであった(8)。

以上のような文化を「書く」という問題において景観人類学が新しいのは、「書く」技法の問題だけにとどまらず、それを別の方向にも展開させたことである。つまり、景観人類学は、文化の諸学が民族誌的に主観的な恣意を込めるのは避けられないことを前提としながら、それがどのように現実の社会を生み出す装置となってきたのかを追求する方向性を採用した。こうした問題意識は、文化表象を、レトリック問題としてだけではなく現実社会を生み出す装置として捉える、『続・文化を書く』にみる議論〔James, Hockey and Dawson 1997: 2, 13-14〕とも連関している。現に、前出したロバート・レイトンは、『景観の考古学と人類学』を編集する前に、『続・文化を書く』のなかで、人類学者の景観描写とその法廷における効力を論じていた〔Layton 1997〕。

他方で、景観人類学が文化を「書く」一連の議論においてさらなる貢献をなしたと考えられるのが、視覚性の問題である。ポストモダニズムの議論のなかで、視覚はしばしば、近代化の過程で権力と結びついてきたと指摘される〔廖炳恵編　二〇〇六：二五九〕。すなわち、西洋近代主義《モダニズム》は特に視覚を通して、記念碑、彫像、絵画、博物館などによりイデオロギーを注入してきたとする見解が、一九九〇年代より高まってきたのである〔Bryson, Holly and Moxey 1994; T. Mitchell 1995〕。ここから景観人類学においても視覚の権力性が問われるようになったが、その反動として、聴覚をはじめとする他の五感に注意の目が向けられるようになった。

ポストモダニズムは、それ自体が曖昧な概念であり、突き詰めていけばモダニズムへの対抗という以外の意味を見出すのが困難な概念である［Harvey 1990］。しかしながら、ポストモダニズムをめぐる諸議論には、「イデオロギーの権威によって排除されがちな弱者を見つめなおす」思想が常に見え隠れしている［河合　二〇〇三：二―三］。景観人類学の根幹にある〈空間〉と〈場所〉の概念もまた、こうしたポストモダニズムの思想的な影響を少なからず受けてきた。すなわち、〈空間〉とはイデオロギーの埋め込みによって生み出される権威的な「面」であり、〈場所〉とはそこから零れ落ちたり拾われたりする権威なき「点」である。それと同時に、〈空間〉では人間の視覚を通してイデオロギーが伝達されるのに対して、〈場所〉では聴覚を含めた五感を通して環境とかかわっていると、ポストモダニズムの論者たちによって捉えられてきた［Schafer 1977］。また、こうした見解に基づいて、〈場所〉は、〈空間〉とは一定の距離を保った生活の舞台であり、時として慣習的な認知様式や行為様式を保持する磁場としてみなされてきたのである。

以上のことから、なぜ景観人類学において二つの異なる景観が想定されてきたかが、明らかになるであろう。すなわち、〈空間〉の次元における景観は、常に施政者、企業家、そして学術などの権威（強者）と結びついてきたのであり、その権威のメカニズムを探求することに研究の関心があった。他方で、〈場所〉の次元における景観は、権威から零れ落ちる弱者と結びついており、五感を通した環境への多様なかかわりを見つめ直す作業の一環として重視された。つまり、景観人類学は、文化表象に起因するイデオロギーの景観を視野に入れるだけではなく、これに基づく景観建設や都市開発の波にさらされてもなお生き続ける、そうした弱者の景観を「救済」する目的も課せられてきたといえる［Ukco and Layton 1999: 6］。その典型例の一つが、次節で詳述するような、開発により消滅してゆく「一次的」な景観を守る必然性を訴える、応用研究の理論的進展である。

ここから、景観人類学において二つの景観が別個に扱われてきた理由について、次のように答えることができるであろう。明らかにそれは、強者と弱者とを二項対立的に分けるポストモダニズムの影響の必然的結果であると。景観人類学は、確かに二つの視点から景観を捉えなおすことで、現代人類学における理論上の意義を獲得することができた。しかし、その結果、景観人類学が今日抱える問題点の一つを生み出すことにもなった。具体的には、それは、以下に論じるように、当初から現在に至る景観人類学の研究の流れのなかに示されている。

二　景観人類学の研究史の概要

それでは、景観人類学の議論が以上の基本的視座に則りどのように展開されてきたのか、ここ二〇年にみる主要な流れをみていくことにしたい。繰り返し論じると、景観人類学には〈空間〉と〈場所〉を基軸として二つに大きく分かれる流れがあった。本書では、それぞれの流れを、「景観の生産論（the production of landscape）」および「景観の構築論（the construction of landscape）」（以下、それぞれを単に「生産論」「構築論」と呼ぶ）と命名し[9]、先行研究を整理していくことにする。紙幅の都合でその全ての議論を紹介することはできないが、景観人類学における研究の方向性と問題点を探ることを目的とし、脱領域的に整理していくことにしたい。

1　景観の生産論をめぐる研究史

景観人類学における〈空間〉は、国家、都道府県、市区、都市―村落など、政治的に境界付けられた領域的な面を指すが、生産論では、文化表象を通して「他者」のビジョンがつくられ、景観が生産されていく、〈空間〉のイデオロギー的、権力的な手続きを研究の対象としてきた。

後述するように、生産論は、〈場所〉の分析を重んじる構築論と比べると相対的に研究の数が少なく、特に一九七〇年代以降の現代社会を扱った人類学的研究は数えるほどしかない。生産論の議論の大多数は、一六世紀から二〇世紀半ばにかけての植民地主義や国民国家の形成過程と関連したものであり、これらの議論は、人類学だけでなく考古学や美術史との協力関係のもとで進められてきた。なかでも、植民地主義にまつわる議論に関しては、「他者」の景観を描く植民地美術の発見と、その表象でもって現地の土地を支配する技法に焦点が当てられた［Ucko and Layton 1999: 5; Bender 1993a: 14］。

このような植民地主義と景観との関係性について最も早期に着手された研究の一つが、人類学者であるスーザン・キュヒラーによって着手されたドイツの植民地主義にまつわる研究である。キュヒラーが調査の対象としたのは、パプア・ニューギニアの東北部に居住するマランガン人である。キュヒラーは、一九世紀から一九一四年にかけて宗主国であったドイツの植民地政庁が、墓地などに置かれていたマランガン人の彫刻を、マランガン人特有の芸術だとみなすようになったことについて言及している［Küchler 1993］。ドイツ人はその彫像を、まさにマランガン人の〈空間〉における特色ある景観として、博物館に展示するようになった［Küchler 1993: 90-92］。ところが、キュヒラーが調査を通して明らかにしたのは、この彫像はマランガン人の間で慣習的に用いられていたものではなく、むしろドイツ植民地主義の影響を受けて、新たにつくりだされたものであったという事実である。つまり、宗主国側は、マランガン人の生活する〈場所〉から異質と考えられたモノを拾い出したものの、誤って植民地主義の産物を「他者」の景観として提示してしまったのである。さらに彼女は、マランガン人が慣習的に自らの景観としていた彫像は別にあることを指摘したうえで、西洋の植民地主義によって捏造されたローカルな景観が、いかに表面的なものであったかを論じている(10)［Küchler 1993: 104］。

キュヒラーのこの研究は、植民地芸術の発見にまつわる権力性を指摘したものであるが、その一方で、植民地主義が景観を用いて現地の土地を支配する技法についても考察が進められた。その技法として特に着目されたのが地図である。地図の権力性については、アイルランドの考古学者であるエイダン・オサリバンと、カナダの人類学者であるアンジェラ・スミスが、ともにアイルランドを事例に述べている。

両者はともに、アイルランドを侵略・支配したイギリス側の地図作成と、景観の生産について論じている。たとえば、オサリバンは、一六世紀から一七世紀にかけての地図作成のあり方を検証し、イギリスがアイルランドの地図を書いた目的は、境界を引き、経済的な資源をつくりだすことにあったと主張した。具体的には、現地のケルト人が口述する知識を参照しながら、それを地図の知識に転換し、政治経済的に利用可能な道具として地図を作成したのだという［O'Sullivan 2001: 91］。こうした地図作成の権力的な手続きのなかで、オサリバンが特に着目したのが、一七世紀に作成された絵地図である。オサリバンによると、その絵地図は古いケルト人の秩序の撤廃を目論んだ極めて政治的な代物であり、文明化のプロジェクトを進めるための礎であった［O'Sullivan 2001: 91-92］。そのなかで、イギリス側は、特に湖上住居（crannog）を流動性の高いケルト社会を特徴づける軍事要塞であるとして絵地図に描き、その抵抗の基地を破壊してイギリス式の住居に移住させることで、アイルランドを支配しようとした［O'Sullivan 2001: 90, 95］。湖上住居は現在「野性的かつ特異なケルト人」が住む景観として観光化にも活かされているが、こうした「他者」の景観像はそもそもこの時期に描かれた地図に由来するのだという(11)［Stewart and Strathern 2001: 97］。

こうした地図の権力性とその景観創造については、スミスの議論でも指摘されている。スミスは、特に一九世紀のイギリス軍事調査（British Ordnance Survey）がアイルランドの広域地図を作成したことに触れ、この作業を「景観を文書化する前例のないプロジェクト」［Smith 2003: 71］であったと論じた。すなわち、地図を描くことでアイルランドの教会、道路、村落、家屋、木々など全てを宗主国であるイギリスに従属させ、これらはイギリスの〈空間〉に転換させられてきたのだと、スミスは言うのであった［Smith 2003: 74］。そして、彼女は、地図は景観のビジョンをつくりだすが、それは調査者が生み出した文化的な知覚にすぎず、ケルト人が環境との相互行為により構築する「本物の景観」とは異なるのだと強調するのである［Smith 2003: 73, cf. Gow 1995］。

地図に限らず、「自己―他者」イメージが〈空間〉の意味を生み出す技法と結びつく事例は、国民国家の形成過程においても確認されている。その事例の一つが、同じく一九世紀のヨーロッパ社会を扱った、トーマス・グリーンの研究である。

グリーンはイギリスの美術史学者であるが、フランスの景観画が一九世紀の社会経済的条件により生み出された社会的構築物であることを証明することで、景観人類学への貢献を目指した［Green 1995: 31］。グリーンによれば、一九世紀前半のパリでは田舎の景観を描く画家が増加したが、それは当時の都市部におけるコレラ伝染病の蔓延、政治不安、荒廃化が関係していた［Green 1995: 37］。それにより、都市が恐怖や脅威と結び付けられていったのに対し、田舎は健全な自然と結び付けられていった［Green 1995: 37-39］。こうして、パリでは、のどかで健康的な田舎という〈空間〉が理想化され、視覚的に描き出されることによって、都市の〈空間〉とは異なる景観像を生産していった。さらに、その景観像は、村落観光に利用されるだけでなく、新聞、展示、街頭のイベントを通して流通していった［Green 1995: 35, 38］。

グリーンの事例分析は、国民国家の内部における「自己―他者」表象のあり方を示しただけでなく、芸術家や実業家など、景観の生産にかかわる多様な主体をとりあげた点でも注目できる。景観を生産する主体の多様性については、ビバリー・バトラー［Butler 2001］もまた、一九四〇年代から六〇年代を中心とするエジプトの事例で言及している。このように、一九六〇年代以前の植民地国家や国民国家においてローカルな景観が生み出されてきた力学を問う研究は、現段階でも一定の成果がある［Pinney 1995; Layton 1997; Caftanzoglou 2001 なども参照されたい］。

ところが、その反面、一九七〇年代以降のいわゆる情報社会における景観の〈空間〉分析は、これまで議論の俎上にあがることが少なかった。空間論のポストモダン転回に貢献した社会学者や地理学者によると、一九七〇年代は、情報科学技術の革新がなされたと同時に、後期資本主義の経済体制へ突入した、画期的な時代であった[Harvey 1990: 145-147; Castells 1999: 106]。彼らによると、一九七〇年代を境目に地球上の〈空間〉が情報ネットワーク網によって瞬時につながれるようになり、世界の諸〈空間〉の同質化が進行したというのである。ところが、著名な経済地理学者であるデヴィド・ハーヴェイが主張するように、情報社会（彼は「後期資本主義社会」と一貫して呼んでいる）への突入により世界の諸〈空間〉が縮まり同質化するにつれ、逆に各地における〈空間〉的特色の醸成も進行した[Harvey 1990: 295-305]。なぜなら、グローバルな移動と交流が深まるにつれ、特に都市〈空間〉の特色は、企業や観光客を引き付ける有益な道具となるからである[Harvey 1990; Soja 1999]。建築学者であるチャールズ・ジェンクスもまた、「伝統」的な建築スタイルを現代の景観に再現させることで、〈空間〉の特色づくりを促進させる戦略に着目している[cf. Jencks 1977]。

　前述のようにこのような視座に基づく研究は、景観人類学の文脈において決して多くはない。ただし、イギリスの社会人類学者であるトム・セルウィンがイスラエルを舞台に考察した議論は、情報社会における景観の生産様式を解読する手がかりの一つを与えてくれる。[12] セルウィンは、国家と親密な関係にあるイスラエル自然保護団体をとりあげ、この団体が「イスラエル的な」景観を見るまなざしを提供してきたと指摘する。セルウィンによると、イスラエル自然保護団体は、自然観光を通してイスラエルの子供たち等にそこの自然環境を体験させるが、その際にガイドやインストラクターは、聖書やヘブライ人の軌跡に基づく歴史から自然環境を解説するのだという。すなわち、イスラエル国の文部省から補助金を受け取っているこの団体は、イスラエルの〈空間〉をイスラムではなくユダヤのものとして選択的に意味づけ、それを視覚的に伝える役割を担ってきたというのである[Selwyn 1995: 120-122]。この際、たとえばＮＡＳＡの衛星写真などの情報技術を用いてエジプト（イスラム国家）よりもイスラエルの緑が多いことを示すなど、「他者」に比べて「自己」の〈空間〉が優れていることを強調してきた［Selwyn 1995: 128-129］。さらに、一九世紀の西ヨーロッパ人が記した聖地巡礼の記録を参照して「自己」の〈空間〉的な特殊性を強調しただけでなく［Selwyn 1995: 130-131］、西ヨーロッパとは異なる「イスラエル的」な景観としてキブツ[13]に着目した経緯を、セルウィンは論じている［Selwyn 1995: 124-125］。

セルウィンの事例分析から明らかになるのは、現代イスラエルでは、次のような手順でローカルな特殊性を具えた景観が生産されていたことである。すなわち、①情報技術を使って瞬時に「自己」と「他者」の〈空間〉的な位置を知り、②過去のテクストを参照して特定の歴史的「意味」を選択した後で、③それを国家やその提携機関が「自己」の〈空間〉の特色とし、④さらには自然や建築を用いて視覚的に人々に提示することで、景観を生産していた。

こうした景観を生産する手続きは、人類学者チャールズ・ルセイザーが研究した、アトランタの景観再生の事例でも確認できる。ルセイザーによれば、アメリカ合衆国東南部に位置するアトランタは本来、どこにおいても見られる近代都市であった［Rutheiser 1999］。だが、アトランタで一九九六年にオリンピックを開催することが決まると、同市の政府や実業家らはアトランタには何の特色もないことに情報技術を通してすぐに気づくようになり、「伝統的」な都市としての特色を醸成する政策を打ち出した［Rutheiser 1999: 317］。こうして、オリンピックが開かれるまでには、アトランタという〈空間〉は、特に下町において、あたかもそこが伝統的な都市であるかのように想起させる景観の生産に成功したのであった。アトランタの景観再生においては、過去の文献を用いながら伝統的な建築スタイルも保存・再現されており、また、こうした努力は政府機関だけでなく実業家らによっても促進された［Rutheiser 1999］。

この事例研究は、景観人類学の枠組みにおいて進められたものではないが、セルウィンが指摘するイスラエル景観の生産過程といくつか共通した側面があることに気づくであろう（たとえば情報技術による〈空間〉の位置づけ、過去のテクストの使用、「伝統」を利用した建築の可視化など）。さらに、ルセイザーは、国家の役割だけでなく――グリーンの研究のように――商業資本に基づく多様な主体による景観の生産と再生を論じている。

以上、生産論の主要な議論をこれまで紹介してきたが、どの時代や地域においても、「自己」と「他者」を対称的に描き出す表象の問題が議論の中心にあったことが分かるであろう。そして、生産論の論者たちはまた、その対照的なビジョンが、テクストのなかだけでなく社会的にも提示されていたことも示してきた。ところが、生産論の議論の流れを概観していくと、「他者」のテクストを描きローカルな景観を現実に生産する力学において、人類学の役割が重点的に描かれてこなかったことが同時に判明する。景観人類学の理論的な出発点が民族誌的な記述の「主観性」にあったことを考えれば（詳しくは前節を参照のこと）、このギャップは奇妙にさえ思われる。民族誌を書く主体（以下、「民族誌家」と呼ぶ）を文化批評、考古学、歴史学、地理学、民俗学にまで拡大解釈したとしても［cf. Clifford 1986b］、生産論において民族誌家は限られた役割しか与えられてこなかった。

もちろん、景観人類学全般を見渡すと、人類学が景観の生産に果たした役割に言及した論考がないわけではない。そのいくつかの論考は、後述する〈場所〉の分析を進める際に、〈場所〉における人間と土地との感覚的な結びつきを「理解できない学問」として、人類学を描いてきた。

たとえば、前述したロバート・レイトンは、オーストラリア先住民（アボリジニー）が土地に対する霊的な結びつきを共有してきたことを示したうえで、これをめぐる人類学者の解釈は十分ではなかったと論じている［Layton 1997: 118-119］。レイトンは、具体的にフレイザー、デュルケーム、ウェルナーといった人類学者・社会学者のオーストラリア先住民研究を挙げ、それらの研究がいかに西洋の枠組みにおいてモデル化するために、アボリジニーと土地との結びつきを「歪曲」したかについて論じている［Layton 1997: 129-130］。他方で、マンチェスター大学のピーター・ゴウもまた、アマゾンの原住民と土地との関係性を論じたうえで［Gow 1995: 47-56］、デュルケームやボアズに由来する人類学がむしろ美的な隠喩を生み出してきたのだと指摘している。そのうえで、ゴウは、人類学者の記述や地図は、外部によって押し付けられた景観画のようなものであり、アマゾンの人々が生活実践によって紡ぎ出す景観への「生きた知識」を理解するものではないと結論づけている［Gow 1995: 59-60］。

一読して分かるように、レイトンとゴウが指摘する人類学は、現地の〈場所〉とは切り離された、科学的な言説の生産と再生産［cf. Latour 1987］にまつわる次元に押し込まれている。レイトンもゴウも、こうして描かれた「紙切れ」が土地権をめぐる法廷裁判の際に効力を発することを認めているものの［Layton 1997: 123; Gow 1995: 59］、他方で両者は、人類学が表象した「自己―他者」のビジョンが、どのように現実の景観に反映されていくのか考察していない。筆者が把握する限り、民族誌家の記述が現実の景観を保護・生産したことを示す研究は、ギリシャの社会人類学者であるロクサネ・カフタンゾグロフによるアテネの事例分析などを除き、数少ない。カフタンゾグロフによると、一九世紀後半から二〇世紀前半にかけての考古学者の記述は、非ギリシャ的な景観を排除し、純粋なギリシャの景観を守るゲートキーパーの役割を果たしていた［Caftanzoglou 2001: 24, 29］。しかし、カフタンゾグロフの記述によると、考古学の表象には二〇世紀前半の時点からしばしば批判の眼が向けられてきたし［Caftanzoglou 2001: 24］、特に一九七〇年代以降は、非ギリシャ的な景観がむしろ観光に適した幻想的な景観としてマス・メディアによって着目されるようになった［Caftanzoglou 2001: 26-27］。

こうした先行研究の検証から、人類学をはじめとする民族誌の諸学は、ローカルな特殊性をもつ景観を生産するほどの影響力を社会的に有していたのだろうか、という疑問が浮上する。換言すれば、景観人類学は、その理論的関心こそ民族誌を書く主観性にあったが、民族誌家の文化表象に実際に景観をつくりだすほどの効力を認めることはできなかったのではないだろうか、という疑問が浮かび上がる。確かに、人類学者をはじめとする民族誌家が描き出す「自己」および「他者」のビジョンは、景観画の技法に連なるであろうし、現実の景観を生産する設計図になるかもしれない。しかし、クリフォード・ギアツの指摘をもちだすまでもなく、設計図を描くこと〈model of〉と、それを物的につくりだすこと〈model for〉とは区別されねばならないのである［Geertz 1973: 93］。これを生産論の文脈に置き換えるならば、民族誌家が文化を「書く」行為によって「自己―他者」像をテクスト化するだけでなく、国家官僚、実業家、マス・メディアなど多様な主体が「読み」、それを現実の景観へと物質的に生産していく力学が、問われていかねばならないということになる。

2 景観の構築論をめぐる研究史

以上のように、従来の生産論は、景観が、政治経済的な要求により生産物のようにつくりだされてきた経緯を問うものであった。だが、そこでは概して、景観がいかに政治経済的に生産されてきたかについては論じられたが、それによって地域住民がどのような反応を示すのかについては等閑視されてきた。時として、〈空間〉のなかに居住する人々自身は、その景観の「意味」を素直に受け止める、主体性なき住民として描かれてきた［cf. Appadurai 1988］。また、〈場所〉において慣習的に培われてきた「一次的」な景観は、時として消滅していくべきものだと主張されることすらあった(14)。このような生産論の見解に対して、構築論は、むしろ現実に生活を営む地域住民の主体性を重視することからはじめる。換言すれば、生産論においてないがしろにされがちであった地域住民の主体性を捉えていく作業が、構築論の出発点となっている。

すでに論じたように、構築論は〈場所〉分析を基軸としたものである。繰り返し述べると、〈場所〉とは社会関係を通して紡ぎ出される生活の舞台であり、人類学が長年対象としてきた生活領域にほかならない。それでは、今なぜ〈場所〉という概念を用いて生活の舞台を捉えなおす必要があるのだろうか。その理由の一つは、人類学において〈空間〉をめぐる議論が台頭してきたことにあると考えられる。つまり、〈場所〉の概念は、植民地主義、国民国家、情報社会により生産される〈空間〉に抗するミクロな地点として、〈空間〉との対比において存在しうるとみなされるようになった。そして、もう一つの理由は、方法論的個人主義の台頭により、〈場所〉が、個と個が紡ぎあげる現象学的世界と想定されていることである[15][Tilley 1994]。アメリカの人類学者であるマーガレット・ロドマンは、〈場所〉の人類学的扱いについて、〈場所〉は「多様であり、『他者』間の利益により社会的に構築された産物とみるべきであろう。空間〔＊〈場所〉のこと〕の構築における多様な行為者と利益との間の競合と緊張が探求されていくべきである」[Rodman 1992: 644] と述べている。景観人類学においてもまた、個と個が競合して景観を構築する議論がおこなわれるようになり [cf. Bender 1992]、こうした側面に注視することの少なかった象徴人類学や認識人類学の環境知覚論を乗り越える試みがなされている。

アメリカの人類学者であるスティーブン・フェルドとケイス・バッソが一九九七年に編集した『場所の諸意味』は、そのような〈場所〉概念でもって構築論を大きく進展させた。彼らは同書の序論において、景観人類学の二つの分析軸のうち、人類学の有用性が生かせるのは〈空間〉よりも〈場所〉の研究であると主張している [Feld and Basso 1997: 6]。なぜなら、フェルドとバッソは、〈空間〉の権力関係を検討していく方向性よりも、身体感覚に基づく人間と景観との関係性を探求していくことに、人類学研究の有用性を見出しているからである。こうした観点からフェルドは、ベルクソンの議論を援用して、ある集団が歴史を通して身体に刻んできた知覚や振る舞いが、景観に及ぼす作用を重視するよう促している [Feld 1997: 92]。

フェルドとバッソが探求する〈場所〉は、情報社会に突入してもなお、身体を通して慣習的な「意味」を個々人の間で伝え合うモデルである。この議論において、〈空間〉における支配や権力の技法は考慮こそされるが、それは、地域住民が慣習的に〈場所〉で共有してきた景観を乱すものではないと考えられている [Feld and Basso 1997]。端的に言うならば、〈場所〉の景観は、〈空間〉とは異なる次元で展開されると、彼らによって認識されてきたのである。このような立場は、バッソ自身によるアパッチ族⑯の事例分析にも色濃く反映されている。バッソは、道行くところどころに名をつけ、物語を付与するアパッチの人々の行為に着目している［Basso 1997］。彼は、その行為によって集団の価値観や起源神話などが埋め込まれるとともに、景観をめぐる「意味」が感覚的に共有されることで景観が持続していく様相について指摘する。さらに、バッソが論じるところによると、かような「意味」は日常生活における個々人の対話を通して構築されていく。たとえば、アパッチの高齢者たちは、近代化によって〈空間〉に蔓延している知識を愚かであるとし、祖先から授かった知恵を身につけて賢くなって欲しいと子供たちに願う［Basso 1997: 69］。その他、高齢者や友人から聞いた噂話、あるいは詩句などを日常においてさりげなく語り合うことにより、景観を見る色眼鏡（イマージュ）を感覚的に身体に刻み込んでいくのだとバッソは論じる［Basso 1997; cf. Munn 1990］。

また、同様の見解から、人類学者フェルナンド・サントス＝グラネロもまた、ペルーの原住民であるヤネシャ人が、彼らの移住ルートと居住地のなわばりを景観に書き込んできた事実を指摘している［Santos-Granero 1998: 135-136］。サントス＝グラネロは、土地を名づけ、そこに物語を与えていく行為を「地勢図的書き込み（topographic writing）」と呼ぶとともに、こうして景観に書き込まれた「意味」が、共同体の内外の者にヤネシャの記憶や起源神話を伝えてきたのだと論じている［Santos-Granero 1998: 139-142］。

ところで、サントス＝グラネロは、ヤネシャ人による「地勢図的書き込み」を論じるなかで、歌が果たした役割についても言及している［Santos-Granero 1998: 140］。こうした歌と景観の関係性について、〈場所〉における景観が、聴覚によっても構築されうることを示したのが、前出のフェルドであった。フェルドは、環境を歌うということが景観に「意味」を与えることでもあると指摘するとともに、いかに歌手の歌が集団に慣習的なアイデンティティや物語を個々人の身体に刻み込んできたのか、パプア・ニューギニア高地の事例から検証している［Feld 1997］。

こうして、歌は、景観をつくりだす手段であるのみならず、「忘れるかもしれない歴史を記録することで一種の考古学的な意味を提供する」[Stewart and Strathern 2003: 6] ものとして捉えられるようになった。

フェルドは、そのような身体化とその体現（embodiment）の問題について、『場所の諸意味』の共同執筆者である哲学者エドワード・キャセイの言葉を借りながら次のように論じている。すなわち、「場所の志向性（orientation）は、新たに惹き起こされるのではない。常に、身体行為が拡張されるところで起きるのである」[Feld 1997: 93; cf. Casey 1993] と。つまり、「一次的」な景観への知覚や振る舞い方は、近代化や都市化の波により新たに惹き起こされるのではなく、土地への命名や物語や歌謡の創造を通して持続されうるというのである。さらに、バーバラ・ベンダーによると、こうした景観への慣習的な知覚や行為は、たとえ移民・難民・亡命として他の〈空間〉へ移動したとしても、拡張・持続しうる [Bender 2001: 7]。新たな移住先においてもなお、移住前に身体に刻み込んだ景観への知覚や振る舞いを持続させることがあるというのだ。[17] 定住にせよ移住にせよ、〈場所〉は、こうして〈空間〉から切り離された次元で議論されてきた。

〈空間〉から切り離された次元で〈場所〉を捉える傾向は他にもある。特に、〈空間〉において生産された景観の存在を一方で認めつつも、他方で〈場所〉における人間と景観の結びつきを探求する議論は、構築論における主要な流れの一つを占めてきた。そのなかでも注目に値するのが、パメラ・スチュワートとアンドリュー・ストラザーンが編著『景観・記憶・歴史――人類学的考察』において提起した、外的景観（outer landscape）と内的景観（inner landscape）の区別である [Stewart and Strathern 2003: 8]。スチュワートとストラザーンは、先に挙げた湖上住居の例を挙げてこの対立概念を説明している。すなわち、湖上住居が「野性的かつ特異なケルト人」を代表する景観として社会的に認知されていることはすでに述べた通りであるが、スチュワートとストラザーンによれば、こうした景観は外部者が勝手につくりあげたビジョンにすぎない。湖上住居に住むケルト人は、こうした外部者から与えられた景観像とは別の景観をもっているのだという［Stewart and Strathern 2003: 8-9］。そして、スチュワートとストラザーンは、前者を外的景観、後者を内的景観と命名したうえで、人類学者が内的景観について注視していく必要性を述べている［Stewart and Strathern 2003］。言うまでもなく、内的景観は前節で述べた一次的景観と連関するが、ここでは「外部」に対する「内部」の視点が強調されている。

こうした外的景観と内的景観の対立に関して、最も豊富な研究蓄積があるのが、オーストラリア先住民に関する事例分析である。前出のレイトンをはじめ、ハワード・モルフィ、ベロニカ・ストラングらの人類学者は、オーストラリア北部における白人と先住民による景観の見方に差異があると主張してきた［Morphy 1993; Layton 1997, 1999; Strang 1999, 2003; Fullagar and Head 1999, etc.］。なかでも、モルフィとストラングは、白人が景観を見るまなざしは功利的であり、空間を囲い込み、分割し、規制する土地利用の観点から捉えるが［Morphy 1993: 206; Strang 1999: 216; 2003: 118-119］、オーストラリア先住民は、景観を祖先の創造物と考え、個人はそれぞれ特定の土地と霊的に結びついているのだと主張する⑱［Morphy 1993: 206; Strang 1999: 208-209; cf. Layton 1997: 136］。ここからレイトンは、すでに述べたように、オーストラリア先住民と景観の結びつきは感覚的なものであり、合理性を重視する西洋の環境知覚と人類学的認識からは捉えることが困難であると論じた［Layton 1997: 138-140］。外的景観と内的景観の対立については、他にも、アイルランド［Cooney 2001］、ギリシャ［Caftanzoglou 2001］、ペルー［Gow 1995］、マダガスカル［Harper 2003］などの地域で、関連の事例が報告されている。

このような内的景観と外的景観をめぐる議論のなかで、特に重要視されてきたのが後者である。スチュワートとストラザーンはさらに、〈空間〉の生産者からすればとるに足らないような土地や環境でも、実際そこに生活する者にとってはかけがえのない生活世界の一部であるような、そうした内的景観の重要性についても視野に入れてきた［Stewart and Strathern 1999a, 1999b, 2001, 2005, etc.］。その研究内容の詳細については紙幅の都合により割愛するが、内的景観を探求していくなかで、彼らがしばしば開発反対のトーンを強めてきたことは指摘しておく必要があるだろう。

一例を挙げると、スチュワートとストラザーンは、パプア・ニューギニア高地に住むデゥナ人の景観における土地と祖先の物語について次のように説明する。すなわち、デゥナ人は、人間は死ぬと土地の油になり子孫に豊穣をもたらすという「意味」を、物語や歌を通して感覚的に身につけている。そのうえで、彼らはこうした宇宙観を「認知的シェマ（cognitive schema）」と呼称するとともに、それがデゥナ人の内的景観を基底からつくりあげてきたと論ずる［Stewart and Strathern 2005: 35-38］。だが、一九九九年、開発業者が巨大な石油汲上器をデゥナ人の居住区に設置すると、デゥナ人はたちまち恐怖に慄くようになった。というのも、デゥナ人たちは土地の油が抜かれて、自らの豊穣が損なわれることに危機感を抱いたからである［Stewart and Strathern 2005: 37-38］。この事例から、スチュワートとストラザーンは、開発業者にとって何でもない土地であっても、そこに住む人々には彼らの宇宙観を占める重要な土地である可能性を示唆し、その意味で内的景観を研究し保護していく必要性を唱えている⑲［Stewart and Strathern 2005; cf. Vitebski 1997］。

この議論は、景観人類学が応用実践の研究を進めていく、手がかりの一つを与えるものとして注目できる。しかしながら、現地住民の内的景観を重視し保護していくべきだとする主張は、一見したところ理屈に適っているものの、近代化されてゆく〈空間〉と、慣習的に持続していく〈場所〉とを、あまりにも明確に区切りすぎていることに注意を払う必要がある。これらの一連の議論は、〈空間〉において搾取階級により生産される外的景観と、〈場所〉において被搾取階級により構築される内的景観とを、対立させることで成り立っているのである。

こうした階級間の対立をもとにした議論は、構築論の主要な論者の一人であるバーバラ・ベンダーによって精緻化されてきた。ベンダーによると、〈空間〉にて生産される景観のビジョンと物語は、特定のエリートの見方を押し付けるとともに、労働者の景観へのまなざしを抑圧するものである［Bender 1992: 735; Bender 2001: 3］。それゆえ、ベンダーは、こうした階級由来のまなざしから「弱者」の景観を救うため、さまざまな階級の者が景観の見方をめぐって争う「競合」（contestation）のプロセスが検討されなければならないと考えた［Bender 1992: 750, 1993a, 1993b, 2001］。

　ここで構築論における諸議論を整理してみると、「競合」論に関連する議論には少なくとも二つの方向性が認められることが分かる。そのうちの一つは、〈空間〉において生産される視覚的な景観像を考慮に入れず、〈場所〉に注目することで、二つの集団の異なるまなざしから景観を「意味づけ」するプロセスを考察しようとするものである。この方向性をもつ研究では、首長とシャーマン［Humphrey 1995］、元校長先生と移民労働者［Dawson and Johnson 2001: 321-323］などによる階級間の対立と葛藤が論じられている[20]。また、キャロリン・ハンフリーは、万里の長城をめぐる漢族とモンゴル族の間の環境認知の差異と、その葛藤について述べている［Humphrey 2001: 57-61］。それは、階級間だけでなく民族間の「競合」も視野に入れた論考であるといえよう[21]。

　もう一つの方向性は、〈空間〉における景観の生産をも考慮に入れたうえで、多様な主体による景観の「競合」を考察するものである。ベンダー自身、世界遺産であるストーンヘンジの事例からこの方向性をもつ考察を発表している［Bender 1992, 1993b］。ベンダーは、中世から現代にかけてのストーンヘンジが、小作農、教会、地主、古物商、国粋主義者、国家官僚などによりさまざまに「意味」づけされてきた、歴史的なプロセスについて考察した。たとえば、彼女によると、ストーンヘンジの景観像は、国家によりイギリスの神秘的な過去と結びついて宣伝されがちであるが、その景観像は、石を生命力や出産と結びつける地元の小作農、鬼神学的な論理から説明する教会、フリー・フェスティヴァルを開いた集団などによって、異なるまなざしから歴史的に競われてきたのだという［Bender 1993b］。

いずれの方向性にせよ、「競合」論で強調されているのは、ある物理的環境には、多様な階級や民族の集団によってさまざまな「意味」が付与されうるという事実である。また、見逃すことができないのは、「競合」論では、さまざまな階級によって付与される諸「意味」が、それぞれ相容れないものとして対立的に描かれているということである。換言すれば、〈空間〉と複数の〈場所〉においてつくられる景観は、それぞれ並存することなく、競われるものとして捉えられてきたのである［Low 1999b; Rodman and Cooper 1989も参照］。

以上のように、構築論は、地域住民の主体性こそ重んじてきたが、〈空間〉における景観の生産とは切り離された次元で議論されてきた。また、一つの景観には異なる「意味」が共存しえないと考えられてきたので、各集団が景観に付与する異なった「意味」は、競われなければならないとする議論に進展してきた。その結果、構築論において、〈場所〉は、〈空間〉との対抗という視点で扱われてきたのである。こうして、景観人類学では、二つ以上の景観を対立的にとらえる傾向が——外的景観（「二次的」な景観）と内的景観（「一次的」な景観）の対立概念や「競合」の議論に典型的に表されるように——生み出されてきたのである。

3　「第三の景観」への接近

本章ではこれまで、〈空間〉と〈場所〉を基盤とする二つの（あるいは複数の）景観が別個に論じられてきた研究史を概観した。マンチェスター大学の人類学教授であるペネロペ・ハーヴェイは、「西洋の認知論」に発する前者の景観と「非西洋的なもののやり方」に発する後者の景観とを切り離すこうした研究状況に対し、二〇〇一年の時点で警鐘を鳴らしたが［P. Harvey 2001: 197-198］、既に概観したように、両者の景観を二項対立的に捉える傾向はその後も大きく変わっていない。ただし、ここで断っておかねばならないのは、確かにそれは景観人類学の大きな流れを形成してきたが、そのいずれにも収斂されない見解もまた、存在したことである。その見解は、「領有（appropriation）」の概念とかかわりがあり、地域住民により構築された「一次的」な景観であると同時に視覚的に生産された「二次的」景観でもあるような、「第三の景観」を捉える出発点となっている。

それでは、景観人類学における「領有」とは、いかなる概念なのだろうか。この概念は、文化表象によってつくられた景観のビジョンを、利害関係に応じて借用し、自分のものにする行為を指す。人類学者ロバート・ローテンバーグは、オーストリアの首都・ウィーンの景観をめぐる研究において、「領有」の観点から説明を加えている［Rotenberg 1995; 1999］。ローテンバーグはまず、ウィーンでは、歴史的な経緯によりバロック調、ビクトリア調、野性的な色調、有機的な色調など、都市景観をめぐるいくつかのビジョンが生産されたのだと論ずる。他方で、都市は人口、情報、人工環境、経済活動が密集する地であるため、都市住民は価値観とコミュニケーション様式を共有する活動空間、つまり〈場（site）〉を新たに形成しやすいと考える［Rotenberg 1993a: xii］。そのうえで、ローテンバーグは、それぞれの〈場〉がいかに各自の利害関係や価値観に合わせ、歴史的に生産された景観のビジョンを借用してきたかを論じてきた。具体的には、ウィーンにおける四五名の庭師を調査し、各々の庭師が、利害関係や価値観に合わせてどの景観のビジョンを選択して庭造りをしたのかを検討している[22]［Rotenberg 1995, 1999: 139-140］。

ここで「領有」という行為によってつくられる景観は、イデオロギーを通して生産される「二次的」な景観であると同時に、住民の利害や価値観によって構築される「一次的」な景観にもなりうる。なぜなら、借用された景観のビジョンは、地域住民によって新たに構築された〈場〉の景観に取り込まれうるからである。この点で「領有」論は、「一次的」な景観と「二次的」なそれとを切り離さず、両者のいずれをも内在させる「第三の景観」にアプローチする可能性を秘めている。

しかし、地域住民は、ローカルな特殊性を強調する景観のビジョンを「領有」することによって、一体どのような生活世界を築こうとしているのだろうか。また、構築論で論じられてきたように、〈場所〉での命名や記憶を通して身体に刻んできた景観へのまなざしは、どのように立ち現れてくるのだろうか。それとも、近代化や都市化の波によって、こうした〈場所〉において慣習的に培われてきた景観は、きれいさっぱりなくなってしまうというのだろうか。「領有」をめぐる議論は、これらの問題を等閑視している。それゆえ、この方向性は、文化表象を通して〈空間〉で生産された景観と、身体化によって〈場所〉に刻み込まれてきた景観との、調整や並存を問う議論には至っていない。

さらに、「領有をおこなう人間は一体誰であるのか」という問題も、この議論には残されている。ローテンバーグは、文化表象によってつくられた景観のビジョンが「領有」されてゆく過程を確かに検討したが、彼が扱った研究対象は、地域住民のうちでも庭師という経営単位に限られている。それでは、その他の地域住民はどのような景観のビジョンを「領有」してきたのだろうか。これらの問題にローテンバーグは答えてこなかった。それゆえ、むしろ村民やエスニシティ集団などの生活者に焦点を当ててきた構築論とは、研究対象そのものにズレが生じている。

ただし、景観人類学の「領有」論のなかで、ピッツバーグ大学で博士学位を取得した台湾人人類学者・郭佩宜《グオペイイー》によるモノグラフは、以上の問題点をいくぶんか修正している。郭は、ソロモン諸島に住むランガランガ人をめぐる調査を通して、ランガランガの人々がもう住まなくなった人工島を、自分たちの過去を刻んだ景観として主張しはじめた現象について論じている〔Guo 2003〕。郭によると、ランガランガ人はかつてこの人工島に居住していたが、一九七〇年代になるまでには対岸の土地に移住し、そこで新たな〈場所〉感覚をつくりあげていった〔Guo 2003: 190-191〕。しかし、ツーリズムの影響でその人工島が「太古のエキゾチック」な景観として広告されるようになると、ランガランガ人はそのビジョンを「領有」し、人工島における祖先の物語や生活の記憶を語るようになった〔Guo 2003: 195-205〕。こうしたランガランガ人の景観への語りは、一見して、近代化の影響により捏造されたものであるかのようにみえる。だが、郭のモノグラフから分かるのは、確かにランガランガ人が人工島の景観を選択し語る行為はツーリズムの影響を受けているが、彼／彼女らが語る記憶は、全くの無から捏造されたものではないということである。すなわち、ランガランガの人々は、人工島における〈場所〉の「諸意味」を移住後も身体に刻み込んでおり、その延長上から表象された景観のビジョンを説明してきたのである〔cf. Guo 2003: 204〕。

郭自身は注意を払っていないが、見方を変えれば、ランガランガ人が〈場所〉にて構築してきた景観は、ある一定の条件下でツーリズムにより表象された景観と重なり合っている。また、このような観点からすると、パプア・ニューギニア高地のワギ人をめぐるミカエル・オハンロンとリンダ・フランクランドのモノグラフ〔O'Hanlon and Frankland 2003〕には興味深い事柄が記されている。

オハンロンとフランクランドによると、ワギ人は、居住区の近くに道路が敷かれた当初、その道路が近代性や発展性を表すとする政策的なビジョンを受け入れてきた。ただし、そうした景観のビジョンは、むしろワギ人が慣習的に培ってきた「結婚の道」の観点から説明されてきたのだという〔O'Hanlon and Frankland 2003: 166-167, 174〕。しかし、道が出来たことにより交通事故や殺害事件などが発生するようになると、それは罪悪をもたらす危険な存在であるとワギ人によって捉えられるようになった〔O'Hanlon and Frankland 2003: 185〕。オハンロンとフランクランドは、こうした変化について、道の両義性をめぐる観点から議論を展開する〔O'Hanlon and Frankland 2003: 168〕。しかし、むしろ筆者が注目したいのは、政策的に生産された景観のビジョンとワギ人が慣習的に培ってきた景観は、一定の条件下では一致もするし、また乖離もするという事実である。以上より、双方の景観は常に乖離・対立しているわけではなく、時として重なり合うことも明らかとなるのである。

三　景観人類学の射程と課題の提示

さて、こうした先行研究の整理と考察を通して、筆者は、とりあえず次のようなことが言えるのではないかと考える。すなわち、繰り返し述べるように、景観人類学の二大潮流――生産論と構築論――は、〈空間〉と〈場所〉という二つの異なる概念に対応して、別個に、乖離して論じられてきた。しかし、この二つの研究の流れに収斂されない若干の研究は、〈空間〉または〈場所〉を基盤としてつくられる二種類の景観が、一定の条件下において重なり合う可能性を示してくれていた。

この二種類の景観がいかに並存あるいは乖離するかは、つまるところ、背後にある社会的諸条件によって決まるのだともいえよう。ここから「観光パンフレットにあるようなローカルな特色としての景観」と「地域住民が生活実践により慣習的に築きあげた景観」とが、いかなる条件の下で重なり合い、いかなる条件の下で乖離・対立するのかを考察するアプローチが、今後の課題として浮上してくる。

このような二種類の景観が並存／乖離する条件を探るために、本書では「相律《そうりつ》（multi-phase）」という概念を使う。序文でも触れたが、筆者はこの概念を「二つ以上の景観が一定の条件のもとで平衡しつつ一つの景観になる力学」として定義する。具体的には、ローカルな特殊性をもつ景観を生産する〈空間〉律と、生活実践により構築される〈場所〉律とが、ある一定の条件下で互いの性質を保ちながら一つの景観になる原則を、「相律」の概念で表す。すなわち、地域住民が、ローカルな特色をもつ景観でありながらも、彼ら自身の慣習的な景観でもあるような、そうした景観を形成していく工夫を[23]、「相律」の概念とともに本書では探求していくことにしたい。

こうして形成された景観は、太極図の陰と陽のように、もしくはヤヌスの二つの顔のように、一つの形状のなかに二つ以上の性質を包括したものとなる。あるいは、玉虫の翅やシャボン玉のように、一つの形状のなかにさまざまな色を含み、見る角度によって放つ色を変えるような、構造色ともなる。本書では、こうした二つ以上の自律した色彩を内在させる景観を、「構造色としての景観（landscape as structural colors）」と呼ぶことにしたい。そして、「構造色としての景観」を形成する力学を探求する概念を「相律」であると位置づける。

繰り返し論じると、「相律」の分析軸は、ローカルな特殊性をもつ景観を生産する〈空間〉律と、生活実践により構築される〈場所〉律との相関性を探求するものである。換言するならば、「構造色として」の景観が形成される過程を知るためには、まず生産論と構築論の双方の分析軸に基づいて、景観の立ち現れ方をみていく作業が必要となる。本章で述べてきた先行研究の諸議論は、〈空間〉と〈場所〉に基づく二つの景観を考察する分析枠組みを提供してくれていた。だが、生産論と構築論はそれぞれ別個の問題点を抱えていたことも、すでに見てきた通りである。その問題点を再びここで洗いなおしてみるとしよう。

まず、景観人類学は、その出発点において、民族誌家が文化を「書く」問題とかかわっていた。すなわち、人類学らが他者の〈空間〉を描き出す作業が、現実社会においてローカルな特殊性をもつ景観を生み出す装置となってきたことが問題とされてきた。しかし、先行研究を整理するにつれて明らかになったのは、人類学などの諸学は、「自己」と「他者」のビジョンを生み出してきたけれども、それが実際にどのような形で現実の景観を生み出すのか、具象化の問題が曖昧にされてきた。現に、生産論の諸議論から明らかであったのは、景観を物質として生産してきたのは、政府や実業家ら学術以外の主体であったということである。つまり、文化を「書く」ことと、景観を物質的につくりだすこととは別の作業であるにもかかわらず、両者の区別を明確に論じず、前者が景観画の技法と関連あることを指摘するに留まってきたのである。本章で見てきたように、景観の生産は、民族誌家だけでなく、政府、マス・メディア、開発業者、観光業者、画家など多様な主体が絡んでいる。それゆえ、こうした複数の表象の主体がどのような役割を担ってきたのかを考慮に入れつつ、ローカルな特殊性をもつ景観の生産過程を検証する作業が必要となる。同時に、この際に、民族誌家がどのような位置にあるのかを検討する作業も必要である。具体的には、民族誌家がどのように文化を「書く」かだけでなく、描出された文化がどのように「読まれる」かも論ずることが課題となる。

他方で、景観人類学の構築論では、〈場所〉での生活実践を通して構築される景観は、〈空間〉において生産されるローカルな特殊性をもつ景観とは別個のものとして扱われてきた。その際に問題であったのは、構築論の議論においては、しばしば〈場所〉と〈場〉という異なる社会空間が研究対象とされていたことである。何度も繰り返すように、〈場所〉とは、地域住民がアイデンティティ、社会関係、歴史的記憶を埋め込んだ生活上のなわばりを指す。たとえば、サントス＝グラネロが「地勢図的書き込み」の議論で言及した、地域住民が「意味」を埋め込む地勢的ななわばりであるとも言えるだろう。それに対して、〈場〉とは、対話を通じて特定の価値観や望ましさを共有する活動空間を指しており、地理・領域的な概念ではない。たとえば、ローテンバーグが研究対象とする庭師の集まりなどがこの概念に相当する。また、〈場〉は、ベンダーのいう教会や古物商などの団体に限定することもできれば、さまざまな立場の者が新たに形成した活動空間をその概念に含めることもできる。確かに〈場〉にもアイデンティティや社会関係や歴史的記憶が埋め込まれているかもしれないが、〈場所〉とは区別される必要がある。

そのうえで、〈場所〉の議論は、往々にして村落部や奥地を中心に進められており、〈場所〉における複雑のアソシエーションや移民集団はさして議論されなかったことを思い起こして欲しい。それに対し、ローテンバーグが対象としたような大都市部では、外部から集まり、新たな活動空間を形成する〈場〉ももちろん考慮に入れる必要がでてくる。したがって、構築論では、歴史的に築き上げられてきた〈場所〉だけでなく、そこで多様に形成される複数の〈場〉を重視していくことが、今後の課題となってくる。それにより、どの〈場〉が文化表象によって生産された景観を領有し、どの〈場〉が慣習的な見方により景観を構築していくのか、そうした多様性を考慮したうえで〈空間〉との関係性が新たに捉えられていくべきであろう（この議論は第五章と第六章でも再検討する）。

さて、こうした問題意識を踏まえたうえで、本書では、広州の下町（西関）における景観再生の動きを考察する。西関の事例を選定する理由は、これまで景観人類学の議論において中国都市の事例が限られていただけでなく、[24]西関には、先に述べた〈空間〉律と〈場所〉律の課題に取り組むのに適した社会的背景があるからである。

第一に、西関において都市景観の再生計画は、民族誌的な手法による文化の分類学に依存しており、その「科学的」な描出に基づいて、広州の政府、マス・メディア、開発業者、観光業者などは景観を物理的につくりあげてきた。つまり、人類学、民俗学、歴史学などによる文化表象が、複数の主体によって「読まれ」、現実の景観を再生しゆく過程を検証する格好の事例を、西関は提供してくれる。

第二に、西関は「老広州人《ロウグォンザウヤン》」といわれる土着の民が集住する地として知られ、彼／彼女らは、景観を見るまなざしを、〈場所〉のなかに歴史的に埋め込んできた。それにより、「老広州人」は〈場所〉に沈殿した「諸意味」に基づき、異なった角度から政策的に再生されたローカルな特色をもつ景観を解読してきた。さらに、広州の都心部に位置する西関はその流動性の高さによって、「村民」や「居民」をはじめとする、多様な〈場〉をつくりあげてきた。この状況は、〈場所〉だけでなく、複数の〈場〉が生活実践により景観を構築していく過程を検証するのに適している。

このように、西関の景観再生をめぐる事例は、景観人類学の課題を検討するのに適した研究対象であるといえる。また、本書を通して、情報社会に突入した現代中国［Castells 1999: 231］の状況を述べることで、景観人類学の議論に新たな貢献をすることができると筆者は考える。

本章では先行研究の全てに言及することはできなかったが、景観人類学の研究動向を整理し、その問題点と諸課題を指摘する目的は達成されたかと思う。そこで、さしあたり次章からは、〈空間〉と〈場所〉をめぐる先行研究の研究手法に従い、西関における歴史的景観の再生をめぐる事例分析を進めていくことにしたい。そうすることで、「相律」をめぐるアプローチへの道を、同時に模索していくとしよう。

注

（1）景観人類学には、歴史生態学や生態人類学の流れを汲む研究も存在する［cf. Crumley 2001; Fisher and Feinman 2005, etc.］。だが、本書では、〈空間〉と〈場所〉をめぐる研究の流れに焦点を当て、方向性が異なるこの方面の議論は扱わないことにする。〈空間〉と〈場所〉をめぐる景観人類学は、ロンドン大学経済学院にて一九八九年に開催された学術会議が契機の一つとなっている。その学術会議の成果は、ハーシュとオハンロンの編集により『景観人類学――場所と空間の狭間』にまとめられた［cf. Feld and Basso 1997: 6］。

（2）本書では、「景観」をテーマとした人類学関係の書籍、および英語か日本語で学会誌に書かれた論文をレビューの対象とした。なお、中国では、景観人類学はまだ未開拓の領域である。筆者が中国語で書いたいくつかの論文［河合　二〇一〇b、二〇一二］を除けば、湯芸［二〇〇七］が部分的に言及している程度である。

（3）ハーシュ自身は、現地住民が生活実践を通して構築する景観を「二次的景観（a second lardscape）」と呼んでいる［Hirsch 1995: 12］。だが、本書では、現地住民の生活実践をさらに景観として描き出すという意味を込めて、学術表象より描き出された景観像を「二次的景観」として規定した。

（4）たとえば、フランスの哲学者であるミシェル・ド・セルトーは、「空間とは実践された場所のことである。たとえば都市計画によってできあがった場所は、そこを歩く者たちによって空間に転換されてしまう」と論じている［de Certeau 1980a: 208］。ド・セルトーのいう「空間」と「場所」の概念は、景観人類学によって一般的に使われるそれとは逆である。

（5）なお、景観人類学では「意味」をmeaningと表記することもあるが、本書では「感覚的に共有されている」ニュアンスを強調するために、senseの語を選定した。

（6）人類学における空間論の先駆者の一人は、エミール・デュルケームである。彼は、宇宙の一部として物質的に存在する物理空間とは区別したうえで、社会関係や価値観が均質的に投影される空間を、社会空間と呼んだ［Durkheim 1912; cf. 河合二〇〇三：八］。その後、象徴人類学や認識人類学などは、身体行為を基軸に展開される社会空間を、身体空間や象徴空間などの用語で呼称してきた。だが、他方で、アンリ・ルフェーヴルやミシェル・フーコーらポストモダン空間論の先駆者たちは、こうした空間とは別に、イデオロギーが投影される容器としての〈空間〉を重視するよう呼びかけた［河合　二〇〇三：一四―一五］。そのうえで、ルフェーヴルは、空間の研究史を整理し、空間の概念を「空間の実践」「空間の表象」「表象の空間」とに分類した［Lefebvre 1974 詳しくは邦訳の八二―八三頁を参照いただきたい］。本書で言う空間（カッコなし）、〈空間〉、〈場所〉はそれぞれ、ルフェーヴルのいう「空間の実践」「空間の表象」「表象の空間」とも関連していると考えられる。なお、本書では、場所（カッコなし）は、空間と同様に物理空間として扱っている。

（7）だが、他方で、こうした表象は同時に、〈空間〉における多様な諸現象を排除し、書き手の意図から部分的なそれを拾い出すイデオロギー的な作為により、はじめて成立する［河合　二〇〇七ｂ］。

（8）その議論が、インフォーマントによる民族誌の書き込みを求める実験民族誌など、「書く」技法そのものをめぐる議論に発展してきたことは、日本での人類学においてもよく知られている［春日　一九九六］。

（9）これは、一九九六年にアメリカの人類学者セサ・ロウが提示した「空間の生産（the production of space）」と「空間の構築（the construction of space）」の概念区分に依拠したものである［Low 1996, 1999］。前者は言うまでもなく、ルフェーブルの概念を借用したもので、イデオロギーにより空間が商品物としてつくられる過程を指す。それに対して後者は、地域住民が主体的に空間の「意味」を構築する過程を指しており、〈場所〉構築の議論につながる。

（10）ここからキュヒラーは、〈場所〉分析をおこなう必要性も同時に主張している。キュヒラーの類型化によると、景観は、landscape of memory と landscape as memory とに区分できる［Küchler 1993: 104］。前者は、西洋の植民地主義により芸術品、美術品として捏造された景観であり、集合的記憶として博物館などで視覚的に展示される。非西洋人の景観というよりは、それを都合よく利用した西洋人について（of）の景観である。他方で、後者は、ベルグソンが指示するように、幼少期より脳裏に蓄積されてきた記憶からつくられる景観であり、非西洋人としての（as）景観である。キュヒラーによる概念区分はその後、スチュワートとストラザーンが編集した『景観・記憶・歴史――人類学的考察』などで度々引用されているが、これも結果的には、「一次的」景観と「二次的」景観との乖離を前提とした議論の再生産を導いている。

（11）湖上住居の事例は、過去の部分的事実もまた、現代の〈空間〉においてイデオロギー的な景観をつくる素材となってきたことを示している。過去につくられた景観のビジョンが現代にまで影響する事例については、ウィナー［Winner 2001］の議論も参照のこと。

（12）また、マルジア・バルザニは、インドのラージャスターン砂漠において、ある国家官僚が権力を得る手段として「伝統的」

な巡礼景観を再生させた経緯を論じた［Balzani 2001］。

(13) イスラエルで二〇世紀初頭より形成された農業共同体を指す。子供は生後両親から離れ、キブツにて集団主義的な育成がおこなわれる。核家族が存在しない特殊な家族形態をとることから、社会人類学で注目されてきた。インセスト・タブーの研究においても、キブツで幼少期から共同生活を営んできた男女が、血の繋がりがなくとも性的関係を忌避する傾向があることにも注目が集まった。

(14) デヴィド・ハーヴェイは、これを「創造的破壊」と呼んでいる［Harvey 1990: 16-19］。こうした見解は、生産論において暗黙のうちに引き継がれる傾向があった［cf. 河合　二〇〇三］。

(15) 地理学者であるオーギュスタン・ベルクによると、〈場所〉は今では広く論じられる概念であるが、この流行はイーフー・トゥアンの現象学的地理学に負う所が多い［ベルク　一九九三：四〇八］。

(16) アパッチ族は、アメリカ合衆国の南部国境地帯に居住するネイティブ・アメリカンである。六つのバンドを包括し、北アサバスカ語系の言語を話す。なお、アパッチ族は、かつてジェロニモなど反白人勢力の指導者を生み出しており、好戦的な部族として描かれてきた。

(17) バーバラ・ベンダーは二〇〇一年に編集した『競合される景観――移動・亡命・場所』において、景観人類学に移動の観点を込める意義を理論的に提起している。ベンダーによると、これまでフェルドやバッソのような人類学者は、現象主義的な立場から、環境に「意味」を付与し、慣れ親しんだ〈場所〉を構築するプロセスを重視してきた［Bender 2001: 5-6］。それに対して、ベンダーは、移動内景観（landscape-in-movement）の概念を提唱し、移動を考慮に入れることで、〈場所〉において閉じられた現象学的アプローチを乗り越えようとした［Bender 2001: 5］。そのなかで、ベンダーは、「移動」「ディアスポラ」「ノーマッド」「越境」をめぐる人類学が転移（displacement）に注視したことに反省を促し、移動先の見知らぬ土地においても馴染みの〈場所〉をつくりあげていく点に着目するよう呼びかけた［Bender 2001: 7］。一方で、カレン・レオナルドは、ベンダーがこの議論を展開する四年前に、日本人移民とインド人移民の事例を用いてベンダーの主張を例証していた［Leonald 1997］。レオナルドは、カリフォルニアを舞台にして、日本人移民とインド人移民が、移民前からの慣れ親しんだ見方でカリフォルニアの景観を眺めて再構築してきたことを論じている［Leonald 1997: 127］。さらに、マギー・オーフォードは、特にナミビアの女性に着目することで、類似の議論を展開している［Orford 2001: 298］。

(18) さらに、モルフィによると、オーストラリア先住民は、土地権獲得運動のなかで、祖先から受け継がれた土地との霊的な結びつきをますます重視するようになり、白人とは異なる環境への知覚を主張しているのだという［Morphy 1993: 236; Fullagar and Head 1999: 323］。

(19)　その他、日本においても西村正雄［二〇〇七b］が開発に対して地域住民の景観を保護する同様の議論を唱えており、景観人類学が応用実践に役立つ可能性を示唆してきた。

(20)　キャロリン・ハンフリーは、一つの社会に異なった二つの対立する景観があると指摘する［Humphrey 1995］。その一つは首長的景観で、山やキャンプファイアの煙などで天と地を結び付ける「垂直」的な世界観を体現する［Humphrey 1995: 142-145］。もう一つはシャーマニズム的景観で、生命力や霊的な力によって「水平」方向に世界と繋がれている［Humphrey 1995: 149-156］。ハンフリーによれば、これらの景観はいずれも絵画的なビジョンをもたないが［Humphrey 1995: 135］、モンゴルの遊牧社会では交互に入れ替わり立ち現れる。他方で、ダウソンとジョンソンは、地元で知識と権力をもつとされる元校長の世界観と、他国など横とのネットワークをもつ移民労働者の世界観との対立を描いている。「垂直的景観」と「水平的景観」との対立概念は『景観・記憶・歴史――人類学的考察』においても繰り返されるが［cf. O'Hanlon and Frankland 2003: 179］、これは〈場所〉間における景観の対立を再生産する結果を招いている。

(21)　ただし、ハンフリーは、モンゴル人が漢族を支配者として見るふしがあることも描いていているから［Humphrey 2001: 59-61］、両者の関係性は階級間関係と言えなくもない。いずれにせよ、「人と自然の結び付きについても、モンゴル人の宇宙観と中国人の風水とは異なる」［Humphrey 2001: 57］というように、両者の景観は、〈場所〉にて対立すると考えられている。ちなみに、この論考は、筆者が把握する限りにおいて、景観人類学を標榜する議論における唯一の中国研究である。ただし、景観人類学の文脈で議論されてきたわけではないが、渡邊欣雄らによる風水の議論など、中国社会における〈場所〉の景観を扱った研究はいくつかある［渡邊　一九九〇、二〇〇一、河合　二〇〇七b、二〇〇八a、二〇〇八bほか］。

(22)　また、アンドリュー・ダウソンとマーク・ジョンソンは、「領有」の議論に移動の視点を加える。ダウソンとジョンソンは、ベトナム中部の古都フエを扱うなかで、フエの景観は、書籍やインターネットの情報を通してノスタルジックなビジョンとして国際的に生産されてきたのだと指摘する。彼らが述べるところによると、その景観のビジョンには、美しい自然や文化遺産のほかに、そこで暮らして働く「美しくて慎ましい」女性像がある［Dawson and Johnson 2001: 325］。そして、越僑〈海外に移住したベトナム人〉男性や観光客は、こうした景観を求めてフエにやってくる［Dawson and Johnson 2001: 327］。ダウソンとジョンソンが指摘するに、このような景観のビジョンは、越僑男性や観光客だけでなく、フエの女性までもが生活の便宜のために「領有」している［Dawson and Johnson 2001: 327-329］。

(23)　こうした工夫の一例を、毛沢東の写真の例から語ることにしよう。広東省では、門や入り口正面に毛沢東の写真を貼ってあることがよくある。私たちはこれが社会主義中国をまさに体現している景観であると考えるかもしれないし、突撃インタビューをすれば地域住民もそう答えるかもしれない。しかし、ラポール関係を結んだ後によくよく聞いてみると、「この毛沢東の写真は門神と同じなのだよ」という言葉をしばしば聞くようになる。門神とは中国の至る所に貼ってある、いかつい顔をした将軍の写真で、魔除けの効果がある。これらの将軍はとても恐ろしいので、悪霊も逃げていくのだというのである。同様に、一部の地域住民は同胞を虐殺した毛沢東をとても恐ろしい存在であると考えており、「門神より効果がある」とそれを貼り付けている。その意味で、外観は時代に応じて変わっていても、実際の「意味」は連続している。ここから毛沢東の写真は、見る角度によっては社会主義的な景観にもなり、あるいは門神にもなる、構造色としての景観をなしているといえよう。相律は、こうした二面性（または多面性）にある景観を形成するメカニズムを探求するために考案した概念である。

(24)　筆者が知る限りにおいて、西関を対象とした民族誌は日本では存在しない。また、欧米や人類学においても西関を人類学の立場から分析した著作や論文を目にしたことはない。したがって、本書は、西関の事例分析を通して地域研究と中国の都市人類学的研究に貢献することを伏線としている。

●第Ⅱ部　〈空間〉政策と文化表象による景観の生産様式

第二章　広州の下町における西関〈空間〉の生産

はじめに

本章から第四章にかけて、西関らしい特色をもつ景観が生産されてきた経緯を考察するが、この章ではまずその前に、広州、およびその下町にある西関の概況を説明しておく。そのなかで本章では特に、西関が具体的にどこを指すのかに注目することにしたい。詳しくは本文中で論じるが、いま中国の市場で出回っている概説書や公的文書を見ると、西関は、広州の一つの行政区に一致すると明言されている。ところが、実際にフィールドワークをおこなうと、民間社会で考えられている「西関」は、その行政区の部分的な範囲を曖昧に指すにすぎず、行政区とは必ずしも一致していないことが分かる。

本章で具体的に探求するのは、このような地理的認識の差異がなぜ生じるのかという問題である。「西関」は、確かに民間で古くから伝わる下町の呼び名であった。しかし、一九九〇年代に広州の地元政府が文化保存や景観再生に着手するまで、政治文書や新聞などの活字媒体では、言及されることすら稀であった。ところが、広州の地方政府がローカルな特色をつくりだす戦略に出ると、「西関」はたちまち行政区という政治空間＝〈空間〉に一致させられるようになった（以下、民間にて口承されてきた「西関」をカッコ付きで表記する）。フランスの哲学者であるアンリ・ルフェーヴルは、〈空間〉が境界づけられ、資源として利用される側面に言及し、それを「空間の生産」と呼ぶ［Lefebvre 1974］。ルフェーヴルのいう「空間の生産」の定義を借用するなら、西関にもそれを適用できる。なぜなら、民間で口承されてきた「西関」の範囲もまた、近年になり行政区として境界づけられ、資源として使われる〈空間〉へと変貌してきたからである。本章では、広州の政治経済的背景からこうした地図化のプロジェクトを検討し、西関が〈空間〉として生産されてきた力学を論じる。

一　広州と西関の地理的・歴史的概況

1　広州の概況

広州は中国広東省の省庁所在地であり、中国華南地方における最大の都市である。巻頭（二〇頁）の地図1に示したように、広東省は、東は福建省、北は江西省と湖南省、西は広西チワン族自治区（以下、単に「広西省」と称する）と接しており、そのなかで広州は、広東省のほぼ中央部に位置する。

広州はまた、中国第五の長さを誇る河川・珠江《しゅこう》の三角州地帯に位置している。俗称「珠江デルタ」とも呼ばれるこの三角州地帯には、香港・マカオの両特別行政区をはじめ、深圳、東莞、佛山など中国有数の経済力をもつ諸都市がひしめいている。そして、広州―香港を中心とするこの都市群は、珠江デルタ経済圏という一大経済圏を築きあげてきた。この珠江デルタ経済圏は、一九九〇年代には「世界の工場」の名を欲しいままにしてきただけでなく、上海―南京を中心とする長江デルタ経済圏と並んで、中国経済の二大中心地となっている［佐々木二〇〇五］。また、筆者が広州の調査をはじめた当初の統計によると、広州の域内総生産は、上海、北京に次いで中国第三位であった［連編　二〇〇五：五一五］。さらに、同統計によると、珠江デルタ経済圏では、深圳（第四位）と佛山（第一〇位）もベスト一〇に入っていた（この統計では香港とマカオは除外されている）。

次に、広州の行政区画について述べるとしよう。広州の面積は総計七三三四・六平方キロメートルであり、そのなかに一二の行政区を抱えている。ただし、二〇〇五年四月に行政区画の変更（以下、「区画編成」と呼ぶ）がおこなわれたので、その前後では行政区に多少の違いがみられる。

まず、二〇〇五年四月以前の行政区画については、地図2をご覧いただきたい。区画編成がなされる以前の広州は、越秀《えつしゅう》区、東山《ひがしやま》区、荔湾区、海珠《かいじゅ》区、芳村《ほうそん》区、黄埔《こうほ》区、天河《てんが》区、白雲《はくうん》区、花都《かと》区、番禺《ばんぐう》区の一〇の行政区、および従化《じゅうか》市と増城《ぞうじょう》市の二つの市に区画されている(1)。だが、区画編成以降は、越秀区と東山区が合併して新越《しんえつ》

地図2　広州地図（2005年4月以前）

地図3　広州地図（2005年4月以降）

秀《しゅう》区に、茘湾区と芳村区が合併して新茘湾《しんらいわん》区となり、他方で、白雲区が東西に分かれて東部に羅崗《らこう》区が、番禺区が南北に分かれて南部に南沙《なんさ》区が成立した（本書では以下、区画編成以前の越秀区、東山区、茘湾区、芳村区をそのままの名称で使い、合併後の行政区を新越秀区、新茘湾区などと「新」をつけて表記する）。

そのうち、広州の市政府所在地は越秀区であり、この行政区が広州の政治的中心地となっている。後述のように、広州は紀元前には城が築かれてきた歴史都市であるが、その城の所在地もまた越秀区の範囲内に位置してきた［田中　二〇〇五：一九―二〇］。広州は、二〇〇〇年以上もの間、越秀区を中心に発展してきたといえる(2)。

2　テクストに見る西関の地理と歴史

それでは、上記に示した広州の行政区のうち、本書の研究対象地である西関はどこに属すのだろうか。まず、漢字の意味から見ると、西関とは、城門（関）の西側を指す。先述のように、広州城の所在地は越秀区にあったから、地図2を見れば明らかなように、西関は茘湾区の方向にある。それゆえ、広州の地元政府は、西関は、「茘湾」の名がつく行政区に一致すると、政策的に規定するようになっている。つまり、二〇〇五年の区画編成前は茘湾区と重なっていたが、区画編成後は、芳村区と合併して形成された新茘湾区と一致すると、規定されるようになった。

こうした規定は近年、政府機関が発行する書籍や機関紙だけでなく、概説書などのテクストでも描かれるようになっている［黄愛東西　一九九九：一五三、鐘・曾　二〇〇一：一、譚白薇　二〇〇三：一、梁基永　二〇〇四：一ほか］。さらに、政府関係者や歴史学者たちは、茘湾区という〈空間〉と西関とを一致させる前提のもとで、西関の歴史像を描いてきた。その歴史像のなかで、西関は、①風光明媚なリゾート地であり、②金持ちの商人が多く住んだ裕福な町であり、また、③民俗活動や広東音楽などが栄えた文化的にも豊かな町であったことが、特に強調されてきた。それでは、具体的に西関の歴史がこれらのテクストでいかに描かれてきたのかについて、広州全体のなかの位置を示しながら概説していくとしよう。(3)

すでに触れたように、広州は、ヨーロッパ植民地主義の影響を受けて成立した近代都市というよりは、海外貿易を通して紀元前より発展してきた歴史都市である。紀元前の広東省は南越《なんえつ》と呼ばれ、秦代（紀元前二二一～二〇六年）までは中華の図版に組み入れられていなかった。ところが、紀元前二一四年、秦の始皇帝が派遣した軍隊によって南越は秦の支配下に置かれた。南越を平定した後、秦の始皇帝は任囂《にんごう》という人物を派遣してこの地を治めさせたが、この時に彼が今の越秀区の範囲内に築いた城が、広州城の原型となった。その後、始皇帝がなくなると、趙陀《ちょうだ》将軍が自ら南越の王を名乗り出て独立を図ったが、やがて漢王朝の支配下に置かれた［楊・鐘　一九九六：二二］。中華帝国の図版に置かれた後の広州は、海上シルクロードの起点となり、中国南方における海外貿易都市としての機能を強めていった。海上シルクロードとは主に、広州→マラッカ海峡→インド洋→ペルシャ湾→紅海に至る海外貿易のルートを指す［楊・鐘　一九九六：四二―四三］。広州は、海上シルクロードを通じた交易により利益を得るとともに、徐々に城を拡大させていき［田中　二〇〇五：一二―一四］、城の西側にはアラビア商人などの外国人が住む居住地までがつくられるに至った(4)［楊・鐘　一九九六：七九］。そして、宋代から明代（九六〇年～一六四四年）に至るまでには、中国ひいては世界有数の貿易港としての地位を確立するに至った。ウォーラーステインとの論争でも名高い社会史学者アンドレ・グンダー・フランクは、宋代より中国を中心に形成された銀本位制に基づく世界システムに着目したが、そのなかで、広州に多くの銀が流れていたことを指摘している［Frank 1998: 160-161］。

では、広州がかようなグローバルな都市を築いていくなかで、西関はどのような歴史を歩んだと、現地の政府関係者や歴史学者によって説明されてきたのであろうか。少なくとも清代中期までの西関は、果物や水生植物に溢れたリゾート地としてしばしば描写されてきた［阮桂城 二〇〇三：一五］。たとえば、荔湾区政府の文史工作者は、そこではライチの樹が林立しており、一〇世紀には皇族の避暑地となってきたと述べる［文史組 一九九六c：四九—五〇］。また、そうした美しい自然を鑑賞するために、いくつかの避暑地が建設されてきたことも、歴史学者らによって強調されてきた（詳しくは第七章を参照のこと）。さらに、こうした風光明媚な自然は、一七世紀に著名な知識人である屈大均も記録しており［屈大均 二〇〇六：四七二］、その描写内容がしばしば後の歴史学者や郷土史家によって引用されてきた［梁基永 二〇〇四：二ほか］。こうして西関は、都市（城内）の喧騒から離れたのどかで風光明媚な田舎として、描出されてきたのである。

他方で、西関は、風光明媚な自然に彩られるだけでなく、宋代から徐々に商業の町として形成された歴史が描かれている［阮桂城 二〇〇三：一五、梁基永 二〇〇四］。その歴史記述によると、西関は宋代より商業の町としての発展を徐々に始めるようになるが、急激な都市化が進んだのは明・清代以降のことであるという［阮桂城 二〇〇三：一五、梁基永 二〇〇四：五四—五六、広州市荔湾区地方志編纂委員会辦公室編 二〇〇四：一一—一三］。なかでも、西関が商業の町として発達する大きな要因となったのが、一七五七年から一八四二年までの間であったといわれる。一七五七年一一月、時の皇帝であった乾隆帝は、西洋人が中国北方の都市にまで頻繁に来訪するのを見かねて、中国の対外貿易港を広州だけに限定した。続いて乾隆帝は一七五九年に鎖国令を発布し、アヘン戦争が終結する一八四七年までの、実に一〇〇年近くもの間、海外貿易の権利を広州の海外貿易商のみに与えた。そして、海外貿易港、および十三行商館[5]と呼ばれる貿易取引所が、広州城の西門外側、すなわち西関に置かれるようになった。

こうして清代中後期の西関は、日本でいえば長崎の出島のような立場にあったわけであるが、こうした歴史的背景から、一八世紀になると、西関では徐々に下町が形成されていったのだという［龔方方 二〇〇二、阮桂城 二〇〇三、梁基永 二〇〇四ほか］。たとえば、西関では一六世紀（清代初期）よりすでに紡績業が萌芽していたが、鎖国制度が始まると、それは急激な発展をみせた。当時、シルクが西洋商人に大変な人気があったことから、地図4の中央部に位置する上下九甫（現在の上下九路歩行者天国）以北の一帯には、紡績工場とそのギルド(6)が形成されていった［梁基永　二〇〇四：一三、広州日報　二〇〇六年四月二八日］。他方で、十三行商館の所在地であった上下九甫以南の一帯には、輸出と売買の利便のため、機織部屋や染物部屋などがいくつも設けられていた［梁基永　二〇〇四：一三］。

このように、一八世紀後半から一九世紀にかけて、上下九甫を軸とした二つの圏域が形成された（上下九甫以北の圏域は「上西関《かみさいかん》」、それ以南の圏域は「下西関《しもさいかん》」と呼ばれることもある）。また、上下九甫そのものにも商店街が形成されていっただけでなく［龔方方　二〇〇二］、一九世紀後半になると、もともと湿地であった西関の西部が開拓され、そこで富裕層が豪邸を築き始めたのだという［黄愛東西　一九九九、陳彤　二〇〇五］。この圏域は「西関角《さいかんかく》」と呼ばれることがある（地図4を参照のこと）。

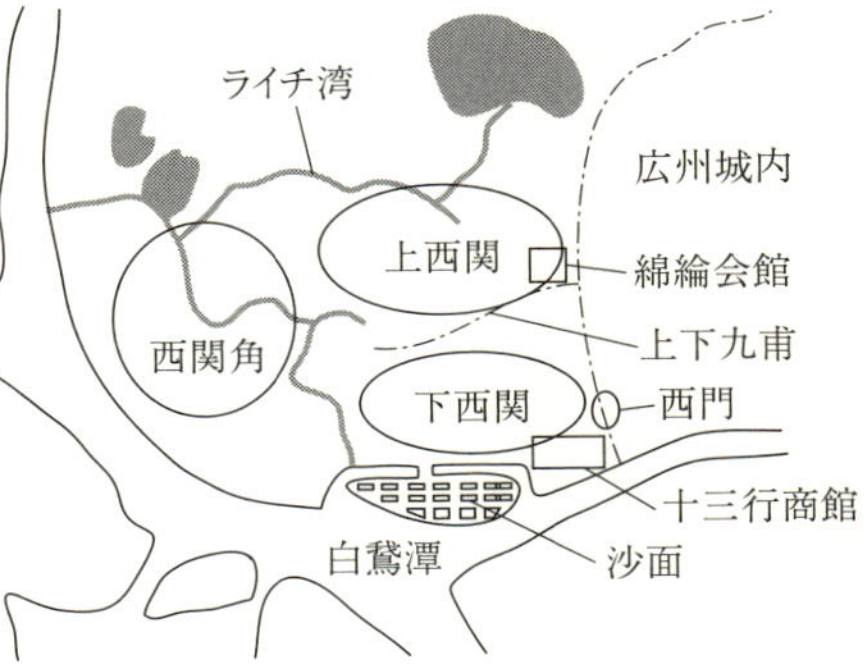

地図4　清代の西関地図

ところで、広州は、一八四二年のアヘン戦争終結にともない、中国唯一の貿易港ではなくなった。経済史の研究によると、広州は、一八五二年まで中国最大の輸出港として君臨してきたものの、それ以降は上海や香港にトップの座を譲り渡した［董健梅　一九九六：一〇］。しかしながら、広州は、生糸の輸出などを通して広東省の中心的な貿易港であり続け、一九一一年に中華民国が成立した後も、孫科《そんか》市長(7)や陳済棠《ちんさいどう》将軍(8)のもとで重工業を中心とした安定した経済発展を続けてきたのだという(9)［楊・鐘　一九九六：三八八、四八〇―四八五］。こうした経済条件のなかで西関はとい

写真１　旧時（民国期と推定）の西関。政府や歴史学者の表象と異なり、当時の西関には木造の建築物が多く、人々も質素な服を着ている。（出典：李穂梅『広州旧影』人民美術出版社、p. 88）

うと、広州城の城壁が壊されて都市部と接続されただけでなく、都市計画を通じてインフラ施設の整備、店舗の拡大、新聞社の設立など、近代化の事業が急速に進められた［広州市地方志辦公室編　二〇〇三、劉聖宜　二〇〇四、梁基永　二〇〇四：五二―五三ほか］。さらに、広州の政府関係者、歴史学者、マス・メディアは、民国期（一九一一年～一九四九年）の歴史的な検証を通して、当時の西関が、豪華絢爛な建築、美味しい食、賑やかな民俗行事、上品な広東音楽や広東劇、そして学識が高くおしゃれな西関の令嬢を育んだ経済的にも文化的にも豊かな町であったことを、繰り返しアピールしてきた[10]［鍾・曾　二〇〇一、梁基永　二〇〇四、広州市荔湾区地方志編纂委員会辦公室編　二〇〇四：一一―一三、梁基永　二〇〇四：五四―五六ほか］。

以上、ごく簡単にではあるが、歴史学者や政府関係者が描いてきた西関の歴史を概観してきた。これらの歴史的説明は、一方では史料に基づき検証された「事実」であることには間違いないだろう。しかし、他方で注意すべきなのは、以上の歴史記述は、過去に存在したすべての現象を反映してきたわけではないということである。なぜなら、こうした歴史を拾い出す作業は、現在のバイアスから逃れることができないからである［Benjamin 1969; 川田　二〇〇四］。

一例を挙げてみよう。筆者は、西関でフィールドワークをしていたとき、そこで生まれ育った高齢者たちから、当時どれほど貧しくて苦労してきたか、耳にたこができるくらい聞かされたものであった。また、一部の歴史資料によると、豪邸が集中することで知られる西関角では、「中華人民共和国の成立［＊一九四九年］以前、居住地の多くが低く湿った木造の小屋であった」［広州市荔湾区逢源街道辧事処ほか編　二〇〇六：七］のだと書かれている。この文章はもともと、共産党政府の貢献度を誇示するために書かれたものであるが、結果的には、民国期の西関の貧困の状態を示している。こうした事例からも明らかなように、「貧しさ」を示す歴史的事実は、「豊かさ」を強調する歴史のストーリーからは排除されてきたのである。したがって、これまで挙げてきた歴史像は、過去の部分的事実を拾いあげて全体化する表象と考えなければならない。

加えて、以上の歴史的説明では、中華人民共和国が成立した一九四〇年代以降に西関が辿ってきた歴史がほとんどとりあげられてこなかった。特に、一九五〇年代から一九七〇年までの間の歴史については、中国国外の記述や地域住民の記憶に拠って復元するしかできない状況になっている。こうして復元した歴史に基づくと、一九四〇年代からの西関は衰退の道を歩んできたことが明らかになるが、このことについては次節で再びとりあげることにしたい。

３　「西関」をめぐる民間のメンタル・マップ

西関は、すでに述べたように、荔湾区と一致すると規定されており、そこでの歴史も、荔湾区のそれと重ね合わせて記述されてきた。そして、西関は、あたかも風光明媚な自然と豊富な文化を歴史的に育んできたかのように、テクストに書かれてきたのである。しかし、一部の歴史学者が気づいていたように、西関という語が現れたのは歴史的にそれほど古くはなく、せいぜい一五〇年前くらいまでしか遡ることができない。文献のうえからみても、前出の屈大均は一七世紀に、そこを西関ではなく「西園《さいえん》」と記していた［屈大均　二〇〇六：四七二］。歴史文献において最初に記載された西関の二文字は、譚榮《たんえい》という詩人が一九世紀に書いた「西関汛《さいかんじん》」であるといわれる［関啓明　二〇〇二：一］。ところが、譚榮《たんえい》は「西関汛」が指す範囲は、「北門の峠」（越秀山一帯）から南岸（荔湾区の北

地図５　広州の自然地図地図

部）までの一帯であり、その地理的範囲は茘湾区と完全に一致していない（地図5を参照）。つまり、西関をめぐる歴史表象は、実際のところは西関そのものの歴史ではなく、茘湾区という〈空間〉についての歴史であったのである。

それでは、西関とは一体どこを指すのであろうか。西関でフィールドワークを進めていく過程で筆者が発見したのは、民間で「西関《サイグァン》」と呼称される範囲は、茘湾区という〈空間〉と必ずしも一致していなかったということである。繰り返し述べると、西関は茘湾区と等符号で結ばれると政策的に規定されている。『西関風情』という概説書においても、「西関とは広州人の心の中では特に今日の茘湾区を指している」［梁基永　二〇〇四：一］と明確に規定されている。

茘湾区は二〇〇二年四月までは一六・二平方キロメートルで、広州の総面積のなかではわずか二パーセントを占めるにすぎなかった。だが、二〇〇二年四月に西部に浮かぶ大坦沙島《だいたんさ》が編入され、二〇〇五年四月の区画編成により芳村区を合併すると、茘湾区の面積は五八・八平方キロメートルにまで拡張した。つまり、茘湾区の面積は、四倍近くにまで拡張され、広州の約八パーセントを占めるに至った。政策的な規定に従うならば、茘湾区の面積拡張に伴い、西関の面積もわずか三年の間で約四倍にまで拡張されたことになる。このような西関の急激な拡張は、茘湾区住民の戸惑いや不満を引き起こしている。

それでは、地域住民は一体どこを「西関」と考えているのであろうか。調査事情の制約によりアンケート調査こそ実施できなかったが、筆者はこのことについて三七名の地域住民から回答を得ることができた。その内訳は

表1　民間社会における「西関」の地理的認識

問い：あなたの考える「西関」とはどこを指しますか？	旧荔湾居住者	旧芳村居住者	他区の居住者	政府機関役人	総合
新荔湾区の行政区と完全に一致する	0	0	0	2	2
旧荔湾区の行政区と完全に一致する	1	1	5	1	8
旧荔湾区の南半分（中山路以南）を指す	19	2	3	3	27
(a) 中山路以南の全地域を指す	3	1	2	3	9
(b) 沙面ほか黄沙路以南は含まない	10	0	1	0	11
(c) 西関角は含まない	2	1	0	0	3
(d) 南岸、周門など北の一部を含める	4	0	0	0	4
総計	20	3	8	6	37

情報源：広州に3年以上居住する37名に対するインタヴューに基づく

荔湾区の住民を中心として、荔湾区の居住者が二〇名、芳村区の居住者が三名、広州の他区の居住者が八名、政府機関の役人が六名である。その結果から明らかになったのは、まず、広州出身者でない政府機関の役人二人を除く全ての者が、「芳村区および大坦沙島は西関には含まれない」と考えていたことである。興味深いことに、政府機関の役人であっても、広州出身の者は同様の発言をしていた。彼／彼女らは、政府機関で働く者であると同時に、広州で育った住民でもあるからである。さらに、荔湾区で生まれ育ってきた少なからずの中高齢者（五〇歳以上の男女）は、次のように語っていた。「『西関』がどこであるか普段は考えてこなかったが、芳村区が含まれることは絶対にない。あそこは花と虫と蛋家族《ダンガーゾッ》[11]しかいない辺鄙なところだったからだ。『西関』とは、『河北《ホーバッ》』の都市文化が栄えてきたところである」と。「河北《ホーバッ》」とは、広州の中央を横切る珠江の北側を指し、それに対して珠江の南側を「河南《ホーナム》」と呼ぶ（地図5を参照）。彼／彼女らは、「河南」を蔑視しており、そこは西関ではないと考えているのである。筆者がインタビューした全員が、西関は「河北」にあると考えていたといえる。

ただし、芳村区が「西関」に含まれないとする見解を除くと、「西関」とはどこを指すのかについて、三七名の話者に共通した意見は

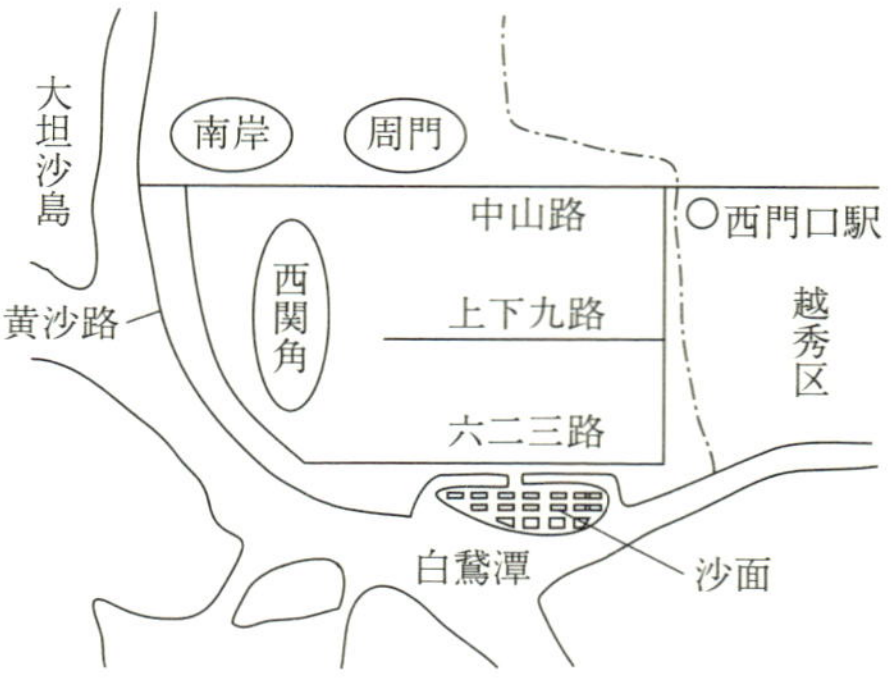

地図6　西関（旧茘湾区部分）地図

なかった。一つだけ言えるのは、西関は、新茘湾区だけでなく、茘湾区という〈空間〉とも一致して語られない傾向にあったことである。表1に示したように、両者を一致させていたのは、特に茘湾区の出身者では一人だけであった。興味深いことに、七〇パーセント強の者が「西関」が茘湾区の南半分の地域におよそ相当すると答えていた（地図6参照）。だが、「西関」の指す範囲について筆者がさらに具体的に問い詰めると、絶対多数の者はお茶を濁したり、回答をためらったりするのであった。そして、彼／彼女らはしばしば、「地下鉄に西門口駅があるだろう。あそこら辺は昔、西の城門だったんだ。『西関』とはだいたいその西側だよ」（強調点は筆者が加筆した）と言うのである。この回答は、茘湾区の南半分の一体どこを指すのかについて曖昧で、まとまりを欠いている。それは、表1の統計結果にも表れている。

表1の統計はもちろん、わずか三七名の見解にすぎない。茘湾区の人口が五〇万人強あることを考えれば、ほんの一握りの回答でしかない。したがって、表1の回答を茘湾区の住民全員の意思であるとすることはできないし、筆者はそうすることを意図していない。だが、これらの調査結果は、民間において、「西関」が必ずしも茘湾区および新茘湾区という明確な境界をもった〈空間〉と一致しているわけでないことを示すのには、十分であろう。先に挙げた概説書の説明とは異なり、結局、「西関」は広州人の心の中では、今日の茘湾区と一致していなかったのである。

筆者がインタビューした三七名のうち数名は、民間において「西関」は昔からあったと答えていた。インタビューしたなかで最も高齢の一九三〇年代生まれの人もまた、「西関という名は私が子供の頃からあった」と答えていた。また、一九三六（民国二五）年に書かれた『都市地理小叢書』でも「上西関」と「下西関」の区別[12]はすでに言及されているから［倪錫英　一九三六：四二］、「西関」の呼称は、少なくとも民国期にはすでに民間に根付いていたと考えられる。このように、「西関」は確かに民間で言い伝えられてきた古称である。だが、民間のメンタル・マップにおける「西関」は、明確な境界をもたない、漠然とした地理的範囲であることもまた、以上の調査から明らかである。ところが、こうした曖昧な「西関」の地理的範囲は、広州の都市計画により資源とされることで、明確な境界をもった〈空間〉へと仕立て上げられていくことになる。次に、主に一九九〇年代以降の都市計画の検討を通して、それを示してみたい。

二　広州の国際都市建設計画と西関の位置づけ

1　市場経済化政策前における西関の諸問題

前節でとりあげてきたように、民国期の西関は、経済的、文化的に中国でも比類のない繁栄を遂げてきたと表象されてきた。だが、一九四〇年代になると、西関は徐々に衰退の道を辿ることになる。その最初の原因は、一九四〇年代前半における日中戦争の勃発と、それによる日本軍の侵略である。[13]

西関において七〇歳以上の高齢者から話を伺うと、日本軍の侵略は、「西関」の経済に大きな損失を与えたのだという。なぜなら、一九四〇年代当時、西関にいた資産家たちは、日本軍に財産を奪われるのを恐れて、香港、マカオ、東南アジアなどに移住したからである。ただし、具体的に誰が海外に逃げ出したのかについて、資産家が集住していたという西関角で聞き取りをおこなったところ、地主層の多くは、一九四〇年代が終わる頃になっても現地にとどまっていた。

しかし、一九四九年一〇月一〇四日に中華人民共和国が成立すると、[14]西関の経済はさらに衰退に向かうことになった。その主要な原因となったのが、共産党政権による都市政策である。時の国家主席であった毛沢東は、中華人民共和国が成立してまもなく、「消費都市から生産都市へ」移行させる方針を打ち出した。というのも、消費を主とする資本主義的な都市構造は、階級闘争を生み出す温床であるとともに、農村を搾取する不均衡な関係のうえに成り立つと、社会主義思想では考えられたからである［青柳 一九九七：一六、陳立行 一九九四：二九―三〇］。したがって、一九四九年以降の中国では、都市を工業生産の〈空間〉として位置づけ、工業製品の生産を消費活動よりも重視するようになった。広州においてもまた、一九五八年以降、華南の工業基地としての役割を付され、一九七〇年代末に至るまで重工業の生産が最重視されるようになっていた［Vogel 1989: 197］。

さて、かような「生産都市」への移行によって最も大きな打撃を受けたのが、商業の町として発展してきた西関であった。アメリカの経済史学者エズラ・ヴォーゲルによると、広州の下町にあった店舗の多くは、一九五五年から一九五六年の社会主義改造のなかで閉鎖もしくは合併された［Vogel 1989: 203］。それでも一九五七年の時点で一〇〇人当たり三・八の店舗があったが、一九七八年には二〇〇人当たり〇・三店舗にまで落ちてしまった［Vogel 1989: 203-204］。広州の下町の店舗は小さな作業場か店舗に変えられて使用され、それらが再び店舗として賃貸されるのは、一九七八年の改革・開放政策を待たねばならなかった［Vogel 1989: 204］。

周知の通り、中国では一九七八年一二月より改革・開放政策[15]が推し進められ、それに伴い珠江デルタの諸地域は目覚しい経済発展を遂げた。なかでも広州と香港・マカオの間に挟まれた一帯――深圳《しんせん》、東莞《とうかん》、佛山《ふっさん》など――は、一九八〇年代、香港・マカオとの親戚関係や華僑資本の誘致などを通して、急速な経済発展を遂げた。ところが、広州は、複雑な官僚機構、老朽化した住宅、多大な負債が足かせとなり、改革・開放後の経済発展の波に乗り遅

表2　都市建設区における一人頭の国民生産高（1990年代）　　（位：1元≒15円）

	1990年	1995年	1996年	1997年	1998年
茘湾区	2579	12584	15872	17794	19589
越秀区	4609	12000	14242	14821	16262
東山区	4299	14962	17113	18693	19678
海珠区	—	10379	11253	12796	13385
天河区	—	19549	20350	22079	22587
白雲区	2625	10680	12500	13906	15692
芳村区	2925	11686	13405	15165	17179
黄埔区	3694	16059	18595	20238	22109

出典：広州市統計局編『広州50年：1949〜1999』中国統計出版社、pp. 687-694を基に筆者作成

れた[Vogel 1989: 198]。そのなかで最も顕著であったのが、茘湾区（西関）であった。

それでは、茘湾区はなぜ改革・開放以降の経済成長の波に乗り遅れたのだろうか。第六章でも言及するが、改革・開放政策以降の茘湾区は、住宅の老朽化、人口の高齢化、そこから生じる治安の悪化という、主に三つの問題を抱えるようになっていた。それゆえ、茘湾区は、西北部一帯から新たに開発が着手されていったものの、往年の経済的な優勢を取り戻すことはできなかった。一九九〇年代における広州各区の統計を比較すれば明らかであるように、一九九二年に市場経済化政策がはじまった直前（一九九〇年）、茘湾区における一人頭の国民生産高は、六つの行政区のなかで最も低かったのである（表2参照）。

2　広州における国際都市建設の計画と施策

以上の経済的条件に鑑みて、一九九二年より広州市政府（以下、広州の全行政区・直轄市を管轄するこの行政機構を「市政府」と呼ぶ）は、茘湾区の諸問題を解決し、より効率よく経済発展させることを責務とするようになった。そこで、市政府の下位行政単位である茘湾区政府（以下、「区政府」と呼ぶ）は、民間で使われる「西関」の名を利用することで、風光明媚なリゾート地としての位置づけをする方針を打ち出した。それ

により、市政府は、都市の〈空間〉的特色を醸成し、観光収入や投資誘致に活かそうとしたのである。その政策的な起点は、一九九三年より市政府が打ち出した国際都市建設の計画とかかわっている。

「国際都市」の概念は、市場経済化路線が採択された翌年（一九九三年）、当時の市長であった黎子流《れいしりゅう》によって提唱された。黎市長は、広州を「アジア・太平洋地区における国際観光業のメッカにする」と同時に「ローカルな特色を醸成し、規模を拡大することで、レベルの高い」国際都市とする目標を掲げた［黎子流　一九九四：七、cf. 李暁雲　一九九四：四二］。この国際都市の概念について、後に（一九九七～二〇〇三年）市長に就任した林樹森《りんじゅしん》は、「グローバルな政治、経済、文化体系のなかで制御を担うか、あるいは重大な影響力をもつ都市」［林ほか　二〇〇六：一〇二］と規定している。簡潔に述べれば、市場経済化路線を採択して以降の広州は、グローバル都市としての能力を身につけるよう計画と施策がなされてきた。

さて、ここで「グローバル」の意味を本書で定義していく必要があろう。社会学者マニュエル・カステル［Castells 1999］によれば、地球規模で連結して動く経済体系には歴史的に大きく分けて二つあり、それぞれは「世界経済（world economy）」と「グローバル経済」（global economy）という概念によって区別されねばならない。すなわち、前者は、資本主義成立の当初から、植民地主義などを通して世界規模で発展してきた経済体系である（前述の銀本位の世界経済システムもこれに含まれる）。それに対して、グローバル経済とは、一九七〇年代の情報革命によってリアルタイムに地球規模で作動する経済体系である。

広州は、すでに述べた通り、紀元前から海上シルクロードの起点の一つとして機能してきただけでなく、宋代以降は、中国を中心とした銀本位制の世界経済システムのなかで重要な役割を果たしてきた（より詳しくはFrank 1998を参照されたい）。つまり、アジアを中心に展開されてきた世界的な経済システムの一部として、異種混交性のある国際的な都市を長年築いてきた。しかし、広州が一九七〇年代までに発展させてきたかような経済システムは、世界経済ではあっても、瞬時に世界とつながれるグローバル経済ではなかった。広州は、文化大革命（一九六六〜一九七六年）や改革・開放政策への乗り遅れが災いし、一九九〇年代にして、ようやくグローバル経済、およびその社会体制である情報社会に突入することが可能となった。

　前章でも触れたが、情報社会に突入してからの経済システムは、世界諸都市の時間と空間を縮小させることで成り立っている［Harvey 1990］。換言すると、情報社会の経済システムは、瞬時につながれ（＝時間の縮小）、それにより均質化（＝空間の縮小）させることで利潤を得る仕組みに変わってきている(16)。ところが、世界の空間が均質化するにつれ、逆に特殊性を醸成しようとする反動が現れるようになる［Harvey 1990: 295-395］。なぜならば、各都市は、競争に打ち克つために〈空間〉の魅力を醸成し、それにより外部の資本を引き付ける必要に迫られているからである。もしその都市が他とは異なる魅力的な〈空間〉でなかったならば、観光客も投資家も惹きつけられないことであろう。

写真２　茘湾区の中心街。（2010 年 8 月、筆者撮影）

　こうしてグローバル都市としての階段を駆け上ろうとする広州は、国際都市建設の目標を掲げると、すぐに都市の特色づくりを計画のなかに組み込んできた。

　まず、一九九六年から二〇〇三年の間、市政府は毎年一五〇億元（約二二五〇億円相当）以上の費用をかけて都市建設をおこなってきた。そして、道路、橋、地下鉄の建設などのインフラの整備に着手してきただけでなく、下町や郊外や中央ビジネス区（Central Business District）の開発を促進してきた。それにより、広州では、写真2にみるような高層ビルが林立するようになった。

　その反面、市政府は、一九九二年という早い時期から都市の特色づくりに気を配ってきた。その最も早期の試みが、一九九三年に開催された「広州名城保護と国際都市建設をめぐる討論会」と命名されたシンポジウムであり、黎子流市長をはじめとする広州市政府の役人、および学者たちがこの会合に参加している[17]。

そもそも市場経済化路線を採択して以降の中国では、都市の特色を醸成するこのような動きが、国家レベルで高まっている。たとえば、天津の都市景観再生を考察した尹海林は、市場経済化以降の中国では、歴史と伝統の結晶を利用して各都市の特色を醸成する動きが現れ始めたという［尹海林　二〇〇五：一、一八］。尹によれば、改革・開放政策以降の中国では急激な開発ラッシュがおき、歴史ある下町の破壊などによって、「千城一面《○チエンチエンイーミエン》」（訳──どの都市の光景も同じとなる）現象が中国にて蔓延するようになった［尹海林　二〇〇五：二二─二三、七八］。その反省により、中国政府は、都市空間の魅力を醸成するため、都市計画に「開発コントロール」と「設計コントロール」の基準を設けた［尹海林　二〇〇五：一八─一九］。前者は、土地利用や交通の布置など都市開発にまつわる計画であるのに対し、後者は、建築物の高度や色彩などの都市デザインと関係している。その他、歴史文化財が集中する区域には「パープル・ライン」（文物保護区を枠付けする線）を引き、都市保護のために自由に開発できないよう、国家が規制を加えるようにもなっている［林ほか　二〇〇六：二〇］。

こうした動きのなかで、広州は、中国のなかでも先駆けて、都市の特殊性をつくりだす努力をおこなってきた[18]。広州における都市の特色づくりは、具体的には二一世紀初頭より全面化していくが、その前に、一九九〇年半ばから下町である西関一帯で早くも実施されていたことは注目に値する。それでは次に、広州の都市計画を参照しつつ、一九九〇年代半ばより茘湾区に課されてきた〈空間〉の役割を検討しよう。

3 「西聯」の役割、および〈空間〉の資源化

改革・開放政策が始まってまもない一九八二年、中国政府（国務院）は「歴史文化名城」を指定する法案を提起し、広州は、その第一次審査で選出された二四都市のなかの一都市となった［黎子流 一九九四：三］。そして、国務院の指示に従い、一部の文化財を指定・保護する任務に着手してきた。それに伴い、広州の下町にある茘湾区では少なからずの文化財が指定されるようになり、都市の特色を醸成する作業の礎が築かれた［王衛紅 一九九四：一三］。

他方で、一九八〇年代の茘湾区は、広州初の下町開発区に指定された東部（金花街）を手始めとし、不動産開発も推し進められていた［魏清泉 一九九七：、張研 二〇〇六］。だが、一九八〇年代における茘湾区の経済発展は芳しくなく、すでに見たように、一九九〇年の同区の経済力は広州の都市部のなかで最低であった。表2を今一度みていただければ分かるように、一九九五年頃になると、茘湾区の経済も、かなり景気を取り戻してきたように見える。しかし、一九九〇年代を通して、東山区、および新興の天河区や黄埔区を経済的に上回ることはできていなかった。それゆえ、茘湾区は、都市内の競争に打ち克つ方策を案出する必要性に迫られていた［周軍二〇〇四a］。そこで、区政府は、同区を風光明媚なリゾート地とし、そこにある歴史的な文化遺産を利用する方策を打ち出すようになった。それにより、茘湾区は、広州において都市の特色を醸成する役目を担う尖兵となったのである。

その試みの第一歩は、一九九六年に制定された『茘湾商業・貿易・観光区建設計画要綱』である。この計画では、その名にみる通り、茘湾区が「商業・貿易・観光」の行政区であることが強調されている。そのうえで、図2で見られるように、西関角、沙面、陳氏書院、華林寺をめぐる四つの区域を、西関文化が最も具現化されている区域として指定し、整備した。

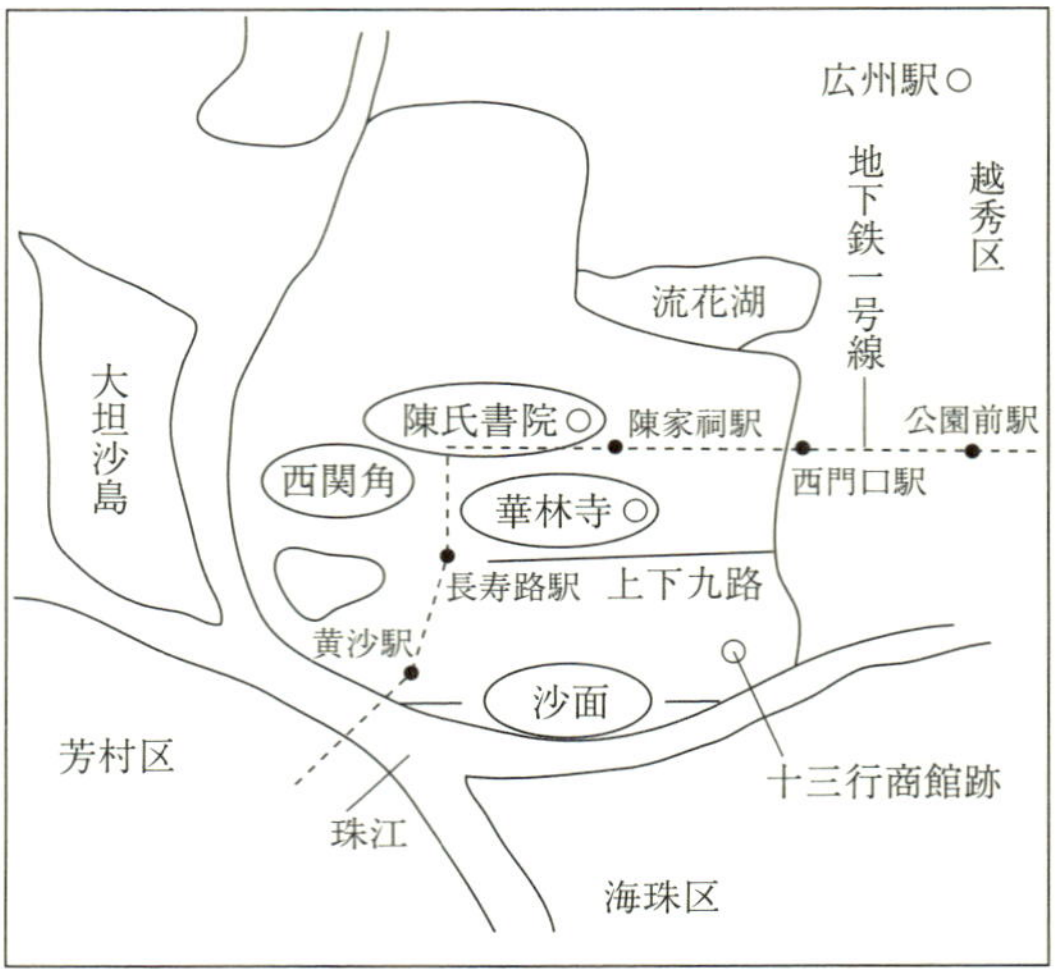

図2　西関の四大観光地

　ここで注目したいのは、この計画書において、西関および西関文化という語彙が前面に押し出されていたことである。前節で述べたように、「西関」は民間で古くから使われてはきたが、それは城門の西側一帯をなんとなく指す漠然とした言葉であった。ところが、一九九六年のこの計画書で、西関は、荔湾区という行政的な〈空間〉と完全に一致する語彙として、都市計画書という紙に書かれるようになっている。

　都市計画書に限らず、一九九五年以前の広州では、書籍、学術論文、新聞記事ですら西関の二文字を見つけることは難しい。本書巻末の参考文献一覧（中国語文献欄）を見ていただければ一目瞭然であるが、西関の名がつく概説書、専門書および学術論文の絶対的多数は、一九九六年以降に刊行されている。それでも、管見の及ぶ限りにおいては、盧文魏［一九八八］と陳澤泓［一九九三］が西関の二文字を関した論文を書いているが、両者はいずれも西関を荔湾区と一致させて論じていない。また、市政府の機関紙である『広州日報』を翻してみると、一九九〇年、一九九一年と西関を見出しとした記事は一件も見当たらない。[19] はじめて西関の二文字が登場したのは、市場経済路線採択後の一九九二年一一月二〇日である。この記事では、「西関の下町を新しくしよう」という題目のもと、特色ある都市建設の行方が提案されていたが、ここでも西関と荔湾区は結合されていなかった。両者が『広州日報』紙ではじめて結合されたのは、一九九七年四月五日のことであった。[20] このように、西関を荔湾区という〈空間〉に一致させて紙の上に描かれるようになったのは、西関が都市の特色を醸成しはじめた一九九〇年代半ばのことであった。

こうした「西関」と「荔湾」との結合を決定づけたと考えられるのが、一九九七年六月二一日から七月にかけて開催された「荔湾文化芸術節」である。「荔湾文化芸術節」は区政府が主催し、総計一二のイベントが催されたが、そのイベントの一つに「西関文化シンポジウム」があった。このシンポジウムには、広東省から荔湾区に至るそれぞれの政府関係者と学者が出席し、西関文化をめぐる、おそらく最初の討論がなされた。その内容の詳細は次章に譲ることにするが、このシンポジウムでは西関文化の科学的な位置づけや政治的な意味づけがなされていたことだけ、さしあたり触れておこう。このシンポジウムでは、やはり「荔湾」と「西関」が互換的に使われており、両者の一致が政治的にも学術的にも一つの前提として確認された。

西関文化シンポジウムの開幕時では、ある政府関係者によって「一九九七年は特に意義深い一年である」と述べられていた［広州市荔湾区地方志編纂委員会辦公室編　一九九八b：一―二］。この発言の通り、筆者もまた、一九九七年は荔湾区にとって特に意義深い年であると考えている。なぜならば、この年を境にして、民間の漠然とした地理的名称であった「西関」が、荔湾区という行政区と重ね合わされることによって、明確な境界をもつようになったからである。つまり、「西関」は、一九九六年の都市計画に続いて、学術的にも荔湾区とア・プリオリに結合されることとなった。それにより、荔湾区という〈空間〉は政策的に、西関の豊富な自然や民間文化が、あたかも遺伝子のように連綿と続いてきたかのようにアピールされるようになったのである。

こうして西関の歴史文化を包括した〈空間〉として荔湾区が「発見」されると、次にこの〈空間〉には、政策的な役割が与えられるようになった。その役割を明確に規定したのが、二〇〇一年に制定された『広州市都市建設総合戦略概念計画要綱』（以下、『概念計画要綱』と略す）であった。

二〇〇〇年八月、『概念計画要綱』の制定に先立ち、市政府は『第一〇期五ヵ年発展計画』を発布した。中国の著名な都市学者である呉良鏞《ごりょうよう》ら大学関係者によって構想された『第一〇期五ヵ年発展計画』は、「二つの適宜」なる概念を主軸に据えるものであった〔林ほか　二〇〇六：六〕。「二つの適宜」とは具体的には、居住環境の快適さ（適宜）と産業発展の快適さ（適宜）を指している。つまり、都市建設は地域住民のアメニティを重視する時代に入ったと広州の指導者によって考えられるようになり、生活と仕事の双方で地域住民に快適さを提供することがこの計画の主要な目的とされた〔李・周　二〇〇五：八四〕。そして、この計画理念をより具現化したのが、二〇〇一年四月に提示された『概念計画要綱』であった。

『概念計画要綱』は、その計画内容において、「南拓《なんたく》・北優《ほくゆう》・東進《とうしん》・西聯《さいれん》」の方針を打ち出している。「南拓《なんたく》」は南部に位置する番禺区の開発を、「東進《とうしん》」は東部に位置する天河区の開発を意味するが、市政府は、これらの区を開発することで広州の副都心を造る方針を打ち立てた。それにより、広州を多中心的な国際都市にするとともに、人口密度の高い越秀区、東山区、茘湾区の人口を外部に移住させ、都心部における居住環境のアメニティを地域住民に提供する目標を掲げた〔周霞　二〇〇五：一七七―一八六、林ほか　二〇〇六：五三―一〇〇、李・周　二〇〇五：九一―九三〕。他方、「北優《ほくゆう》」とは、北部に位置する白雲区、従化市、花都区にて生態環境を保護する意味で、「山水都市」としての特色を醸成する試みである[21]。

「南拓・北優・東進・西聯」の方針のうち、「西聯《さいれん》」は、茘湾区の諸政策と特に関わっている。『概念計画要綱』では、「西聯」の方針を、「広州市と直接的に隣り合う佛山や南海区などの都市と連絡及び協力をなし、広佛都市圏の建設を加速させる。同時に、茘湾区内部の構造調整をなし、文化を保護し、人口と産業を空間的に隔離させること」（点線部は筆者強調）と規定している。

ここにおいて、茘湾区には、主に二つの政策的な任務が与えられたといえる。つまり、第一に、茘湾区は、西に境を接する佛山《ふつさん》（内部に禅城《ぜんじょう》区、南海《なんかい》区、順徳《じゅんとく》区、三水《さんすい》区、高明《こうめい》区の五区を抱える）、なかでも茘湾区と隣接する南海区と、経済的・文化的な連携をおこなうための架け橋としての任務が与えられている。というのも、佛山はすでに見たとおり中国有数の経済力をもつ都市であるので、広州は佛山と「広佛都市圏」と呼ばれる一大都市圏を建設するプランを推進しているからである。そして、第二に、茘湾区は、区内における人口面、産業面での構造調整をするだけでなく、区内にある文化を保護・再生させる任務が与えられている。そうすることで、茘湾区にて「二つの適宜」を実現するよう求められているのである。

こうした政策的基盤をもとに、茘湾区観光局は『茘湾区観光開発計画要綱』（以下より『開発計画要綱』と称す）を発布した。ここでは、一九九六年に指定された四つの観光区域——西関角、沙面、陳家書院、華林寺——に加え十三行商館の跡地を新たに指定している（図2を参照）。だが、それ以上に大きな意味をもつのは、『開発計画要綱』において区政府が、茘湾区全体をＣＲＤ（Central Recreation District: 中央休息区）として位置づけたことである。すなわち、茘湾区一面が西関文化に溢れた「文化特区」であり、風光明媚なリゾート地であることが政策的に定められたのである。[22] そのうえで、茘湾区が古くより西関文化の溢れるリゾート地であったことが前節で示した歴史的な「根拠」により強調され、それを基盤とした都市建設が推進されるようになった。

その後、二〇〇五年四月の区画編成により芳村区が合併されると、先述のように西関の面積は突如として四倍近くにまで拡大することになった。新茘湾区は「河南」に属するので、旧広州城の西門外側と民間で考えられている「西関」のイメージとは大きくかけ離れるようになっている。にもかかわらず、政策的には西関は、新たな区域境界と一致して拡大したのである。

二〇〇四年三月二二日、区政府は、広州日報社と広之旅の両社と協力して、「西関風情の旅」という観光ルートをつくりだし、西関の歴史文化を市民に見せるプロジェクトを提示した。この時点でのルートは、前述の『茘湾商業・貿易・観光区建設計画要綱』で保護の対象とされた、西関角、沙面、陳家書院、華林寺を結んだものであった。図2から分かるように、陳家書院は茘湾区の北半分にあり、沙面は珠江に浮かぶ島であるが、西関＝茘湾区という定式より、これらの区域が選定された。そして、区画編成がなされるとすぐに、「西関風情の旅」は芳村区にまで拡大されることになった。この時に市政府や区政府が提示した論理は、「河北」の茘湾区一帯は「河南」の芳村区一帯と歴史的・文化的なつながりを有してきたというものである。すなわち、両者の〈空間〉は同質的な歴史文化によって満たされているというのである。こうした論理に基づき、二〇〇五年一二月に新茘湾区の区長となった劉平は、新茘湾区にも「商業・貿易・観光」の行政区としての位置づけを与えると発表した。(23) そのうえで、「西聯」の役割を担う対象もまた、茘湾区から新茘湾区に拡大適用されていった。

こうして民間の古称であった「西関」は、政治的に境界づけられることによって、「西聯」の役割を担う容器と化すようになっている。この時、市政府や区政府は、ただ「茘湾」という行政区の名前を使うのではなく、西関という語を使うことで、そこが決して文化的に無味乾燥ではなく、豊富な歴史文化が民間で培われてきたことをアピールしてきた。すなわち、〈空間〉における豊富な歴史文化的資源をよりよく示す手段として、「西関」という民間の古称が利用されてきたといえる。こうして明確な境界をもつようになった西関は、今日、ＣＲＤ（中央休息区）の役割を支える基盤を提供するに至っているのである。

おわりに

本章は、広州の政治経済的条件を踏まえながら、「西関とはどこか」という問題に答えてきた。それにより明らかになったのは、以下の二点である。

第一に、「西関」は少なくとも第二次世界大戦前から、民間にて口頭で伝えられてきたが、その地理的範囲は曖昧であった。民間に流布している「西関」という言葉は、明確な境界をもっておらず、旧広州城のおおよそ西側という漠然な範囲を指すにすぎなかった。

第二に、一九九〇年半ばより、民間の「西関」概念は、茘湾区という明確な境界をもった〈空間〉と一致するようになった。その背後は、茘湾区には豊富な文化資源やリゾート地としての歴史があったことを示す目的があり、そうした意味づけを通して、西関は、「西聯」の責務を果たす基盤を形成するに至った。

今日、地元のテレビや新聞などを見ると、西関は、当然のように茘湾区や新茘湾区と結びつけて語られている。しかしながら、「茘湾」と「西関」の結合は、決して自明のものではない。その背後には、両者を結びつける権力的なプロセスがあったことを、私たちは見逃すべきではない。今日では、「西関とは茘湾のことだ」という言葉を、若者を中心に住民から聞くこともあるだろう。だが、こうした語り自体が、〈空間〉を操る権力によって誘導された言説であることを忘れてはならない。

次章以降で詳述するように、西関という〈空間〉は、ローカルな特色をもつ景観を生産する地理的な基盤となっている。そして、この〈空間〉には、西関文化という「豊かな」歴史文化が込められていると語られるようになった。この際、西関文化という名を通して〈空間〉にイデオロギー的な「意味」を投影させたのは政府である。しかし、その西関文化の具体的な内容を「科学的に」証明してきたのは、学者たちであった。学者たちは、本章で述べた西関の歴史像に基づき、他の民族やエスニシティと比較することによって「自己」の文化的なビジョンを描き出していった。それでは、西関文化は、こうした景観画の技法にもつながる文化表象を通して、どのように描かれていったのであろうか。次に、民族誌的な文化の分類学により、西関文化がどのように規定されていったのかを検討していくとしよう。

注

(1) 中国では一般的に省の下に市があり、市のもとに区と県がある。そのうち、区はほぼ都市建設区としての扱いを受けている。各県の中心部にも県城という都市部があるが、その大部分は「鎮」や「郷」などの下に置かれる村落部である(ただし「中心鎮」は村落と都市のつなぎ目とみなされる)。その他、中国の大きな行政区は、いくつかの直轄市を抱えることがある。たとえば、広州は、広州市のなかに従化市と増城市を抱えている。本書でいう広州は本来は広州市のことを指すが、本書では便宜的に広州と略称し、直轄市のみに市をつけて表記した。

(2) 広州の都市としての発展史は、田中重光[二〇〇五]に詳しい。

(3) 西関の「公式的」な歴史像については、政府機関に属す地方誌編纂委員会、区政府の役人であり歴史学者である阮桂城、および政府機関が関係して出版された「嶺南知識文庫」のシリーズ本である『西関風情』(梁基永:二〇〇四)を参照した。

(4) 田中重光によると、唐代はアラブやペルシャから来た商人が広州城の西部に住み着き、彼らの手によって都市化が促進されていったのだという[田中　二〇〇五:一四]。この外国人居住地は「蕃坊」と呼ばれ、「蕃坊」では自治と信仰の自由が認められてきた[田中　二〇〇五:一六]。なお、六二七年、「蕃坊」に光塔寺というモスクが建てられたが、このモスクは現存している(ただし対外開放はされていない)。二〇〇六年度、筆者は機会を得て光塔寺にて聞き取り調査をすることができたが、ここでは現在も多くのアラブ人が礼拝に来るので、中国人アホンも多少のアラビア語を勉強しなければならないとのことであった。モスクといっても、唐代に建てられたため、建築物はむしろ中国の寺院に近い。聞き取り調査によると、広州では現在、三つのモスクが使われているが、中心は光塔寺にある。光塔寺の付近には回族が少なからず居住しているため、羊肉やヴェールなどを売る専門店もある。広州の回族については、馬強[二〇〇六]に詳しい。

(5) 十三行とは、海外貿易商館の総称である。この商館は最も少ない時(一七八一年)には四件、最も多い時(一七五七年)には二六件であった。一三件であった時期は一八一三年から一八三七年にかけてのみであり、なぜ十三行と呼ばれていたのかには諸説がある。屈大均の詩には「銀銭堆満十三行」という句があり、この名称は明代末期には存在していたのではないかと推測されている[梁基永　二〇〇四:五四―五六]

(6) 華林寺近くに現存する綿綸会館は、こうした紡績ギルドに由来している。清代後期、西関にて紡績業に従事していた者は、多い時で四万人いたとされる[阮桂城　二〇〇三:一五]。当時のギルドは善堂などを建て、福祉補助を施すこともあった。

(7) 孫科(一八九一～一九七三)は、中国革命の父・孫文の息子で、コロンビア大学経済学修士。広州の初代市長に就任すると、広州城の城壁を壊し、近代的な都市計画を施行した[張研　二〇〇六:三三五]。

（8）　陳済棠（一八九〇～一九五四）は、国民党の将軍。一九二九年から一九三六年まで広東省の指揮をとった。この期間、とりわけ広州の近代化は急速に進み、彼が執政した七年間は、広州では「黄金時代」と称されることすらある。共産党政権が樹立すると、一九五〇年に台湾に逃げ、台湾の総督府にて戦略顧問となった。

（9）　一九三五年当時、広州の貿易額は七〇八一万二九九元で、広東省の貿易総額の約三分の一を占めていた［興亜院政務部一九三九］。

（10）　清代にはすでに「東村西俏、南富北貧」（訳――東は村で、西は垢抜けている。南は豊かで、北は貧しい）と言われていたことも概説書にて紹介されている［李・周　二〇〇五：八二］。

（11）　蛋民とも呼ばれる。ただし、蛋民は差別用語としてのニュアンスも込められているので、近年は「水上生活者」「水上居民」または「水上民」と表現される傾向にある。広州にはかつて、珠江に多くの水上生活者が暮らしていた［野上　一九五九］。だが、市政府は彼／彼女らを「救う」目的で、一九六〇年代から陸揚げの政策をおこなってきた。陸揚げされた水上生活者は、濱江路、如意坊、中山七路など一五ヶ所に居住した［饒展雄　二〇〇五：一八］。水上生活者はかつて差別の対象であった。

（12）　倪錫英によると、「上西関」と「下西関」の区別は、日本人が設けたのだという［倪錫英　一九三六：四二］。なお、倪は「西関の西は荒れ果てた黄沙である」［一九三六：四四］と述べており、民国期には西関角が含まれていなかったことが分かる。

（13）　日本軍がはじめて広州に上陸したのは一九三四年のことである［広州市茘湾区地方志編纂委員会辧公室編　一九九四］。その後、一九三八年四月に日本軍は西関および流花橋一帯で襲撃をおこない、一〇〇名余りの女工が死亡した［広州市茘湾区地方志編纂委員会辧公室編　一九九四：三一―三二］。西関の高齢者の記憶によると、一九四〇年代前半にも日本軍の襲撃がたびたびあった。

（14）　中国人民解放軍は、当日午後六時半に大北路から市内に入り、広州市を「解放」した［広州市茘湾区地方志編纂委員会辧公室編　一九九四：四〇］。大北路は後に「解放路」と命名された。

（15）　改革・開放政策とは、簡潔に述べれば、市場経済の一部導入にまつわる諸政策である。時の指導者であった鄧小平により提唱された。具体的には国営企業の民営化、外貨の積極的導入、農家経営請負制の導入がなされ、毛沢東時代の社会主義的計画経済から市場経済へ転換する転機となった政策として位置づけられる。ただし、中央政府は改革・開放以降の経済体制を依然として計画経済のうちに位置づけており、市場経済への完全な移行が果たされるには一九九二年の市場経済化政策を待たねばならなかった。

（16）　デヴィド・ハーヴェイは、これを「時間―空間の圧縮」（time-space compression）と称している［Harvey 1990］。

（17）　たとえば同討論会では、広州の伝統的な都市設計法である風水［鄧其生　一九九四：四六］、および宗教［広州市人民政府辦公庁名城中心ほか編　一九九四〕を、都市の特色を醸成する資本として活用するよう提案されていた。

(18) 花都区（当時は広州の管轄市）では、市場経済化政策が始まる直前の一九九二年七月に、都市の特色を醸成するためのシンポジウムが開かれていた。人類学者である長谷川清は、この会合が中国における都市の特色醸成をめぐる試みの先駆であると述べている〔長谷川　二〇〇八：三九二〕。

(19) ただし、西関の二文字がこの二年間に全く現れなかったわけではない。たとえば、一九九〇年六月一八日第一面には「西関一帯」という語句が登場する。しかし、それが具体的にどの範囲を指すかは記載されていない。

(20) 一九九〇年代半ばになると、「西関」の二文字を見出しにした記事がたびたび現れるようになる。たとえば、一九九六年九月の第一面には、「西関又見麻石街」という見出しのもと、麻石道と西関屋敷が消え始めていたことや、麻石道が整備され始めたことが報じられた。また、一九九七年一月三日（第一五面）の「広州的西関」では、西関の伝説、著名人および西関屋敷が紹介された。しかし、これらの記事では、主に茘湾区南部の事象が挙げられており、西関を茘湾区と一致させる言い回しは、まだ出現していない。二〇〇七年四月五日の第一三面に掲載された「茘湾故事多」において、はじめて「茘湾区の西関」というように両者を並列させた表現が登場している。

(21) 「北優」は白雲山などの豊富な自然資源を利用することで、生態都市としての広州を建設することに主眼を置いている。特に、白雲区と従化市では、リゾート建設がおこなわれただけでなく、生態環境の保護および美化に注意が払われている〔陳韶雯　二〇〇七〕。特に、都市部に編入されていない従化市では、マス・メディアを通じて、「都市の喧騒から離れたのどかな農村」にまつわる言説が流布されるようになっている。この言説は、観光やリゾート開発に生かされている。

(22) 二〇〇六年一二月に開催された広州市第九回党大会では、「西聯」に加えて、「中調」の概念が提示されている。「中調」とは、それまでの「西聯」の方針のうち、文化を保護・促進させる方策を特に取り上げたもので、西関文化を利用して経済を促進させる戦略が強調されている〔張月瓊　二〇〇八：五五〕。

(23) 広州市政府の公式ホームページ（http://www. gz. gov. cn）に二〇〇五年一二年九日付けで掲載されている。

第三章　西関文化を書く、西関文化を読む

はじめに

これまで、西関という〈空間〉が境界づけられ、資源として立ち現れてきた経緯を論じてきた。次に、本章では、その〈空間〉の特殊性を表す科学的な根拠となった西関文化の描かれ方について検討する。

すでに言及したように、景観人類学の生産論では、「自己」と「他者」とを区別する文化表象が問題とされてきた。すなわち、民族誌家が文化を描き出す行為が、現実の景観をつくりあげるビジョンとなってきた力学が、生産論では問われてきた。広州の下町においても同様に、西関という〈空間〉にて連綿と続いてきたとされる西関文化は、他の文化と異なるものとして描かれており、景観を物的に生産する青写真となっている。それでは、西関文化は一体どのようなものとして描かれてきたのであろうか。本章は、この問いに答えていくことにする。

この章の目的は西関文化の描写内容を説明することにあるが、その前に、留意点を述べておきたい。まず、西関文化は、一方で特殊な文化として描かれてきたが、他方で、嶺南《れいなん》文化ひいては中華文化の末端にも位置づけられている。それゆえ、本章では、西関文化の異質性だけでなく、他文化との同質的なつながりについても考察を

おこなう。次に、西関文化は一九九〇年代に入って登場した新しい概念であるが、その描写内容は、民族誌家などが一九九〇年代以前に描いてきた、嶺南文化の記述内容が参照されている。したがって、西関文化とは何かを理解するためには、これらの民族誌的記述に触れておかねばならない。そして、長い時間をかけて蓄積されてきた嶺南文化の記述が、後の学者や政府関係者によって読まれ、西関文化なる〈空間〉の特殊文化に転換されてきた学術的経緯を、本章では探求していく。

その目的を達成するために、本章では、いくつかの時期に区分しながら、西関文化という文化資源が科学的に位置づけられていった経緯を論ずる必要があるだろう。その前にまずは、西関文化をめぐる科学的言説の起源になったと考えられる清代から民国期にかけての「民族」描写について、次節で概観しておきたい。

一　嶺南漢族をめぐる歴史的記述

1　啓蒙としての「文化」、嶺南の「民族」表象

文化は定義の難しい言葉である。レイモンド・ウィリアムズは、「英語で最もやっかいな言葉を二、三挙げるとすればその一つが文化である」[Williams 1983: 87] と述べているが、このことは中国語や広東語にも該当するように思われる。たとえば、中国語で「あの人には文化がある」という場合の文化は教養を指すし、「文化程度」といえば学歴を指す。かと思えば人類学者が広義の意味で使ってきた生活様式としての〈文化〉を指すこともあるし、文化財や西関文化のように文化資源を指すこともある。

そもそも中国において「文化」は、まず啓蒙を意味する言葉として現れた。『辞源』によると、すでに漢代には、文治と教化を示す意味合いから、「文化」の二文字が使用されていたのだという(1)。周知の通り、中国は秦の始皇

帝によって統一された後、広大な面積の領土を抱えてきたが、古代中華王朝の中心地は常に北方にあった。その王朝の中心地は「中原」と呼ばれ、華やかな文明が咲き乱れる中原の周囲には、「南蛮・北狄・東夷・西戎」と呼ばれる野蛮人がいるとされてきた。そして、周辺の野蛮人たちは、中原のもつ高度な文明によって馴化されねばならないと、施政者や文人らにより考えられてきた〔横山　一九九七：七七〕。すなわち、「文」（漢字や儒教思想など）をもって野蛮な異民族を中華に「化」す＝漢人にすることが、中国における「文化」の根本にあったといえる（以下、啓蒙としての文化概念を「」付きで表記する）。このような「文化」概念のなかで、地理的に最南端に位置する広東の地は、当然のことながら、「文」をもって馴化される立場に

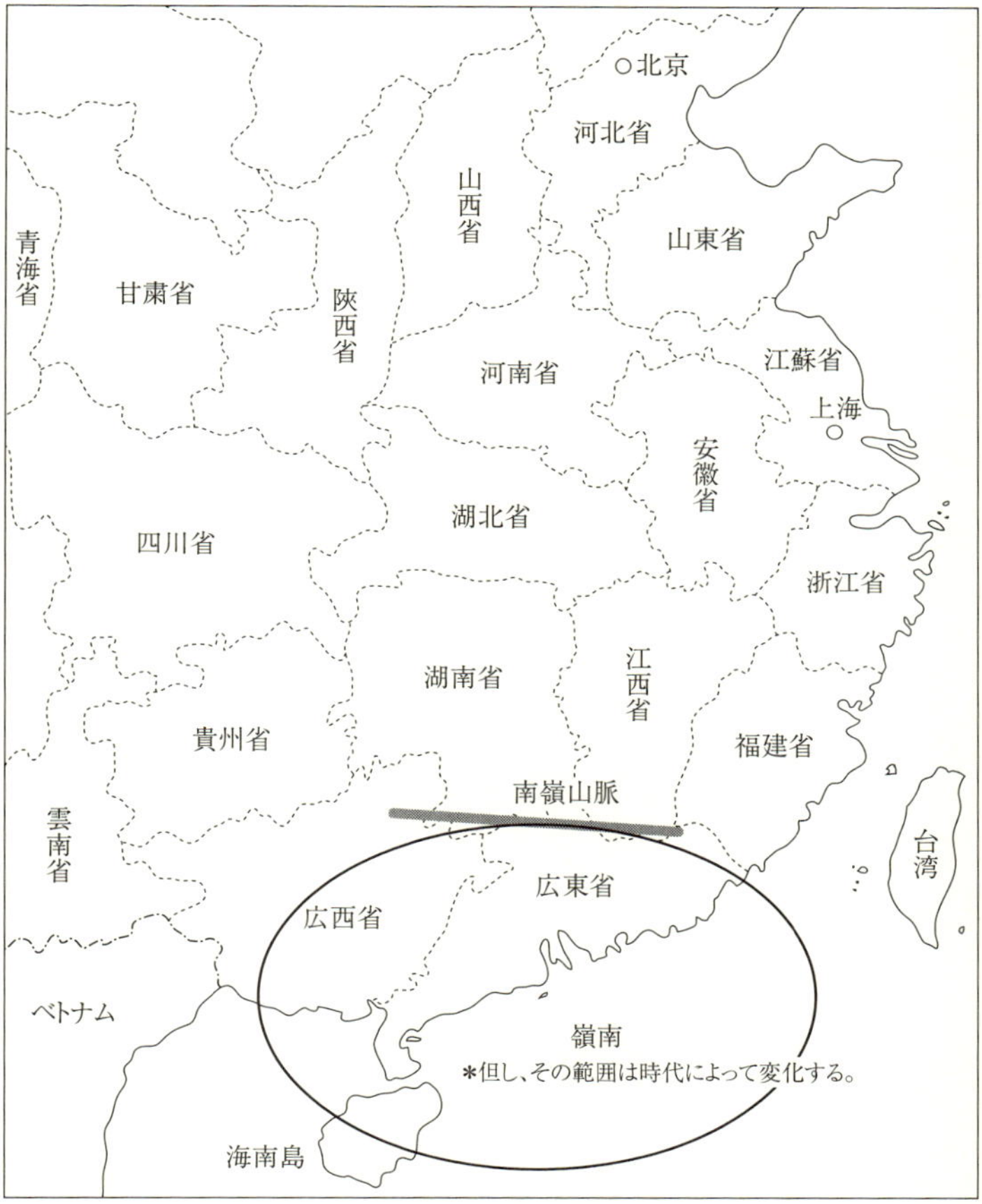

地図7　嶺南地図

あった。

先の章ですでに述べたとおり、秦代以前、現在の広東省は百越の人々が住む居住地であり、王朝からしてみれば野蛮人の住む地であった。この地は、南嶺山脈の南側に位置するので、当時は「嶺南」と呼ばれていた。嶺南の名は、漢代に司馬遷が記した『史記・貨殖列伝』に早くも登場している〔金編　二〇一〇：二〕。嶺南は、南嶺山脈の南側を総称するために王朝側が命名した言葉で、地理的には今の広西省や海南島なども含まれることもある(2)。そして、嶺南の百越とその子孫は、秦の始皇帝が支配してから一九世紀に至るまで、支配者により「文化」をもって馴化させられてきた〔程美宝　二〇〇二〕。本章の主旨から外れるためその詳細については言及しないが、特に明代以降、嶺南では王朝の礼治秩序を利用して宗族が民間で発達していったことを、さしあたり指摘しておく。その結果、広東（明代の一三六九年より広東の行政区が設置された）では、中原の文明をもった漢人＝粤《えつ》人が形成されていった(3)。

さて、ここで注目したいのは、清代になると、「文化」の度合いによって互いを差別的に描く現象が広東で現れていたことである。つまり、「自己」と「他者」を相対的に描く表象行為が、啓蒙としての「文化」概念に基づいてなされていたのである。このことについては、中山大学歴史学部の程美宝が重要な貢献をしている論考があるので、彼女の議論を参照しながら、清代の「文化」表象を概観していくとしよう。

まず、程美宝は、屈大均の『広東新語』を解読することで、粤人《えつじん》の範疇について探求している。「粤」は一般的に広東省の別名を指すが、程によると、粤人は清代、一つのアイデンティティ集団を指していたのだという。たとえば、屈大均は『広東新語』にて、「今の粤人はたいていが中国種であり、秦代・漢代以降の中原の習俗を失わなかった。刺青をした真粤人は今の傜、僮、平鬃、黎、岐、蛋などの諸族なり」と記していた。ここでは、粤人を中国種＝漢族とみなすことで、非漢族と区別する記述様式を垣間見ることができる〔程美宝　二〇〇一：

三九六—三九七、二〇〇六：四六〕。さらに、程は、『道光広東通志』や『英徳県志』など他の史料を検討することで、清代に、粤人が広東語を話す広州府の人々を指していたことを確認した〔程美宝　二〇〇六：四八—四九〕。屈大均をはじめ、これら史料の作者はみな広州府の出身者であり、自らを「文化」程度の高い粤人とみなすことで、他の「民族」に対する自己の優越性を描いてきた〔程美宝　二〇〇一：三九七—三九八〕。

もちろん「文化」の保有度をもとに「他者」を差別する手法は、何も広州人でなくとも、潮州人（潮州語を操る）や恵州人（恵州語を操る）も可能であった〔程美宝　二〇〇一：三九八〕。ただし、明・清代以降は広州府が広東省の政治経済的中心であったため、多くの文献の編纂が粤人の手に委ねられてきた。程美宝は、こうした文字を書き表す権利のことを「言説権」と呼び、次に、粤人がいかように「野蛮な他者」を描いてきたかに言及している。それによると、粤人は、潮人、客人、蛋、瑶、狼、壮が異なった方言や風俗をもつ集団であることを描き出すともに、彼らの「文化」程度の低さを咎める記述をなしてきた〔程美宝　二〇〇六：六七〕。こうして清代には、啓蒙としての「文化」概念を基盤に、粤人が文明的な「自己」と野蛮な「他者」とを対照的に描き出してきた。また、粤人は、「自己」のみが漢人（中国種）であり、他は非漢人（非中国種）であることを強調してきた。

ところが、程美宝の指摘によると、粤人が一方的に言説権を握ってきた以上の状況は、清末から民国期（二〇世紀前半）にかけて変わっていった〔程美宝　二〇〇六：六七〕。とりわけ、広東省で中華ナショナリズムが高揚したこの時期、新たな言説権を握るようになった潮人（福佬《ホクロー》）と客人（客家《ハッカ》）は、自らが漢人であることを学術的に描き、主張していった〔cf. Kawai 2011〕。

2　嶺南三大民系の描写と確立

粤人が握っていた言説権への異議申し立ては、まず客家によって始められた。客家とは、広東省では東北部や北部の山間に集住するエスニシティ集団である。言語は客家語を操る。遅れて移民してきたため、「本地」に対する「客」と呼称されるようになったと、一般的に考えられている。客家は一九世紀まで言説権を握ることがなかったが、一八〇八年には、徐旭曾《じょきゅうそう》という客家の知識人が、客家は中原から移住してきた士族の末裔であると論じたことがある。しかし、一九世紀半ばより客家は粤人（本地人）とたびたび紛争をおこしてきたので、粤人からは「文化」のない「野蛮な非漢人」と描写されがちであった。

客家を「野蛮な非漢人」として描写する傾向は、少なくとも一九三〇年代まで続けられた。これに対して、学術、政治、軍事の各界において実権を握るようになった客家のエリートたちは、客家が中原から南下した漢族の子孫で、言語・民俗のうえでも中原の「文化」を純粋に保有してきたのだと主張し始めた。こうした主張運動の発端となったのが、一九〇七年に粤人である黄節《こうせつ》が編纂した『広東郷土地理教科書』であった。この教科書の第一章で、客家は、福佬《ホクロー》や蜑民《たんみん》（水上生活者）と並んで「漢種」（漢族）ではなく、「外来種」（非漢族）であると描写された。これを受けて、丘逢甲《きゅうほうこう》（後の広東軍教育部長）や鄒魯《しゅろ》（後の中山大学学長）ら客家出身のエリートは、「客族源流調査会」を組織し、客家が中原から移住した正統な漢族であることを証明しようとした［程美宝　二〇〇六：八二］。さらに、鄒魯は、福佬のエリートにも呼びかけ、客家と福佬が所属する広東数一〇県の勧学所の連合によって、『広東郷土地理教科書』の出版を止めさせる動きに出た［鄒・張　一九三二（一九一〇）］。清朝の官僚は、「民族」間対立による災いを恐れて『広東郷土地理教科書』の改訂を促し、その結果、客家や福佬などを「外来種」と記した箇所が削除された［程美宝　二〇〇六：八七］。さらに、一九一〇年には、鄒魯と張煊《ちょうけん》が『漢族客福史』を書き、客家と福佬が「文化」をもつ正統な漢族であることが主張された。

だが、その後も、『世界地理』（一九二〇年出版）、『建設月報』（一九三〇年出版）などで、客家は、「文化」をもたない野蛮な集団であると描かれてきた［飯島　二〇〇七：二〇〇、二〇七］。こうしたなか、客家のエリートたちは、引き続き客家が中原の血統と「文化」を引き継いだ漢族であることを主張した。そのなかで、最も影響力のある議論を展開してきたのが、客家学の創始者である羅香林《らこうりん》であった。清華大学で歴史学と人類学を学んできた羅香林は、一九二九年の『民俗周刊』（中山大学発行）の中で、人種の観点より客家に言及し、客家は粤人や福佬よりも純粋に中原漢族の血統を受け継いでいると論じた〔羅香林　一九二九〕。さらに、羅香林は、一九三三年に出版した『客家研究導論』で、客家の祖先が中原から南下したルートを描き出しただけでなく、客家の言語と民俗が中原のそれに近いことも証明した[4]。そのなかで、羅香林は、漢族のサブ・エスニック集団を指す概念として「民系」という語句を提示し、客家は、紛れもなく民系の一つであると主張したのであった〔羅香林　一九九二（一九三三）〕。羅香林は、一九三〇年代後半には広東省政府においても一定の影響力をもつようになっていたうえに、陳済棠（前章で言及した）、陳銘枢《ちんめいすう》、羅卓英《らたくえい》（ともに広東省政府主席）ら客家出身の政治家がこれを支持した〔程美宝　二〇〇六：二四二―二五二〕。それゆえ、羅香林のいう客家民系論は、一九三〇年代から四〇年代にかけて、政治的にも認知されるようになっていった[5]。

客家を中心とする言説権への挑戦が功を奏してか、一九二〇年代以降半には、客家や福佬を漢族の一民系とする見解が学界において強まっていった。それゆえ、清代にみられたような、粤人のみが漢族であるとする見解はすでに通用しなくなっていた。客家と福佬は、中華ナショナリズムの過程において、「自己」を正統な中華の一員として位置づけるなかで、それぞれの民系意識を強めていったのである〔程美宝　二〇〇一、二〇〇六〕。逆説的に言うならば、粤人、客家、福佬は各自の民系意識を強めた一方で、啓蒙としての「文化」概念を使い、漢族としての身分を獲得しようとする共通の目的を遂行していた。

後述するように粤人、客家、福佬の三集団は、特に一九九〇年代以降、嶺南の三大民系として描かれていくことになる。つまり、嶺南三大民系が成立する礎は、民国期にはすでにつくられていたといえる。ただし、後に言及する嶺南三大民系は、広府《グゥアンフ》民系、客家《ハッカ》民系、潮汕《デュオスワ》民系であって、粤人、客家、福佬ではない。では、いつどのように「粤人→広府」「福佬→潮汕」の移行が生じたのかがここで問題となってくるが、目下、その経緯は明らかにされていない(6)［程美宝　二〇〇一：三九七―三九八］。ただ一つだけ言えるのは、粤人はしばしば本地、福佬はしばしば潮州や鶴福とも記されることがあり、民国期の時点で両者への言及は必ずしも一定していなかったことである［程美宝　二〇〇六：二五四―二五五］。また、この時期、粤（広府）学や福佬学（潮学）などの学問体系も確立されていなかった。

他方で、羅香林ら客家学の学者たちは、客家の自画像こそ描いたが、その目的は、中原の文明と客家の言語・民俗の間に関連性があることを示すことにあった。すなわち、この時点での客家学は、啓蒙としての「文化」に基づいて自画像を描き出してきたのであって、粤人や福佬との差異を前面に押し出してこなかった(7)。この頃の客家学は、文化ではなく「文教」など別の概念を使い、漢族としての自画像を描いてきたのである(8)［Kawai 2011］。

以上にみるように、民国期までは、「自己」と「他者」のビジョンを描き出す基準は、どれだけ中華文明を受け入れているかにあった。すなわち、啓蒙としての「文化」概念により、中華文明の保有度の角度から、「文明的な自己」と「野蛮な他者」が分けられてきた。ここには前者による後者への蔑視が含まれるので、啓蒙としての「文化」概念により分けられる差異を、便宜的に差別と呼ぶことにしよう。それに対して、特に一九八〇年代以降の民族誌家は、むしろ文化相対主義的な区別によって、粤人、客家、福佬それぞれの特色を描き出してきた。それでは、嶺南三大民系は、文化の概念によっていかに相対的に区別されてきたのだろうか。また、このような区別から描き出されたそれぞれの文化的ビジョンは、どのようなものだったのであろうか。次に、このことについて探求していくとしよう。

二　一九八〇年代以降における嶺南文化の民族誌的記述

1　一九七〇年代末以降にみる文化の記述

筆者が別稿で論じたように、中国の人類学やその他の社会科学は、一九五三年から一九七九年までの間、資本主義の学問として廃止された。その代わりにこの時期で強いられてきたのは、マルクス主義の発展段階論に基づく「マルクス主義民族学」であった［河合　二〇〇七a：一一〇—一一二］。ここでは、少数民族の民族識別工作や社会組織の研究が重視され、漢族の人文—社会科学的研究はなおざりにされてきた。また、マルクス主義において文化は上部構造にあたり、とるに足らないものとされてきたので、文化の研究も正面からなされなかった。したがって、前述の客家学も含めて、嶺南三大民系をめぐる文化研究は、一九七〇年代まで下火であった［飯島・河合　二〇一一］。

ところが、一九八〇年代になると、文化は突如として、人類学および他の人文—社会科学において注目されるテーマとなった。そして、特に中国国内の五五の少数民族を対象として、各少数民族およびその居住圏域の文化がもつ特性について、研究が進められるようになった。その代表的な研究の一つが、各少数民族の文化的特質を一枚岩的に括る「民族板塊論」や「民族走廊論」である(9)［林耀華　一九八五］。また、一九八〇年代になると、マルクス主義民族学への反省もなされるようになり、文化相対主義的なモデルが導入されるようにもなった［河合　二〇〇七a：一一一、一一六—一一七］。

ただし、一九八〇年代の中国人類学はある意味、マルクス主義民族学の足枷から抜け出させていなかった。つまり、マルクス主義民族学は少数民族の発展段階を調査の対象にしてきたため、漢族の研究が乗り遅れた。中国の人類学において漢族の研究が台頭しはじめたのは一九九〇年代からのことで、それまでは少数民族が主要な研究対象とされていた。

こうした背景のもと、嶺南漢族文化の研究が本格的に再開されたのもまた、一九九〇年代のことである。客家学は一九八〇年代後半に息を吹き返し、一九九〇年代前半には、嘉応大学（梅州）、贛南師範大学（贛州）などに客家研究所が次々と設立された。また、福佬（潮汕）民系の研究機関として、韓山師範大学やスワトウ大学に潮学研究所が設立され、著名な漢学者である饒宗頤《じょうそうい》を中心に潮学の体系化が試みられた。粤（広府）学研究については、専門の研究機関こそ設立されなかったが、(10)それでも人類学者や民俗学者らによる個別の調査がおこなわれた。一九九〇年代以降の嶺南漢族研究は、歴史学、民俗学、建築学、文学、言語学などから脱領域的に進められており、必ずしも人類学だけにより着手されたわけではない。しかし、これらの学術領域は、しばしば文化の概念や文化相対主義の理念を用いており、それにより嶺南漢族の民族像を描き出してきたことは共通している。こうして、後述するように、広府民系、客家民系、潮汕民系は、互いが異なる文化をもつエスニシティとして、民族誌家により区別されてきたのである。

では、民族誌家たちは具体的にどのように嶺南漢族文化を描いてきたのだろうか。このことについて説明する前に、一九九〇年代以降の民族誌的記述における文化の定義について言及しておこう。もちろん嶺南漢族文化の記述においてすべての学者が文化に明確な定義を与えてきたわけではないし、時として異なる文化の定義が与えられてきた。ただし、嶺南漢族文化の扱いについて、一九七八年に台湾の陳運棟《ちんうんとう》が論じた文化の定義は、嶺南漢族文化の研究を解読する際に大いに参考になると筆者は考える。羅香林に続く有名な客家研究者として知られる陳運棟は、客家文化について次のように述べている。

「文化とは人類が環境を制御することで生み出す共通の成果である。人類は…（中略）…異なった環境のなかで異なった文化を生み出すことができる。すなわち、『文化は生活から切り離すことができず、生活があってはじめて文化が創造される』のである。文化とは、特定の民族や民系が長い時間をかけて形成した文明であり一種の生活様式である」［陳運棟　一九八三（一九七八）：二四九―二五〇］。

陳運棟は、この文化の定義が、社会学的・人類学的な生活様式に相当すると述べている［陳運棟　一九八三（一九七八）：二四九］。ところが、陳運棟は、同書の別のところで、客家文化について次のように定義している。「客家は漢族の系統における一つの支流である。客家文化もまた、中華民族文化の数多くの支流のなかの一つなのである」［陳運棟　一九八三（一九七八）：二五二］。

この定義を下した後、陳運棟は、いくつかの生活様式をとりあげて説明すると同時に、それを中華文化のなかの特徴として描きだしている［陳運棟　一九八三（一九七八）：三三八―三八九］。ここから分かるのは、陳運棟は、文化を、表面的には価値中立的な生活様式としているものの、実際には中華文化のなかの一つの特殊性として価値付与的に位置づけていることが分かる［Kawai 2011］。

後述するように、価値中立的な「生活様式」としての〈文化〉を装いつつ、最終的には中華文化の特色ある派生形態として価値付与的に表現する技法は、嶺南漢族文化をめぐる諸研究では常套手段となっている。あるいは、単なる生活様式の記述として提示された嶺南漢族文化が、理論化の段階で、中華文化のなかの特色ある一形態として意図的に活用されることがある。この文化概念の二重性に注意を払ったうえで、次に、民族誌家による嶺南漢族文化の具体的な描写内容をみていくことにしたい。

2　嶺南三大民系をめぐる民族誌的描写

まず、現代広東省の民族状況について整理するとしよう。二〇〇五年度の統計によれば[11]、広東省の人口は約

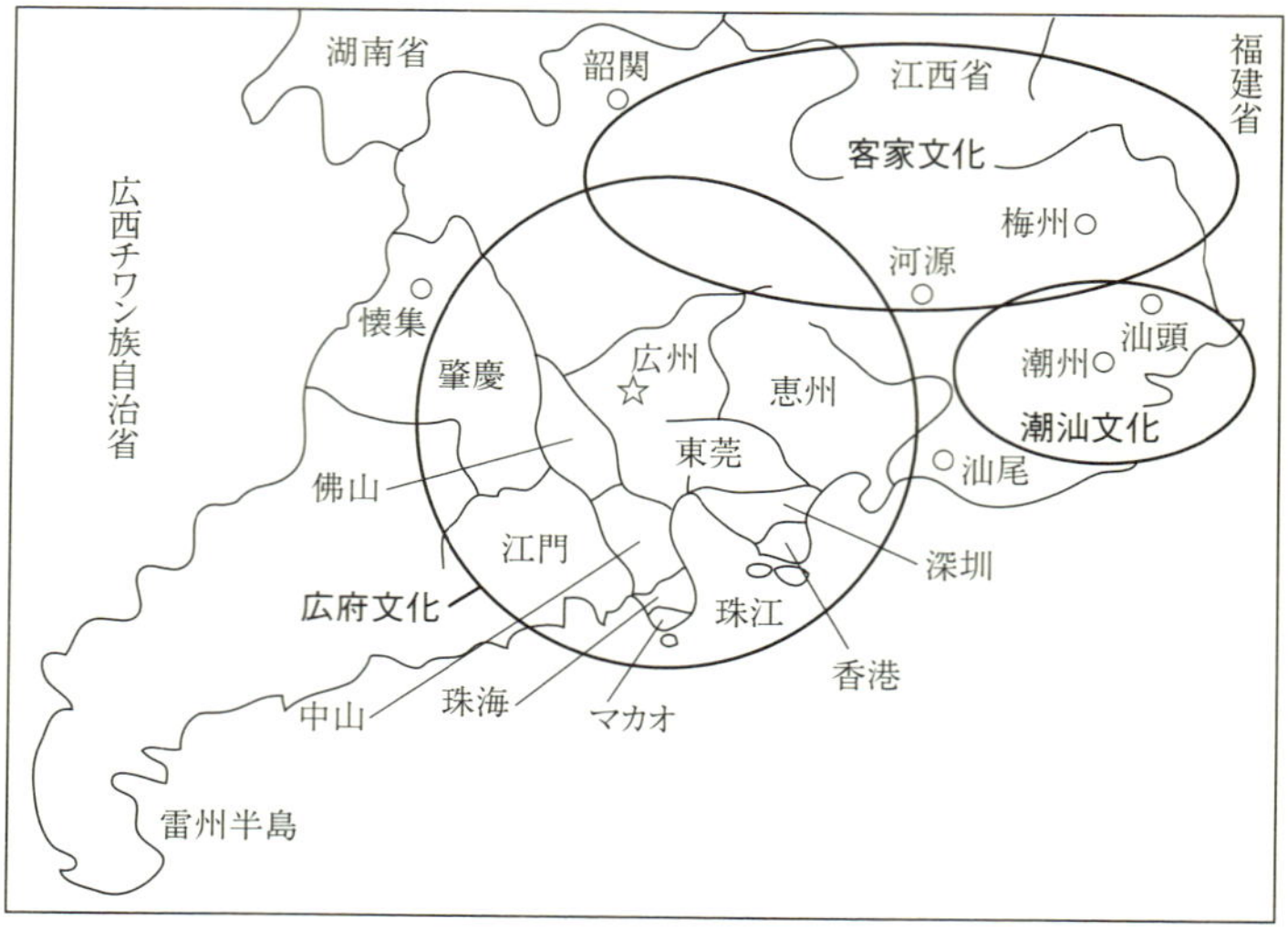

図３　嶺南漢族の分布図

九一九四万人で、そのうち漢族は九八・六パーセントを占める。中国全体における漢族の割合が約九二パーセントであることを考えると、広東省は漢族の割合が高い省であるといえる。残りの一・四パーセントを占める少数民族は、ヤオ族、ショオ族、満族、回族などで、北部にヤオ族の自治区があることを除けば基本的には散住している。広東省の漢族のうち、大多数はすでに述べた広府民系、客家民系、潮汕民系に属している。ただし、水上生活者、標語人など他の漢族もおり、また、右のいずれの民系にも属さない人々も西部を中心に少なくない。にもかかわらず、広東の漢族では、広府民系、客家民系、潮汕民系が三大民系としてとりあげられ、他は亜流にとどまるか、民系として言及されない状況にある。さらに、嶺南という、より広い範囲においても、桂柳《けいりゅう》民系など広西省の漢族は亜流に置かれ、広府民系、客家民系、潮汕民系が、嶺南の三大民系として位置づけられる傾向にある［金編　二〇一〇］。

繰り返し論じると、これら嶺南三大民系の描写は、民国期にはすでに始まっており、礎が築かれていた。ただし、民国期には、広府、客家、潮汕という名称は定着しておらず、さらに啓蒙としての「文化」の程度によって差別化が図られていた。また、この頃の描写は、中華文化の支流に各々の民系を位置づけるという、共通の目的

表3　学界による広東省三大漢族の文化類型

系統	広府《グゥアンフ》文化	客家《ハッカ》文化	潮汕《デュオスワ》文化
中心市	広州	梅州	潮州
省内の主な居住地	広州、佛山、東莞、中山、珠海、江門、肇慶、清遠、茂名	梅州、河源、恵州、韶関、掲西県、陸河県、英徳県	潮州、汕頭、掲陽（掲西県除く）、汕尾（陸河県除く）
省内人口	約3800万人	約1562万人	約1000万人
文化起源	中原漢族文化	中原漢族文化（最も純粋）	中原漢族文化
移動経路	江西省から韶関市南雄県珠機巷を経由・南下	江西省贛州市から福建省西部を経由し南下	福建省の北部から南部を経由し南下
パーソナリティ	開放的、重商主義、外来文化の吸収に優れる	開放的、重農主義、中原の儒学意識が強い	開放的、重商主義、宗族・家族意識が強い
言語	広東語	客家語（中原古音）	潮州語（閩南系統）
女性	モダンへの追求（西関小姐に代表）	勤労型：男性が内で、女性が外で労働する。	良妻賢母型：男性が外で、女性が内で働く。
食習慣	何でも食べる	ご飯が主食	お粥が主食で茶を好む
代表建築	西関屋敷	囲龍屋、土楼	下山虎
その他	風水など迷信を好む	風水や二次葬を重視	風水や神仏信仰が盛ん

出典：徐傑瞬編『雪球：漢民族的人類学分析』上海人民出版社（1999）ほかを参考に筆者作成

に基づいていた。この記述様式が、文化相対主義的な区別に変わったのが、一九九〇年代以降のことである。一九九〇年代に入ってから、民族誌家は、民国期における研究成果を参照しながら、嶺南三大民系の分布、起源、移動経路、パーソナリティ、言語、女性像、衣食住などを、文化の概念とともに探求してきた。その研究成果の概要は、中国の有名な人類学者である徐傑舜《じょけつしゅん》が編集した『雪球——漢民族の人類学的分析』（以下、単に『雪球』と記す）に描かれているので、同書に記載されている嶺南三大民系の説明を次に見てみるとしよう。表3は、『雪球』を中心として、嶺南文化の研究に従事する代表的な人類学者、民俗学者、建築学者らによる概論を付け加え、整理したものである［cf. 徐傑瞬編　一九九九、黄淑娉編　一九九九、葉春生　二〇〇〇、陳華新　一九九八、陳澤泓　一九九九ほか］。

第一に、広府民系、客家民系、潮汕民系は、それぞれ広州、梅州《ばいしゅう》、潮州《ちょうしゅう》を中心として、その周囲に分布する形になっている（図3を参照）。各々は、それぞれ広東語、客家語、潮州語を話すが、これらの言葉は、互いに意思疎通が難しいほど異なる。それゆえ、互いを異なる言語集団とみる習慣は、民間でも根強い。学術的にも、こうした民間の意識に基づき、民系を区分しているふしがある。そのうち、客家の分布と客家語の性質についての説明は、羅香林の研究に負うところが大きい。羅香林は、自身の聞き書き、および西洋の宣教師による資料を参考にして、客家語をもっとも純粋な中原古語であると位置づけたが［羅香林　一九九二（一九三三）］、この見解は一九九〇年になっても引き続き支持された。他方で、潮州語は、閩南《びんなん》語の系統を引いており、閩南語もまた中原古語の影響を受けているとされるが、中原古語の純粋性を客家語ほどは強調しない。これは、広東語も同じであるが、いずれにせよ嶺南三大民系の言語は、すべて中原古語と関係するとみなされている。広東語であれ客家語であれ潮州語であれ「唐詩の韻は、現代中国語ではふめないが、われわれの言語ではふめる」という説明がよくなされるが、これは中原古語との関連性を端的に示したものとなっている。

　第二に、広府民系、客家民系、潮汕民系はみな中原に起源し、そこから歴史的に南下してきたと考えられている。ただし、表3にみるように、各民系の移住経路はそれぞれ異なっている。まず、広府民系は、江西省から韶《しょう》関《かん》の珠機巷《しゅきこう》を通り、現代の珠江デルタ一帯へと移住している。次に、客家民系は、江西省南部の贛州《かんしゅう》および福建省西部（特に石壁村）を経由して梅州に移住している。この移住経路は、羅香林が『客家研究導論』で提示した移住ルートを踏襲している。そして、潮汕民系は、福建省の中部（特に莆田）から南部を経由し、今の潮州・スワトウ一帯に移住している。すなわち、各民系は、同じ中原の民ではあるが、異なった移住経路を歩むうちに、異なる民系へと分岐していったと説明されるのである。

　こうして、言語、起源、移住経路の観点から各民系の範疇が明確に分けられた後、それぞれの個性や生活文化が相対的に描かれている。たとえば、第三に、広府民系、客家民系、潮汕民系は、それぞれパーソナリティーが異なると描かれている。ただし、各民系には、すべて「開放的で開拓精神に優れる」という共通のパーソナリティーがあるという前提のもと、差異化されている。その差異化のされ方は学者によって若干異なるが、『雪球』には以下の区別が記されている。すなわち、広府民系は冒険心や重商主義精神に溢れており、客家民系は儒教的精神や重農主義精神に溢れており、潮汕民系は家族主義精神や海外への探究心に溢れている、などといった差異が示されている［徐傑瞬編　一九九九：一七二―一九五］。

　このようなパーソナリティの分類は、さらに女性性にまで及んでいる。たとえば、広府民系の女性は、先進的でファッショナブルであるとされ、フェミニズム運動の先駆となってきたことにも注目が集められた。清代の後期には、男権主義的な社会に抗して結婚しないと誓い合った女性たちが結成した金蘭会《きんらんかい》があったし、[12] 夫方居住を拒む「唔落家《ムロッガー》」の習俗[13]もあったからである。他方で、客家民系の女性と潮汕民系の女性は、勤勉型／良妻賢母型と、対照的に描写されている。そのなかで、客家女性には「女性が外で労働し、男性が内に篭る」という、特異な像が描かれている。客家女性が勤勉であるという記載は、前述の徐旭曾が一九世紀の段階で書いており、また、陳運棟がヨーロッパの宣教師、日本の学者、ハワイの記録などを紹介している［陳運棟　一九八三（一九七八）：一六―一八、房・肖・周・宋　二〇〇一：一六九―一七〇］。こうして、各民系の女性は、時として正反対であるかのように描かれてきた。

　第四に、各民系は、生活様式も異なるとされてきた。たとえば、広府民系は、西洋文化の影響を受けた住居に住み、何でも食べることに特徴がある。客家民系は、囲龍屋《いりゅうおく》[14]や土楼[15]などの囲まれた住居に住み、宗族で共同生活をおこなうとともに、農業文化を重視し、ご飯を主食とする。潮汕民系は、商業文化を重視し、お粥が主食でお茶を好む、などといった具合にである。その反面、これら三つの民系の生活様式には、少なくとも共通項もあるとみ

写真3　潮州市潮安県の円形土楼。ユネスコの世界文化遺産に指定された円形土楼が客家地域である福建省永定県にあるため、一般的に土楼は客家人の代表的な住居であると表象されている。しかし、広東省では土楼はむしろ潮州にあり、潮汕人が居住する住居となっている。（2010年6月、筆者撮影）

なされてきた。その一つは、建築習俗などの面で、伝統中軸線や天人合一など、中原の古代文明を継承していると解説される点である［河合　二〇〇七b、本書六章も参照のこと］。そして、もう一つは、「迷信」を好み、神仏信仰、風水、二次葬などの習俗が頻繁にみられるという点である。

以上の図式は、一九八〇年代以前の研究成果を踏まえ、さらに民族誌家自身のフィールドワークによって「事実」を拾い出すことで描かれたものである。表3の図式は、二〇一二年現在でも、嶺南三大民系の文化を表す際に議論の土台として使われる傾向にある。ただし、表3はあくまでモデルであって、それに該当しない議論ももちろんすでに存在してきたことは、ここで強調しておかねばならない。そのうち、最も顕著なのが客家民系の研究である。

中国客家学は、一九八〇年代後半に再興してから、基本的には、羅香林が描いたモデルを継承してきた。すなわち、客家とは、中原から移住した漢族であり、中原の古代文明を純粋に保有しているという見解が、形をかえ繰り返されてきた。しかし、一九九〇年代半ばになると、一部の学者は、客家が中原から移住してきたという見解に疑問を投げかけるようになった。その先駆けとなったのが、房学嘉《ぼうがくか》が著した『客家研究探奥』である。房学嘉は、客家の血統のうえでの起源は中原ではなく土着にあると考え、中原から移住したとする説は神話にすぎないと主張した［房学嘉　一九九六］。また、アモイ大学歴史学部の陳支平《ちんしへい》［一九九七］は、客家と他の南方漢族との間に源流のうえでの区別は乏しいと指摘しており、嶺南三大民系の移住経路にまつわる「定説」を崩している。

他方で、客家の土楼（写真3）は、代表的な客家文化としてよく概説書に書かれているが、土楼が客家の建築であるか否かには一九九〇年代から異論があった［黄漢民　一九九四］。中国客家学の中心機関の一つである嘉応大学客家研究所においても、土楼は客家のものではないと「日常的に」語られている(16)。

しかしながら、ここで重要であるのは、表3に記したモデルは、確かに嶺南漢族研究の全てを反映していないが、それは「定説」として社会的にも認知され始めているということである。再び客家研究の例を挙げると、房学嘉や陳支平の議論は、むしろ第一線の研究者によって重視されてきた［荘・高　二〇〇九：九六―九七］。客家が中原から移民したという見解は、目下の客家学では発言しにくい感すらある。だが、教科書や博物館の展示で客家の歴史を説明する際には、やはり表3にみる中原からの移住経路が書かれる。また、客家文化の概説書や観光パンフレットでは、土楼は、やはり客家の代表的な特色文化として書かれる。

ここに、嶺南漢族民系の文化を「書く」ことの二面性が現れる。すなわち、土楼は、客家民系のみならず潮汕民系も住んでいるから、もし生活様式という意味で〈文化〉を捉えるならば、土楼は客家文化であるとは言いきれない。しかしながら、客家文化を中華民族の特色として宣伝する際には、それは客家文化という枠に括られて説明される。その意味で、表3にみる図式は、必ずしも生活様式としての〈文化〉に基づいたものではない。むしろ、生活様式という価値中立的な〈文化〉概念を使いつつ、中華民族文化の枠組みのなかで、差異と特色としての文化をつくりだしているのである。

表3にみる嶺南漢族文化の類型化は、一見して、現地の「事実」を客観的に拾い出して説明しているように見える。だが、この図式は実のところ、部分的事実を故意に拾い出すことで民系の特色文化をつくりだす技法、すなわち表象行為によってつくられたビジョンである。このことを再度確認してみることにしたい。

3　表象としての嶺南三大民系文化

先述のように、嶺南三大民系を区別する重要な基準の一つが、言語であった。広州、梅州、潮州といった中心地を定め、そこを広東語、客家語、潮州語の「標準」とすることで、嶺南の各言語集団がどの系統に入るかが定められていった。それにより、広東省だけでなく、広西省や海南島の漢族もまた、広府民系、客家民系、潮汕民系（または閩南系）の枠に定められていった。また、以上の言語系統に該当しない桂柳人（桂柳語を話す）や標語人（チワン語に近い言語を話す）は、別の民系として亜流に置かれた。こうした言語のうえでの類型化に属さなかったのは、おそらく生活形態のうえから差異化された、水上生活者だけであろう。(17)

こうした言語に則った分類は、一瞥して客観的であるように見える。しかし、ここで注意すべきなのは、広東省の内部において、言語はより多様性をもっていることである。広東語、客家語、潮州語のそれぞれにさらなる多様性があるだけではない。時として、どの言語体系に属すべきか判断が難しいことがある。

その典型的な例として、広州と梅州の中間に位置する河源の言語を挙げてみよう。表3にみるように、河源の人々は今では客家の範疇に入れられ、彼らの言葉も客家語とみなされるが、ここの地域住民はもともと客家としてのアイデンティティが希薄であった［瀬川　一九九三：九一―九二］。また、河源とその近郊では、福建省からの移住者により話される客語と、江西省からの移民により話される水源語とがあり［頼際熙　一九二四］、住民は後者を客家語だとみなしていなかった［蔡驎　二〇〇五：五〇］。実際、水源語は、広州の言葉（標準広東語）にも梅州の言葉（標準客家語）にも近いので、水源語を広東語とみなすか客家語とみなすかは、言語学者の間でも長いこと議論されてきた［温昌衍　二〇〇三：二八］。それが後に客家語の範疇に入れられたのは、政治的圧力にすぎない。

その他、広東省の西部にいる諸言語集団をどの民系に入れるのかという作業が、まだ系統立てて進められていない。確かに、広東語に近い言語を話す人々は広府民系に、福建西部や梅州からの移民で客家語に近い言葉を話す人々は客家民系とみなされることはある。また、前述のように、チワン語に近い言語を話す懐集周辺（図3を参照）に住む集団は、標語人として別の民系に入れられている［広東民族研究所編　二〇〇七］。しかし、広東省の西端にある雷州半島に住む人々は、閩南《びんなん》系の言語を話すが、潮汕民系の範疇に入れられることはまずない。こうした例を挙げていけば、枚挙に暇がない(18)。

明らかに広東省の多くの地域の人々は、予め設定された民系文化の枠に押し込められている。広東省の諸言語にはもともと言語的多様性が大きいので、三つの言語的基準できれいに区切れるわけはないのにもかかわらず、広東語、客家語、潮州語の枠に押し込められているのである。本来は連続的である諸現象を三つの民系文化の枠から切り取る試みは、移動経路、女性性、生活様式などあらゆる面でもなされている。

まず、移住経路について、広府民系が韶関《しょうかん》の珠機巷《じゅきこう》を、客家民系が贛州《かんしゅう》や石壁《せきへき》村を経由した民系であると記述されていたことは、すでに述べた。こうした移住経路は、確かに民間伝承としてあり［牧野　一九八五］、現地に行けばそうした説明を聞くかもしれない。だが、広東省にてフィールドワークを綿密におこなえば、こうした類型化を崩すことは決して難しくない。筆者が参与観察した限りにおいても、ある広州の大きな宗族は、自他ともに認める広府民系の一族であるにもかかわらず、祖先が安徽省から来たことを強調し、珠機巷を経由したことを否定していた。他方で、客家民系の中心地である梅州で調査した時、ある一族は、自分の祖先が珠機巷から通ってきたことを誇らしげに語っていた。ましてや、河源では、珠機巷を経由してきた一族が少なくない。客家民系として表象されている現在でも、祖先が珠機巷を経由して来たと古い族譜に書かれていることから、むしろ広府人としてのアイデンティティを抱く人々も河源には存在した。このように、移動経路ひとつとっても、表3の図式から一概に説明することはできない(19)。

次に、女性性の事例を挙げてみよう。すでに述べた通り、嶺南三大民系の女性は、まるで異なったパーソナリティーをもつかのように描かれてきた。その根拠は、たとえば、一九八〇年代以前の客家女性をめぐる記録や研究、もしくは「唔落家」の習俗をめぐる人類学的研究などである。表3に記されたような女性は、確かに現地に行けば見かけるかもしれない。たとえば、梅州に行けば人力三輪車を漕いでいる女性を多くみかけるが、そのような光景を潮州で見ることは稀である。また、有名な客家文学者である鐘理和[20]がそうであったように、男性が室内で執筆活動に勤しみ、女性が家事と労働を担うケースもあったであろう。このように、嶺南三大民系をめぐる特異性の記述は、あながち根拠がなかったわけではない。しかし、いくつかの資料や参考観察は、こうした女性像が、特定の部分的事実を通してつくられたビジョンであることを教えてくれる。たとえば、梅州に行けば男性も農作業をしている姿を見かけるのは容易であるし、潮州の農家では女性も農作業をおこなっている。梅州で人力三輪車を漕いでいる女性たちも、よくよく聞けば大半が江西省や広西省から来た非客家人であることが分かる。とりわけ、男女ともに仕事をもつ傾向にある現在の中国においては、客家民系だから戸外で仕事し、潮汕民系だから専業主婦になるという明確な区分はない。ましてや、「唔落家」の習俗は中華人民共和国の成立以降ほとんど消滅しているし［吉田編　二〇〇六］、広府民系の女性が、ファッションばかり追及して重労働をおこなってこなかったわけではない。一九八〇年代にある広府民系の地域でフィールドワークをしたスティーブン・モーシャーは、広府民系の女性が男性以上に外での重労働をこなしてきたことを仔細に報告している［Mosher 1983: 143-145］。モーシャーが記述する女性像は、広府民系よりも、むしろ客家民系のそれに近い。

要するに、差異を強調されていた女性性の項目においてさえ、嶺南三大民系の諸現象はもともと明確な差異がなく連続的であった。しかし、文化を書き、社会に提示する段階にあっては、こうした連続性が捨象され、特殊でエキゾチックなビジョンが提示されてきた。このことは、生活様式の研究にも当てはまる。人類学者らは、フィールドワークを通して各地の微細な研究をしてきたかもしれないが、結果的に、民系文化の範疇のなかで諸現象を切り取ってきた。その典型例が、先に挙げた土楼かもしれない。土楼は、特に広東省ではむしろ潮汕民系の居住地となっている。しかし、広東省の土楼は誰も注目されてこず、隣の福建省の客家地域における土楼ばかりが研究の対象とされてきた。そのため、調査者の意図がどうであれ、それは結果的には客家文化の範疇に、特殊性として押し込められてきたのである。

ここまで説明すれば、嶺南三大民系の文化、すなわち広府文化、客家文化、潮汕文化として学術的に類型化されてきた文化は、一つの分類カテゴリーであり説明体系にすぎないことが分かるであろう。ここで第一章にて説明した表象の技法を思い起こしていただきたい。そもそも、嶺南という広大な世界には多種多様な現象が生じているはずである。それゆえ、たとえ広府民系、客家民系、潮汕民系に区分したとしても、その多種多様な現象は説明しきれるものではない。各民系の文化は、分かりやすく単純化して説明される必要がある。しかし、もしここで連続的な現象ばかりをとりあげたならば、各民系の文化は際立たないし、説明すら不可能になるだろう。だから、文化を翻訳し、書き、社会に提示する際には、「異質」な部分的事実が選ばれ、連続的な部分が捨象されなければならない。こうして各々の民系に異なる「意味」を詰めることで、相対的な文化がつくられていく。すでに見てきた通り、嶺南三大民系の文化表象も同様に、各民系の連続性を無視し、特定の分類カテゴリーに当てはめることで、それぞれの民系の特質をつくりだしていた。その結果、各民系の文化は、生活様式としての〈文化〉から乖離し、特殊性をもつ文化のビジョンとして提示される結果を招いてきた。このようにして、嶺南三大民系の文化は、価値中立的な生活様式を意味していると表面的にみせかけつつも、実際のところ価値付与的な文化の説明体系をつくりだしてきたのである。

三　嶺南文化と西関文化の位置関係について

1　西関文化の政治的位置

さて、ここまで嶺南文化の表象について述べてきたので、いよいよ西関文化とは何かという本題に入っていくことにしたい。冒頭でも触れたように、西関文化は、嶺南文化ひいては中華文化のなかで位置づけられており、それらをめぐる歴史的な記述と連関して成立している。

第二章で詳述したように、西関文化の二文字は、一九九六年に『茘湾商業・貿易・観光区建設計画要綱』が制定される以前、ほとんど公的に提示されてこなかった[21]。繰り返せば、「西関」が茘湾区という〈空間〉と政治的に一致する以前は、西関文化という概念が現れていなかったことになる。西関文化が文字のうえで頻繁に登場するようになったのは、一九九六年に茘湾区が「商業・貿易・観光区」としての特色を醸成する政策に着手してからのことである。

前章で言及した「西関文化シンポジウム」は、西関文化の名を公的に提示したにとどまらず、西関文化の位置や社会的役割を宣言した転換期として注目に値する。一九九七年六月に開催されたこのシンポジウムでは、程《てい》忠漢《ちゅうかん》という役人が、開幕の辞で次のように述べている。

「西関は明らかに区域的特色をもっています。…（中略）…［西関文化の研究をおこなう目的は］広府文化ひいては嶺南文化における西関文化の位置づけを正確に把握し、それにより良好な［文化］資源を発掘し、その優秀な伝統を高揚させることにあります。同時に、国内外の各界人士と経済的・文化的な交流を深め、商業・貿易・観光区としての茘湾区を建設する助けとなさねばなりません」［広州市茘湾区地方志編纂委員会辦公室編　一九九八b：一―

二〕（省略箇所は筆者が加筆した）。

この発言の前置きで、程漢忠は、これが区政府を代表した発言であると断っている。西関文化は、その概念が提示された初期の段階から、すでに区政府によって特定の価値を付与されていたことが分かるであろう。この発言を検討すると、西関文化には少なくとも三つの内容が含まれていると判断できる。すなわち、（a）西関文化は区域的な特色を体現していること、（b）西関文化は広府文化および嶺南文化と関連性をもつこと、（c）西関文化は政治経済的な利益を追求するための道具して追求されていること、である。ここから、西関文化は単純に生活様式としての〈文化〉を示しているのではなく、文化資源として政治的に捉えられていることが明らかである。同時に、西関文化は、前節でみてきた広府文化や嶺南文化との関連性からも捉えられている。それでは、西関文化は、具体的にどのような位置づけを「科学的」になされているのであろうか。嶺南文化―広府文化―西関文化の間の位置関係については、区政府の役人であり歴史学者でもある阮桂城が、二〇〇三年の時点で詳述している。

まず、西関文化は、その大枠において嶺南文化に属する。阮桂城によれば、中国では、地域の多様性に応じて大きく六つの文化圏が歴史的に形成されてきた〔阮桂城　二〇〇三：一六―一七〕。それぞれについて簡単に説明すれば、次のようになる。

（A）中原文化圏――中華王朝の所在地であったとともに、古代中華文明の発祥地である。今の河南省、陝西省にあたる。

（B）斎魯《さいろ》文化圏――儒教の発祥地であり、今の山東省にあたる。

（C）呉越《ごえつ》文化圏――江南文化圏とも称する。呉と越の国が所在した、今の上海、江蘇省、浙江省にあたる。

（D）荊楚《けいそ》文化圏——楚の国があった湖北省や湖南省の一帯にあたる。
（E）西蜀《さいしょく》文化圏——巴蜀《ばしょく》文化圏とも称される。三国志でも有名な蜀《しょく》の国が所在していた、四川省、および雲南省北部を指す。
（F）嶺南《れいなん》文化圏——南嶺山脈の南側、今の広東省、広西省にあたる。

断っておくと、以上の類型化は、阮桂城が西関文化を説明するためにおこなったものであり、中国で共通に適用されているものではない。河洛《からく》文化圏や八閩《やびん》文化圏など他の文化圏が、学術的・社会的に取りあげられることもある。ただし、本書の関心から強調しておきたいのは、嶺南文化という語句は、一般的に広東省では学術的にも社会的にも一つの文化圏として認識されているということである。

次に、前節に見てきた嶺南漢族文化の研究成果に基づき、嶺南文化には、広府文化、客家文化、潮汕文化などのいくつかの下位文化があるという主張がある［阮桂城　二〇〇三：一七］。これらの下位文化がどのように異なるビジョンでもって描かれてきたのかについては、すでに前節で説明した。嶺南文化の性質を把握するためにここで注目したいのは次の二点である。

第一に、嶺南文化は、広府文化、客家文化、潮汕文化などの差異のある文化を総括する上位概念であり、各々の「特異性」がすなわち嶺南文化の「特異性」につながると考えられている。したがって、嶺南文化は、他の斉魯文化、呉越文化、荊楚文化、西蜀文化とは異なった「特異」な文化圏として「科学的」に規定されている。

ところが、第二に、嶺南三大民系の説明体系において、文化は、差異だけでなく「同質性」も強調されていたことを思い出していただきたい。たとえば、広府文化、客家文化、潮汕文化はいずれも中原に起源すると論証されてきたし、パーソナリティー、言語、習俗のうえでも中原の古代中華文明につながると説明されてきた。嶺南

図４　中国漢族の６つの文化圏と嶺南文化

三大民系と中原文化とのかかわりは、すでに見てきたように、清代から民国期にかけての「文化」の保有度をめぐる説明に由来している。それにより、嶺南三大民系の文化表象において、中原文化を共通項とする同質性が科学的言説においても生み出されていった。それゆえ、嶺南文化もまた、中原文化の一系統として位置づけられるに至ったのである。図４では、六つの文化圏が類型化されたが、実際のところこれら六つは平等な関係にない。中原文化は、中華における漢族文化の中軸とされ、その他の五つの文化は古代より連綿と続く中原文化の「変形」とみなされているのである。端的に言えば、「西関文化が嶺南文化に属する」という意味は、「西関文化が中原文化の一系統に属する」という意味に等しい。

すなわち、西関文化の

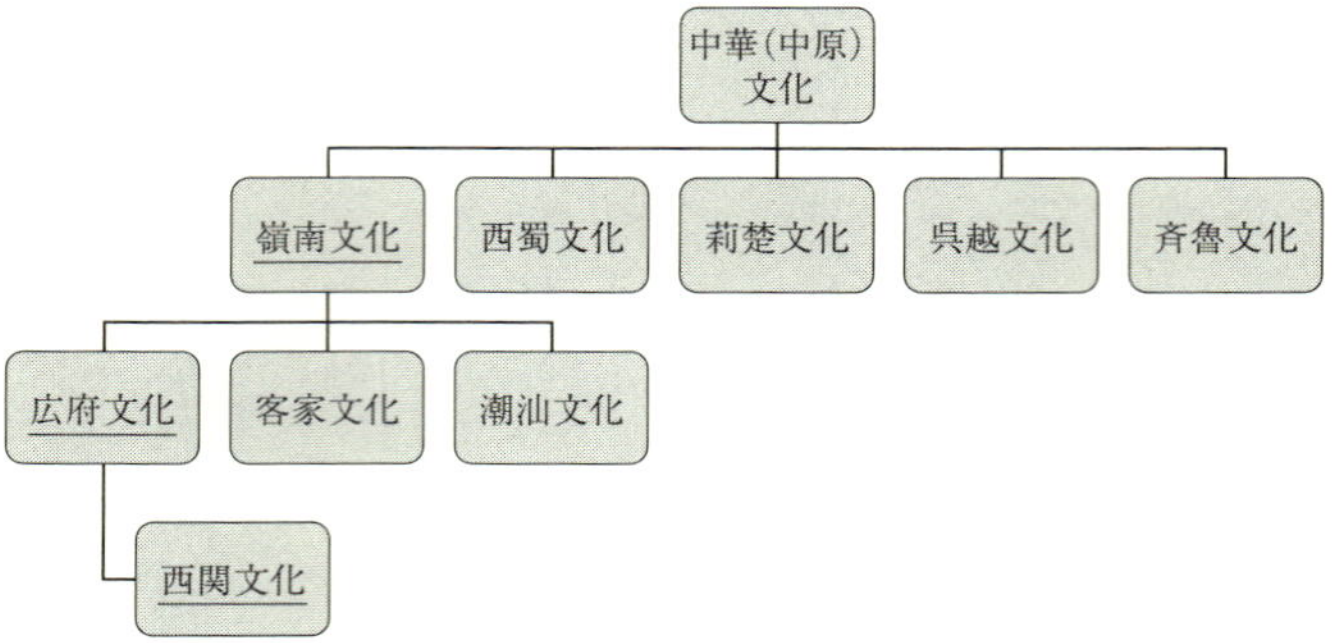

図5　漢族文化における西関文化の位置づけ（系統樹）

位置について、次のように要約することが可能であろう。まず、西関は広府民系の中心地である広州に位置するので、西関文化は広府文化の一系統である。さらに、広府文化は、嶺南文化の一系統に属しており、嶺南文化は中華文化の一系統に属している。換言すれば、図5の樹形図で示したように、西関文化は、「中華または中原文化→嶺南文化→広府文化→西関文化」という序列のなかに置かれているのである（本書では、中原文化を純粋な漢族文化、中華文化を少数民族を含めた中国の文化として規定・記述する）。

2　西関文化の科学的「意味」

西関文化の位置づけを示したので、次に、西関文化がどのような意味内容をもっていると学術的に捉えられているのかについて検討してみたい。

繰り返し論じると、西関文化という概念が登場するようになったのは一九九〇年代半ばのことであるが、ちょうどこの頃から、西関文化をめぐる諸研究も急激に増えだした。西関文化の研究には当初から区政府が関与しており、『広州西関風華』（一九九七年七月出版）や『別有深情寄茘湾——広州西関文化研討会文選』（一九九八年出版）など初期の重要な研究成果は、広州市茘湾区地方志編纂委員会辧公室が編纂している。上述のように、西関文化の詳細な位置づけについては、阮桂城が二〇〇三年に提示したが、『広州西関風華』の序文では、茘湾区の共産党書記が西関文化を「嶺南文化の構成部分の一つである」と規定している［広州市荔湾区地方志編纂委員会辦公室編　一九九七］。西関文化が嶺南文化の一系統であるという前提は、このように西関文化研究の前提であり続けたと言ってもよい。西関文化は、嶺南文化の意味内容を継承する一文化形態として、一九九〇年代半ばの時点から研究されてきた。

それでは、嶺南文化は、具体的にどのような文化であると学術的に表象されてきたのであろうか。また、図4に示した他の文化圏の文化と、どのように違うと学術的に「意味」づけられてきたのであろうか。嶺南文化が、中華文化の一系統であり、その特殊な「変形」として把握されていたことはすでに述べた。つまり、嶺南文化は、一般に、歴史的に華やかな中華王朝の「文化」により、一つの漢族文化を形成してきたと考えられている。繰り返し述べるように、嶺南の地は、かつて百越という非中国種の居住地であった。秦の始皇帝により中華王朝の領土となったが、一部の百越は同化せずにチワン族、リー族などの少数民族となったとされる。他方で学術的には、その他の百越は中原から南下した漢族と融合したが、中原の文化をそのまま保つことはなく、独特の漢族文化として形成されてゆき、百越の文化と融合して形成されたこの「独特の」漢族文化こそが、嶺南文化であるとみなされるようにもなった［葉春生　二〇〇〇：一一〇、徐傑瞬編　一九九九も参照］。もちろん前述の客家研究にみるように、中原から漢族が南下した事実が果たして存在したか否かは、学界においても異論がある。しかしながら、こうした文化的な「意味」づけは政策的な認知を得るようになっている。

嶺南文化のそのような「意味」は、前節で概観した嶺南三大民系の文化類型に基づいていると考えられる。すなわち、表3を検討してみると、嶺南三大民系は、中原との関係性以外に、二つの共通性がある。その一つが「開放的で開拓精神に優れる」パーソナリティーであり、もう一つが「迷信」を重視する生活習俗である。そして、両者は、百越文化との融合により形成されたと考えられている。

以上の前提のもと、西関文化の「意味」もまた、科学の名目のもと形成されてきた。ただし、ここで注意しておきたいのは、西関文化の場合、一方では嶺南文化および広府文化の「意味」を継承しながら、他方で、区域的な特色が強調されてきた点である。つまり、嶺南文化および広府文化は、あくまで漢族や民系というエスニシティの文化であって、それは特定の境界づけられた〈空間〉の特色を示していたわけではない。換言すれば、嶺南文化や広府文化というエスニシティの文化は、さらに〈空間〉の文化として読まれる必要がある。西関文化は、民族誌家が描いた嶺南文化や広府文化の「意味」を基にして、さらに〈空間〉の特色を描く文化として再提示されてきたのである。そして、この作業は、政府機関によって、特に政府機関に所属するお抱えの研究者によってなされてきた。前出の阮桂城らは、西関文化の「意味」は、大きく次の三つに分けられると主張している［阮桂城　二〇〇三、梁基永　二〇〇四、周軍　二〇〇四b、石立萍　二〇〇四、何薇　二〇〇四：二一ほか］。

①　西関文化は、開放的で開拓精神に富み、外来文化の吸収にすぐれた嶺南文化の特徴をそのまま引き継いでいる。それゆえ、中国文化と西洋文化、および中国の北方文化（とりわけ中原）と南方文化とを結合し、独特の文化を築きあげてきた。

②　西関文化は、北方文化だけでなく、土着の百越文化も現在まで継承している。それゆえ、迷信深い性質をもちあわせている。

③　西関文化は、区域内の歴史・地理的条件に応じて形成されてきた。特に、水郷文化としての性質をもちあわせており、水郷のリゾート地として独特の風格を彩ってきた。

一瞥して分かるように、①と②が嶺南文化としての特徴を示しているのに対し、③は、西関の〈空間〉における歴史文化を強調している。そして、①～③の「意味」に従い、西関という〈空間〉において特色と考えられる諸要素が、文化の名のもとで拾い出されてきた。ここで文化は、時として生活様式のそれとして主張されることがある。なぜなら、歴史学者、地理学者、民俗学者、建築学者、文学者らは、確かに西関という〈空間〉にて存在してきた／している「事実」を拾ってきたからである。しかし、ここでとりあげられる西関文化は、広東音楽、西関小姐、ライチなど特定の代表的要素（本書ではこれをシンボルと呼ぶ）に限られ、西関における生活から紡ぎ出されたすべての物質的・精神的結晶が西関文化と称されるわけではない。次章で詳述するように、①〜③の「意味」に即した特定の諸要素だけが、西関文化のシンボルとして「発掘」されるのである。つまり、ここでいう西関文化は——陳運棟が定義した客家文化と同様に——価値中立的な生活様式としての文化を表面的に示しつつ、実際には〈空間〉の特色を醸成するイデオロギーとして立ち現れている。次の一文をご覧いただきたい。

「西関文化を研究し議論する重要な方向性の一つは、西関文化を発掘・継承したうえで今の時代に合わせた刷新をなすことにあります。…（中略）…西関地区における広東音楽、詩句、書画といった伝統文化を保存し、文化的特色をアピールすることは、観光の特色をつくる助けともなります」［丁倍強　一九九八：六三―六五］（強調部は筆者が加筆した）。

この文の作者である丁培強《ていばいきょう》は、広東社会科学院の教授である。ここでは広東音楽などの伝統文化を研究する必要性が唱えられているが、それは文化の特色を出し、都市建設に貢献しうる存在とみなされている。もちろん広東音楽の研究のすべてが、こうした政治的目的に動機づけられていたわけではない［河合　二〇〇八b］。しかしながら、西関文化が理論的に提示される際には、やはり嶺南文化の一部として、西関文化の「意味」に合うように政治的に位置づけられる。なぜならば、西関文化をめぐる「意味」は、〈空間〉の特色を出す資源として政治的に肯定されているからである。

特に二〇〇二年一二月、中国共産党広東省第九回二次大会にて、広東省は、文化を利用して経済を発展する戦略を打ち出した。その後、経済建設において文化資源を利用する方針は、広東省内で広まった［李・卒・金・江二〇〇三：四七］。西関でもまた、経済的利益を生み出す特色としての西関文化は、当地の〈空間〉政策に欠かせないものとなってきている。こうした状況のもと、政府は研究資金を渡すかわりに、一種の「見返り」を期待するようになっている。だから、中国の政府機関に勤めるお抱えの研究者や要職につく大学の教授たちは、国から研究費を獲得するために、あるいは国家の経済建設に自主的に協力するために、区域特色としての文化を「科学的に」提示する責務を負ってきたのである。

目下、西関文化を嶺南文化の一系統としたり、西関文化に三つの「意味」を固定したりする見解に、学界側が正面から否定する状況は生じていない。このように、西関文化の研究は当初より、政治経済的な利潤に貢献することが行政側から求められており、行政側が提示する西関文化の「意味」に沿った研究に、正統性を与えられてきたのだといえる。逆に言えば、たとえ単純に生活様式に着眼した研究であっても、それ自体が「意味」に沿う限り、それは行政側の〈空間〉政策に利用可能な資源となりうる。フランスの哲学者ジャン・フランソワ・リオタールは、国家の政策決定者が何よりも必要としているのは、「科学という叙事詩を通して…（中略）…いっそうの信用を獲得し、公共の同意を生み出す」［Lyotard 1979: 74］ことであると指摘する。西関文化もまた、科学の名目において〈空間〉の特殊性を醸成する文化資源として[22]、政策的に利用されてきたのである。

おわりに

本章は、西関文化の形成過程、位置づけ、および「意味」内容について検討してきた。その結果、西関文化について、以下のようなビジョンが浮上してきたと考える。

第一に、西関文化は、〈空間〉の特色を醸成するための資源として、一九九〇年代半ばに出現した新しい概念である。文字文献のうえから見ると、広州人は、清末から民国期にかけては粤人を名乗っていたし、その後も、本地人や広府人などと表現されてきた。西関文化が頻繁に登場するようになった時期は、民間の「西関」概念が茘湾区という〈空間〉とが一致した時期とほぼ重なっている。

しかし、第二に、西関文化に付与された三つの「意味」は、一九九〇年代半ば以降に急に規定されたわけではない。それは、少なくとも清代から積み重ねられた嶺南研究を解読することで、自己の「意味」体系をつくりあげていた。すなわち、西関文化は、嶺南文化および広府文化の下位文化として位置づけられたが、広府文化の「意味」内容は、客家文化と潮汕文化の比較を通して形成されていた。広府文化は、文化相対的な理念より客家文化や潮汕文化と区別されてきたが、同時に三者の同質性も問われてきた。この同質性は、同じ中華文化を具えるといったものであるが、こうした見解の源流に啓蒙としての「文化」概念があったことは言うまでもない。

そして、第三に、西関文化の「意味」は、むしろ政府機関や政府お抱えの研究者により科学の名目で規定されるに至っている。本文中で度々述べてきたように、西関文化はその成立当初から政治的な位置を与えられ、文化資源として〈空間〉の特色を醸成することが期待されてきた。その意味で、西関文化とは、政策的に〈空間〉に埋め込まれてきた、イデオロギー的な「意味」に等しいのである。そして、西関文化の「意味」は、嶺南文化の分類学を再読し再規定することで成り立ってきたが、それを規定したのはむしろ政府関係者であった。嶺南文化をめぐる民族誌的記述は、あくまでエスニシティ文化の分類学に寄与してきたのであって、〈空間〉の文化を直接つくりだしてきたわけではなかった。民族誌はむしろ「読まれる」ことによって、西関文化という〈空間〉の文化をつくる材料を与えてきたのである。

以上のことから、景観人類学の〈空間〉分析に対して、次のことが言えるであろう。

まず、西関文化というのは、ただ単に民族誌家による文化表象によって、「特殊な」存在としてのみ提示されてきたのではないということである。西関文化は、ヒエラルキー構造に置かれており、中華文化および嶺南文化の末端としての位置を与えられている。それゆえ、一方で客家文化や潮汕文化など他の文化と共通性をもつと考えられながら、他方で、西関文化に他と異なるビジョンが与えられるに至っているのである。要するに、中華文化や嶺南文化という、より大きな枠からその差異性と同質性を見ないと、西関の景観を生産するビジョンとしての西関文化の姿を見失ってしまうことになる。

次に、民族誌家は、確かに嶺南の漢族を長い間描写してきたし、一九九〇年代以降は、嶺南三大民系の文化を相対的に描いてきた。その結果、景観人類学の論者が指摘してきたように、嶺南漢族は、生活上の多様性を飛び越え、景観画のように異なるビジョンとして提示されてきた。しかし、民族誌家が描いてきたのは、エスニシティの「特殊性」であって〈空間〉のそれではない。ここで民族誌を利用して〈空間〉のビジョンをつくりだしてきたのは、むしろ政府関係者である。〈空間〉を基盤とする西関文化の位置づけと「意味」付与は、むしろ政策的な需要から決められたのであり、西関を研究する歴史学や地理学者らはその枠組みに従ってシンボルを発掘したにすぎない。次章で詳しく検討していくように、文化資源としての西関文化とそのシンボルは、西関という〈空間〉においてローカルな特殊性を生産する青写真となる。しかしながら、民族誌家は、自らがその青写真を書いたというよりは、むしろ青写真を書く政策的行為に利用されたということができるだろう。

景観人類学ではこれまで、民族誌家が文化を「書く」作業が、特殊性をもつ〈空間〉のビジョンを生産するという単純な構図に支えられていた。しかし、第一章で指摘したように、民族誌家が文化を「書く」ことによって、どのように〈空間〉の特殊性が色づけられてきたのかについての議論が欠けていた。本章の事例から明らかであるのは、民族誌家の描写が〈空間〉の特殊性に結びつくまでには複雑なプロセスがあり、それを解読していかなければ、民族誌家の文化表象が景観を生産するという力学を理解するのも、ままならなくなるということである。

注

（1）商務印書館が編集・出版した『辞源』「合訂本」の七三四頁による。この辞書によれば、漢の劉向が「凡武之興、為不服也。文化不改、然後加許」と記載されていたという。

（2）ただし、嶺南が具体的にどの範囲を指しているのかは、説明が一定していない。基本的に、嶺南は、中華王朝が支配した南嶺山脈以南の地理的範囲を指す。それゆえ、嶺南の範囲は時代によって変わり、時にはベトナム北部までその範疇に編入されることもあった。しかし、他方で、嶺南は、広東省一帯の漢族地域に限定されることがあり、少数民族の多い広西省中西部や海南島、および文化的に異なるとされるベトナム北部は含まれないことがある。いずれにせよ、嶺南と嶺南文化の中核は今の広東省にあたる地域であり、時として嶺南は広東の代名詞であるとみなされることもある［金編　二〇一〇：三―六］。

（3）珠江デルタ全体の発展を真にもたらしたのは、中国と西洋国家との貿易が興り、大規模な沙田開発がおこった、明代以降のことと考えられている。「広東人（粤人）」成立の歴史的過程に関しては、デヴィド・フォール（科大衛）と劉志偉［科大衛・劉志偉　二〇〇〇：三―一四］、および片山剛［二〇〇四、二〇〇六］の議論に詳しい。

（4）ただし、客家が中原から移住した漢族であるとする説明は、羅香林がはじめて提唱したわけではない。すでに一九世紀半ばから、西洋の宣教師がこうした「客家中原起源説」を述べている［cf. Kawai 2011］。

（5）孫文が客家であることを書いた羅香林の『国父世家源流考』は、一九四二年、国の著作奨励賞を授与された。

（6）程美宝は、「近代の粤人が広府人に次第に変わっていったのはどこからきたのか分からない」［程美宝　二〇〇一：三九七―三九八］と断ったうえで、潮州人と客家人の自己意識が確立するにつれて広府人の概念が確立されていったのだろうと推測している。他方で、福佬がいつ潮汕に変わったかについて、韓山師範大学潮学研究所の黄挺所長は、「明らかではない」と断ったうえで、潮汕はもともと地域概念であることを強調していた（二〇一〇年六月一九日のインタヴューより）。

（7）もちろん、全く粤人や福佬との差異を意識してこなかったわけではないだろうが、たとえば『客家研究導論』を見ても、粤人や福佬との違いよりは、中原との結びつきに比重を置いている。

（8）程美宝は、『地域文化と国家アイデンティティ――清末以降の「広東文化」観の形成』の冒頭にて、一九四〇年二月二二日に香港大学馮平山図書館で催された広東文物展示会の例を挙げ、その展示会で「一つの時代、一つの地域、一つの民族に、それぞれの特色、特質、特徴をもつ」文化概念が登場したことを指摘した［程美宝　二〇〇六：一―一〇］。このように、民国期の広東省では、特定の時間、空間、民族に固定的な特色をみる文化概念が、まさに文化の二文字とともに登場していたことを示唆している。ただし、こうした文化概念は、広東文化という次元では存在していたかもしれないが、少なくとも粤人、客家、福佬をめぐる民国期の諸研究では、文化の概念から説明されることはほとんどなかった［cf. Kawai 2011］。

（9）これらの少数民族研究の概要については、近年の日本語論文のなかでは、麻国慶［二〇〇六］や王建新［二〇〇七］による紹介に詳しい。

（10）華南師範大学に嶺南文化研究センターが、中山大学に香港・マカオ・珠江デルタ研究センターがあるが、いずれも広府文化研究を専門としているわけではない。二〇〇九年一二月二八日、佛山技術学院に広府文化研究基地が成立したが、おそらくこの機関が中国で初めての広府文化研究の専門機関であろう。

（11）広東省政府ホームページで公的に示されている人口統計（二〇〇六年度掲載）を参照した。

（12）金蘭会とは広州、順徳、南海、番禺などでかつて結成された、女性による結社のことである。一八三七年の『両般秋雨盦随筆』（梁紹壬著）に金蘭会の記載があることから、清代には存在したと考えられる。史料によると、これらの地区の少女たちは、結婚をしないと互いに契りを交わし、たとえ結婚を強要させられても夫方居住を拒んだという。

（13）唔落家とは、結婚した女性が妻方居住をおこなう習俗で、特に広州、順徳、番禺一帯で流行した。ただし、中華人民共和国成立後は次第になくなっていった。

（14）囲龍屋とは、広東省東部に分布する屋敷住宅であり、楕円形に囲まれた形をしている。中国五大伝統民居の一つに数えられることがある。現在、ユネスコの世界遺産に申請中である。囲龍屋の住居形態や風水思想などに関しては、拙著「客家風水の表象と実践知――広東省梅州市の囲龍屋の事例から」（『社会人類学年報』第三三号、引文堂、二〇〇七年）を参照いただきたい。二〇一〇年一月三〇日付け『朝日新聞』（一三面）には、土楼とともに囲龍屋の簡単な紹介が掲載されている。

（15）土楼は、福建省西部から広東省東部にかけて分布する円形および方形住宅。コロッセウム型の円形土楼は、一般的には客家の住宅として知られるが、潮州市の潮安や饒平には潮汕民系の住む円形土楼がある。日本語の文献としては茂木計一郎［一九八七、一九八九］、小林宏至［二〇〇五、二〇〇七］らの書籍・論文をご覧いただきたい。なお、福建省永定県の土楼群は、二〇〇八年七月にユネスコの世界遺産に登録された。

（16）筆者は、二〇〇八年三月から二〇一〇年一月まで、嘉応大学客家研究所に講師として勤務していたことがある。土楼が客家文化ではないことは、この研究所では常識であった。

（17）たとえば、稲澤［二〇一〇］が報告する汕尾の水上生活者には、広東語を話す集団もいれば、潮州語を話す集団もいる。

なお、中華人民共和国の成立以降、水上生活者は共産党政府によって陸揚げ政策が実施されてきたので、今は水上で生活しているとは限らない。陸揚げされた彼／彼女らを水上生活者と呼ぶべきか否かは、言説の問題となる。

(18) その他、二重言語使用の問題もとりあげる必要があるだろう。たとえば、梅州の南端、潮州との境にある豊順県の人々は、客家語、潮州語の双方を操ることができる。彼／彼女らは二重アイデンティティをもつこともあるが、しばしば自らを客家だというのは、梅州が客家の〈空間〉として意味づけされているからにすぎない。

(19) また、先に述べた広州の一族は、後に広府人は珠機巷を経由するものだということを知って、族譜を書き換えた。このように、表3の図式からは嶺南漢族の移動経路を一概に説明することはできない。むしろ、いかに表3の図式に現地の人々が歩調を合わせていくのかが、問われなければならない。

(20) 鍾理和は、台湾美濃鎮出身の作家である。地主の出身であった彼は、体が弱かったため、屋内で主に執筆活動に勤しんだ。平民の出身であった妻の鍾平妹は、夫を助けて家事と労働を担ったことで知られる。一説では、「女性が外で労働し、女性が内に篭る」という客家のジェンダー像は、鍾理和の小説に由来するとも言われるが、定かではない（二〇〇九年一二月、美濃鎮の鍾理和記念館での聞き取りによる）。

(21) 管見の限りにおいて、西関文化の文字がはじめて『広州日報』紙に現れたのは、二〇〇七年四月五日第一三面に掲載された「荔湾故事多」においてである。それ以前は、西関風情という言葉で地域的特色が論じられてはいた。ちなみに、「荔湾故事多」では、青レンガや趟櫳門などのシンボルも多数挙げられていた。

(22) 山下晋司［二〇〇七：一四］によると、文化資源とは、文化財、文化遺産、文化的景観などの系譜に連なるものである。文化財は、人類学者が好んで使う生活様式としての〈文化〉も含まれるが、むしろ芸術に属するようなハイカルチャーに属する面が強く、優劣がつけられる傾向にある。西関文化もまた、生活様式としての文化が含まれないわけではないが、むしろ優れており、特色があり、利用されやすいものを指す傾向が強い。この点については、第四章で改めて議論する。

第四章　西関文化の視覚化から景観の生産へ

はじめに

これまで、西関という〈空間〉が境界づけられ、そこに西関文化なるイデオロギー的な「意味」が投影されてきた様相を論じてきた。次に、その西関文化が視覚的に提示されることで、西関特有の景観が現実社会に生み出されてきた力学を検討してみることにしたい。

繰り返し論じると、景観とは、主観的なまなざしを通してさまざまに立ち現れてくる物理的環境を指す。たとえば、大阪の通天閣は、大阪という〈空間〉にあっては特別な「意味」をもつし、日本各地から観光に来る人も通天閣がどのようなものか知っているであろう。しかし、中国から観光に来る人はたいてい通天閣が何であるかを知らないし、通天閣に案内されても、なぜあんな背丈の低い塔が重要なのか分からないであろう。つまり、大阪人のまなざしを通せば通天閣はまさに大阪という〈空間〉や文化を代表する景観として立ち現れるが、中国人観光客の目からすればただの物理的環境にすぎない。逆に、ライチは最近になって西関の〈空間〉や文化を表す果物になっているが、日本人観光客が西関に行ってライチを見ても、ただの自然環境にしか見えないであろう。

ライチが西関という〈空間〉において景観として立ち現れるには、ライチという物体に何かしらの「意味」が付与されねばならない。本章で具体的に探求するのは、西関という〈空間〉に転がる一部の環境（ライチなど）が、西関文化のシンボルとして「意味」づけされることで、景観に転換していく経緯についてである。

本章では、こうした景観の生産様式を論述するため、大きく前半と後半の二つの部分に分ける。前半部は、ポスト構造主義的記号論の観点から、西関文化の「意味」に応じて一部の環境がシンボルとして生成されていく背景を追う。それを踏まえて、後半部で、そのシンボルがいかに西関の〈空間〉内外で散布していったのかについて考察することで、ローカルな特殊性をもつ景観が生産されてゆくプロセスを明らかにする。

一　西関文化とそのシンボルの生成

1　記号論とシンボル生成

本題に入る前に、まず、記号とシンボルをめぐる概念規定をおこなうことにしよう。

周知の通り、記号論をめぐる諸研究において重要な礎石を築いた人物の一人は、スイスの言語学者であるフェルディナン・ド・ソシュールである。ソシュールは記号が、二つの体系——記号表現《シニフィアン》と記号内容《シニフィエ》——の組み合わせから成るとする視点を提供した［Saussure 1974: 67］。一般的に、記号表現は、「木」や「火」のように何かを指し示す音や形を、記号内容は「緑の葉が生い茂った姿」や「聖なるもの」といった概念やイメージに連なるものと規定される。そのうえで、記号は、記号表現と記号内容の総体とされる。たとえば、「火」というと「聖なるもの」を思い浮かべるというように、「火」と「聖なるもの」とが連想され結びつかれたセットが、記号とみなされている。逆に言えば、「火」だけでは記号にならないし、「聖なるもの」だけでも記号にはならない[1]。

しかし、記号表現と記号内容をどのように捉えるかは、論者や学問領域によって必ずしも一定しているわけではない［cf. Chandler 2002］。たとえば、ソシュールは、記号表現を音として捉えてきたが、現在では、それは物質的なモデルになることもある［Chandler 2002: 18-19］。すなわち、記号表現は、見ることも触れることもできる物理的な形式と考えられることすらある。さらに、論者によっては、記号内容を思考的な「意味（sense）」に、記号表現を「意味」の伝達媒体である「シンボル」に重ね合わせて解釈する［Chandler 2002: 34-35］。言い換えると、聖性は「意味」とみなされ、火はその「意味」を目に見える形で伝達する「シンボル」と規定されることもあるのだ（本書もまたこの立場を採用する）。

他方で、人類学、特に構造人類学と象徴人類学もまた、記号やシンボル（象徴）の概念に注目してきた。たとえば、その代表人物の一人であるロドニー・ニーダムは、Aという事象や思考を何か別の表現で指示するBこそが、シンボルであると規定している［Needham 1979: 3］。ここでいうシンボルは、A（聖性）をB（火）で表現する先の見解に近い。ただし、構造人類学や象徴人類学において、シンボルは記号表現の一部として、つまり隠喩として使われがちであったことに、ここで注意を払っておきたい。著名な記号論者であるチャールズ・サンダース・パースは、記号表現を三つに分けており、Aをその形のまま表す記号表現をインデックス（指標的）、Aを類似した形で表す換喩としての記号表現をイコン（類像的）、Aを別の形で表す隠喩《メタファー》としての記号表現をシンボル（象徴的）と区別している［Peirce 1931-35: 2. 306; cf. Chandler 2002: 36-42］。象徴人類学の泰斗であるヴィクター・ターナーもまた、シンボル＝隠喩《メタファー》としたうえで［Turner 1967, 1974］、シンボルを「同じ文化を担う人々によって、類似の特質を保有することにより、または事実や思考との結びつきにより、自然に何かを分類したり表したり呼び覚ましたりするもの」［Turner 1967: 19］と定義した。つまり、文化のなかに隠された「意味」を何か別の形で表現したものが、シンボルであるとみなされてきたのである。もちろん人類学で使われてきたシンボルの定義は、必ずしもターナーと同じではないが[2]、本書は、シンボルを文化の隠喩表現とみなす定義を採用する。

ところで、象徴人類学は一九六〇年代後半から一九七〇年代にかけて欧米、特にイギリスとアメリカで流行したが、議論の過程でいくつかの問題点が指摘されるようになった。そのうち主な問題点を二つ挙げると、以下の通りである。一つ目は、シンボルをめぐる先のターナーの発言にもあるように、同質的な文化が想定されてきたことである。つまり、現地社会における多様性や流動性を想定せず、特定の民族や〈空間〉においてア・プリオリに共有されている何かを、文化の概念で表してきた[3]。二つ目は、シンボルの歴史的な変化を扱わず共時的に描き出す傾向にあったことである［cf. Sahlins 1981］。さらに、その象徴的意味がいかに政治的につくられるのかについての考察にも欠けてきた。

このような象徴人類学の行き詰まりは、ポスト構造主義の記号論による批判的な見解とも関連しているように思える。すなわち、古典的な象徴人類学の議論においては、同質的な文化（記号内容）とそれを伝達するシンボル（記号表現）との間の結びつきが疑われることは少なかった[4]。しかし、ポスト構造主義の議論が指摘するように、記号表現と記号内容の結合それ自体が疑われねばならない。ジャック・デリダ［Derrida 1967b; 1971］やジュリア・クリステヴァ［Kristeva 1969］らポスト構造主義の論者は、記号表現と記号内容の間の関係性は不安定であり、それらの結びつき自体が政治的であると主張する。つまり、火（記号表現）と聖性（記号内容）はア・プリオリに結びついているのではなく、何かしらの恣意的な思考体系が背景にあって、はじめて火は聖性を意味するようになる。冒頭の例でこれを繰り返すと、通天閣（記号表現）を大阪（記号内容）のシンボルとみなしたり、ライチ（記号表現）と聞いて西関文化（記号内容）を思い出したりするには、何かしらの政治的な意図が背景にあり、むしろ両者がいかに政治的に結合されてきたのかを問わねばならない。ここから、クリステヴァは、記号の安定性は極めて政治的であり、記号表現と記号内容が一致するその政治的な背景を問うことが、記号分析の新たな出発点になると論じている〔Kristeva 1969〕。本書の関心に即して言えば、記号表現の一形態であるシンボルと、文化的「意味」との結びつきの政治的なプロセスこそが、問われなければならない。

こうした記号の安定性を問い直す参考になると筆者が考えるのが、哲学者エルンスト・カッシーラーのシンボル研究である。カッシーラーもまた、シンボルを何か別の表現で喩える指示体と規定しているが、彼にとってシンボルは形式的であり、状況によって変わりうる機能的価値にすぎない。カッシーラーは、シンボルとは、「極めて可変的であり、同じ意味をさまざまな言葉で表現する」〔Cassirer 1944: 36〕指示体としており、「意味」からシンボルが流動的に生成されることについて言及している。ただし、カッシーラー自身は、「意味」からシンボルが派生されていく政治的なプロセスを、熱心に扱ったわけではない。このことは、カッシーラーの議論を援用した社会学者ピエール・ブルデューにも該当するように思えるが、ブルデューは、象徴資本の概念を用いて、シンボルが政治闘争の資本に使われることについて指摘している〔河合　二〇〇八a：一〇六〕。後述のように、シンボルは、西関の事例でも政治経済的利潤を追求するための資本として使われている。だが、ここでさらに問い直したいのは、そのシンボルがどのように「意味」に即して生成されたのか、両者が結合される権力的な背景についてである。西関では、まず科学的な検証によって記号とシンボルが生成されていくことになるが、このことを次に検証していくとしよう。

2　西関文化のシンボル生成

前章で考察したように、西関文化は、学術的、政治的な表象により、西関という〈空間〉の特殊性を表す「意味」として形成された。そして、西関文化の「意味」は、〈空間〉的な特殊性を表す一方で、広府文化ひいては嶺南文化の下位に位置づけられていた。こうした論理に基づき西関文化の「意味」には三つの特徴があると政治

写真４　西関の民居にみる青レンガの壁。この民居のレンガは、青みがかかった灰色である。（2006年11月、筆者撮影）

写真５　満州窓。赤、青、緑のガラスが嵌め込まれた煌びやかな窓である。（2007年１月、筆者撮影）

的に規定されていたのは、前章で述べた通りである。その三つの特徴を再度ここでおさらいしてみるとしよう。

① 西関文化は開放的で外来文化の吸収に優れているため、中国文化と西洋文化、および北方文化と南方文化を結合してきた。（以下、「意味①」と称す）

② 西関文化は百越の文化を継承しているため、信心深く「迷信」を好む性質をもつ。（以下、「意味②」と称す）

③ 西関文化は区域内の歴史・地理的条件、特に水郷文化としての性質をもつ。（以下、「意味③」と称す）

そして、西関文化の研究に従事する学者たち（とりわけ区政府と関係をもつ文史工作者や御用学者）は、この三つの「意味」に従って、西関文化の特徴とされるシンボルを生成してきた。その主要な六種類のシンボルをジャンル別に整理すれば以下の通りになる。(5)

（a）自然環境――ライチ、および「五秀《ごしゅう》」と呼ばれる水生植物が、西関の自然環境をめぐる典型的なシンボルとなっている。西関にはかつてライチ湾（漢字で「茘枝湾」と書き、茘湾区の語源ともなっている）が至るところに流れていたが、ライチと五秀はその小川で栽培されたものであり、風光明媚なリゾート地をつくりあげた自然条件として表象される。[6] それゆえ、「意味③」の原理より拾いあげられた部分的事実であるといえる。

（b）人工環境――西関の伝統民居にみられる特色ある建築材料として、青レンガの壁、満州窓、西関門、紅木の家具が代表的なシンボルとして挙げられている。そのうち、青レンガの壁とは、写真4の民居にみるレンガ造りの壁を指し、青レンガの色（灰色や青みがかかった灰色）をしている。[7] 次に、満州窓の壁は、写真4にみる模様がかった窓で、写真5のように色鮮やかで煌びやかなものもある。特定の色はないが、緑、赤、青、黄色など複数の色の組み合わせからなる。続いて、西関門（地元では「三件頭《サムギンタウ》」と呼ばれる）は、写真6にみるように、三枚の異なる門からなっている。手前の背丈の低い門は脚門《きゃくもん》、中間の横木の門は趟櫳門、奥の大きな門は大門《だいもん》とそれぞれ呼ばれ、気温と湿気の高い広州の居住環境をこれらで調節することができる。

写真6　西関門。民間で「三件頭」と呼ばれる。外側の門を脚門、内側の門を大門、横木の門を趟櫳門と呼ぶ。(2006年12月、筆者撮影)

これらの建築材料のうち、青レンガの壁は西洋文化と中国文化の結合、満州窓は北方文化（満州族の文化）と南方文化の結合の産物とされており、これらは「意味①」から派生したシンボルとみなされている。また、西関門は、西関の自然条件に影響されたと考えられており、「意味③」から派生したシンボルであるといえる。これに加えて、高価な紅木の家具は、裕福な西関の歴史を表すシンボルとなっており、同じく「意味③」の歴史的な条件により派生されたシンボルとみなされる。

さらに、これらの建築材料からつくられた建築物そのもの――西関屋敷、竹筒屋、騎楼――も西関文化の典型的なシンボルとして表象される。その他、花崗岩が敷き詰められた小道である麻石道（第六章で改めて詳述する）もまた、西洋文化と中国文化の結合という「意味①」の観点から、西関文化のシンボルとみなされている。

（c）女性――西関に住んでいた資産家のお嬢様である西関小姐が、西関文化のシンボルとなっている。民国期に存在した西関小姐は、女性が学歴をつけることが困難であった当時において学校で学び、革命や救助活動にも参与していった学識高い女性とされる。さらに、当時にあって自由恋愛をすることもあり、（共産党のイデオロギーからすれば）先進的な女性像として描かれる。西関小姐は、西洋の知識を吸収し、西洋のファッションを好んだ中国人女性であるビジョンが強調されるので、「意味①」から派生したシンボルであるといえる。

（d）民俗――寺院や廟を中心におこなわれる宗教行事、特に北帝信仰や竜舟祭といった水神と関係する行事が、西関文化のシンボルとして二〇〇〇年以降注目されはじめている。信心深く「迷信」を好む百越文化の影響（「意味②」）であると規定されているとともに、水郷としての西関文化の特色を表している（＝「意味③」）という科学的根拠に由来している。他方で、キリスト教施設とイスラム教施設は西関にはなく、[8]アニミズムとシャーマニズムは西関文化の「意味」に即さない「迷信」活動とみなされるので、シンボルから除外されている。その他、水上生活者の民俗が「意味③」の延長上から注目されてきた（第七章を参照）。

（E）食――「食在広州、味在西関」（訳――食は広州にあり、味は西関にあり）という文句が掲げられ、広州市における食文化の中心は、商業の町であった西関にあったと宣伝されている。具体的には、西関の伝統食とされる牛《ぎゅう》雑《ざつ》や涼茶《りょうちゃ》の他、水上生活者が提供していたという艇仔粥《ていしがゆ》、前述の五秀《ごしゅう》からつくられた料理など、西関の風土によって生み出されたとされる食が含まれる。この点で、「意味③」と関係する。

（F）芸術・芸能――その最も典型的なシンボルとみなされているのは、広東音楽、広東劇、および書画、詩歌、獅子舞、カンフーなどである。広東音楽と広東劇は、京劇など北方文化との結合によって生じ、西関に最も集中する芸能文化であると考えられている。また、書画、詩句、獅子舞、カンフーは、北方を含む中国全土に存在するが、それぞれには流派があり、西関のそれは嶺南文化の流派を継承しているという。それぞれは、より正確には嶺南書画、嶺南詩歌、嶺南醒獅、南拳と呼ばれており、西関文化のシンボルとされる。これらは、北方文化と南方文化の結合という点で「意味①」から派生したとされている。

他にも西関文化のシンボルとして挙げられているものはいくつか存在するが、政策での利用、イベントでの使用、博物館での展示、マス・メディアでの報道などで集中的にとりあげられる傾向にあるのは、おおよそ以上の事項となっている。後に、学者だけでなく、マス・メディアや起業家らにより新たなシンボルが発掘・生成されることはあるが、おおよそ「意味①〜③」の内容に即したものが選ばれる。言うまでもなく、西関という〈空間〉には無数の社会的現象が存在しているが、そのなかで上記のようなごく限られた部分的事実しか拾われないことには興味深いものがある。というのも、シンボルは「意味」に適う限りにおいてしか、科学的論拠に基づいて算出される必然性がないからである。同じ「迷信」であっても、なぜ水神信仰は拾われ、シャーマニズムや占いは西関文化のシンボルになりえないのか。その答えは文化および記号産出の政治性とかかわっている。

3　西関文化の記号をめぐる言説の流布

以上にみるように、シンボルは、西関文化の「意味」に即して産出されてきた。しかし、これらのシンボルが西関文化の「意味」と安定的に結合するためには、科学的な検証だけでなく、さらに社会的にも広く認知される必要がある。西関の内外の人々に「ライチが西関文化のシンボルである」ということを認知してもらうことができなければ、ライチはただの自然環境となってしまうであろう。だから、ライチをみて西関文化や嶺南文化を想起できるよう、何かしらの政策的努力がおこなわれければならない。つまり、シンボル（記号表現の一形態）を西関文化（記号内容）として認知してもらうためには、両者を結びつける宣伝がなされねばならない。そうすることで、はじめてライチは西関において特別な「意味」をもつ景観として眺められうる。

特定の物理的環境を西関文化のシンボルとして宣伝する作業は、具体的には博物館や観光地における展示、街頭のイベント、マス・メディアの報道、そして学校教育などを通しておこなわれてきた。そのうち、前二者は直接的に地域住民の視覚に訴えかけ、西関文化の「意味」とシンボルを伝えることを目的としている。他方、後二者もテレビや図画工作などで視覚に訴えかけることがあるが、それだけでなく、特定の物理的環境が西関文化のシンボルであることを説明し、日常会話においてその言説を生み出す効力もあると考えられる。言説とは、フーコー以来、政策や権力の遂行を容易にする日常的な発話体系を指す用語として使われる［Foucault 1969, 1970］。これを記号論の文脈に戻して語ると、ライチ（記号表現）と西関文化（記号内容）とが結びつくためには、それを支える日常的な語り＝言説が必要となってくる。そうした社会的な共通認識と言説がもし欠如したならば、「科学的」に生成された記号は紙の上だけの存在にとどまってしまうであろう。「科学」によって産出された記号は、今度は言説として現実社会に伝えられる必要がある。このような言説を生み出す手段はいくつか考えられるが、そのうち最も広範に言説を広める媒体となっていると考えられるのは、マス・メディアと学校教育である。

マス・メディアは、新聞、雑誌、書籍などの活字印刷物、およびテレビやインターネットなどの電子メディアに大きく分けることができる。マス・メディアは、学術的に生成され政治的に認められたシンボルを、西関文化の「意味」とともに大衆に伝える役目を担っている。

他方で、学校教育でもまた、西関文化とそのシンボルの学習は、西関における一部の小・中・高校で導入されるようになっている［鐘群蓮　二〇〇七］。調査事情により学校に直接赴いて参与観察をすることはできなかったが、中山大学の学生ら卒業生によると、広雅中学[9]をはじめとする西関の中学・高校では、郷土教育の一貫として西関文化にまつわる学習がなされていた。その詳細について広雅中学出身のある女子学生は、郷土教育の授業の際には『西関風華』（前章にて掲載）などの概説書が使われ、また発表のためにインターネットの情報も活用したのだという。彼女は、この授業を通して西関の歴史（第二章で詳述した内容）、西関文化と嶺南文化の位置関係（第三章で言及）、および西関文化のシンボルの意味などを知るとともに、その知識をクラスメートと共有しはじめたのだと筆者に語った[10]。また、郷土教育に関しては、西関のある小学校でも「西関の文化資源を利用して美術教育をおこない、学生の愛国心や伝統文化を愛する意識を強める」［蒙丹珍　二〇〇七：五二］試みがなされてきた。この発言の通り、小学生の子供や孫が図工の授業で西関屋敷や趟櫳門の模型をつくったという話を、フィールドワークの過程で聞いたことがある。また、西関の小学校や幼稚園のなかには、西関文化の伝承や高齢者とのコミュニケーションをとる目的で、広東音楽の授業を本格的に取り入れたところもある[11]。

学校教育をめぐる質的・量的調査は今後さらに進める必要があるが、以上の事柄をみるだけでも、学校教育は一定の貢献をなしてきたことが分かるだろう。そして、聞き書きの限りにおいて、学校の郷土教育では、概説書というメディア媒体を使っていたことも注目される点である。

次に、西関文化のシンボルとその「意味」を普及させる媒体ルートとして、新聞とテレビを取りあげてみることにしよう。テレビや新聞は大部分の家庭で目にすることができるため[12]、概説書以上に大きな影響力を及ぼしてきたと考えられる。周知の通り、社会主義体制をとる中国では、新聞社やテレビ局は政府と提携もしくは協力の関係をとっており、政府側の意図が反映されやすい。特に市政府の機関紙である『広州日報』がそうであることは言うまでもないが、他の新聞社でも掲載時に政治的な審査がかかることがある[13]。ただし、他方で、新聞社やテ

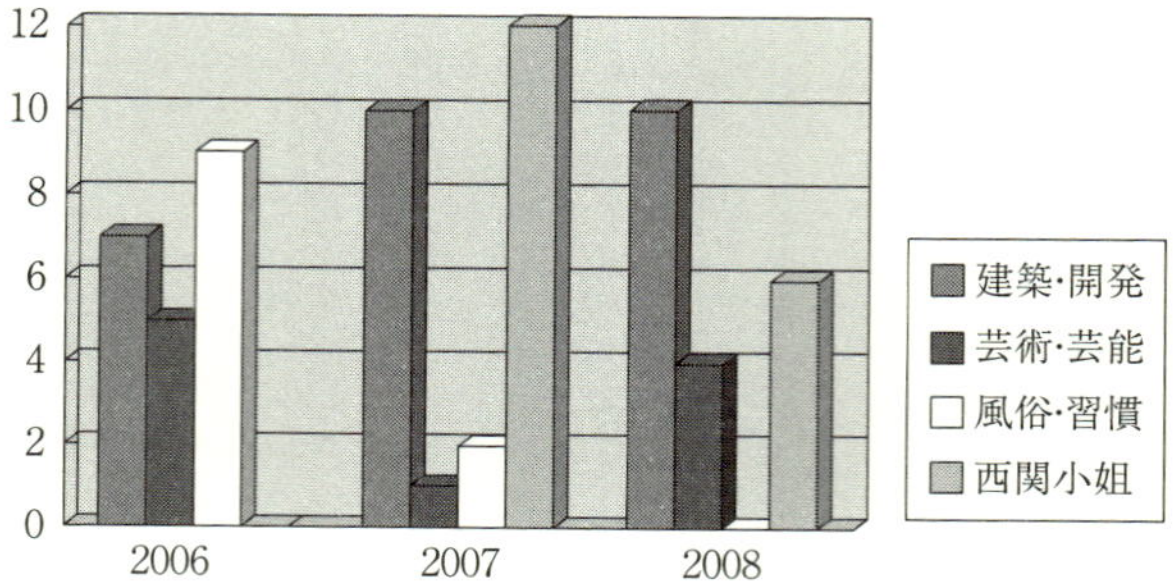

図6『広州日報』(2006-2008 年）における「西関」の記述とその分類

レビ局は、政府の意図を伝えるだけでなく、経済的な利益を追求する企業体であることにも注意を払わなければならない［Bourdieu et Boltanski 1976］。ポスト・ブルデューの論者たちが主張してきたように、テレビや新聞は真実を映し出すとみせかけて、実際には話題になる事象に光を当てる傾向が強い［Champagne 1997: 78; Schroer 2004: 246-249］。

こうした傾向は、西関でも例外ではない。一例を挙げると、西関文化のシンボルをめぐる報道のうち、話題性のある西関屋敷と西関小姐は、テレビや新聞によってとりわけ集中的に報道されている。たとえば、二〇〇六年から二〇〇八年にかけて『広州日報』紙にて掲載された記事を「建築・開発」「芸術・芸能」「風俗・習慣」「西関小姐」の項目に分け、それぞれの掲載数を数値化してみるとしよう。図6は、各項目に関連する見出しをグラフ化したものであるが、それによると、「建築・開発」の項目は一貫して高い数値を誇っている。この項目のうち約六九パーセントは西関屋敷にかかわるものであるが、内容を仕分けすると、大多数が不動産売買、開発、事件に関する記事である。作家の連載により西関屋敷における生活の記憶を回顧した記事も九件あるが、それ以外は、報道価値のある突発的な内容が中心になっている。他方で、西関小姐は、西関小姐を選出するコンテストが二〇〇七年から始まると、急に高い数値を示すようになっている。それに比べて、「芸術・芸能」「風俗・習慣」の項目は、相対的に低い数値を維持し続けている。ただし、それでも、広東音楽や広東劇は何かしらのイベントがあれば報道されるし、年中行事なので数値的には少ないが、北帝誕生祭や竜舟祭のような水神信仰にかかわる行事は毎年報道されている［河合　二〇〇八aと第八章を参照］。だが、これらは何かしらのイベントや事件にかかわる報道に値する内容であるからテレビ局や新聞社に注目されるのであって、普段の生活上の風俗、習慣、芸術・芸能、あるいはライチや「五秀」などの自然現象は限られた時にしか報道されない。

以上のことは、テレビ局や新聞社それ自体が営利団体であり、自己の利潤に基づき、好みのシンボルを故意に拾いあげてきたという事実を論証している。テレビ局や新聞社は、学術により表象されたシンボルを活用してはいるが、それを自己の利害に合わせてさらに選択するという「二重の表象」を通して、〈空間〉上にて記号をつくりだしてきたのである。また、後述するように、テレビ局や新聞社は時として、自ら現地取材をおこなうことで、学者や政府関係者も着目してこなかったシンボルを発見して報道することもあった。

このように、マス・メディアは何種類かの媒体ルートをもつが、なかでもテレビ局と新聞社は、各自の利害に従い西関文化とそのシンボルを報道してきた。その報道に恣意性と偏りがあるのは見てきた通りであるが、こうした恣意性がどうであれ、マス・メディアはシンボル（記号表現）と記号内容（文化的「意味」）とを結びつける言説を確かに提供してきた。つまり、知名度において不平等ではあっても、着実に記号をめぐる言説をつくる貢献をなしてきたといえる。統計データーによれば、西関屋敷、西関小姐、広東音楽にまつわる特定のシンボルはすでに、広州にて一〇〇パーセントに近い知名度を誇っているのである。[14]

こうした知名度の向上と維持について、一九九〇年代以降のマス・メディアが果たしてきた役割は、民間における次の語りにも顕著に表れている。すなわち、フィールドワークを始めたばかりの時（二〇〇六年度）、西関の地域住民は筆者によく「我々は、三件頭や満州窓などが自分たちの文化であったことに、新聞やテレビを見てごく最近気づかされるようになったのです」（強調部は筆者加筆）と語っていたことがある。この語りは、マス・メディアの影響を受けて、地域住民がいくつかのシンボルを西関文化の「意味」に結びつけて理解するようになったことを示している。そして、これらの記号は、日常的に言説として語られることで、その安定性を保っているのである。

二　シンボルの〈空間化〉と景観の生産

1　西関〈空間〉におけるシンボルの視覚化

西関文化の「意味」に応じたシンボルの生成について示してきたので、次に、そのシンボルが〈空間〉において可視的に拡大してゆく経緯について論じることにしたい。

前節では、西関に埋め込まれた「意味」（記号内容）からシンボル（記号表現）が生成され、さらに両者の結合が言説によって安定されていることを論じてきた。ここで、さらに追求したいのは、生成されたシンボルは時として可視的に提示されていくということである。このことについて、まずは先ほど言及した展示やイベントを通して特定の物体が西関文化のシンボルとして可視化的に示されてきた様相をみていくとしよう。その典型的な事例として挙げられるのは、博物館、文化公園、および観光地である。

第一に、博物館については、前節で挙げたシンボルの大半が一堂に展示されており、シンボルを視覚的に示す宝庫となっている。区政府は、西関文化に注目し始めた一九九六年一二月にまず茘湾博物館を西関角に建て、二〇〇〇年一二月には西関民俗館なる別館を建設することで、西関文化にまつわるシンボルを展示しはじめた。その一部を紹介してみよう。西関民俗館そのものは西関屋敷を模したもので、青レンガの壁、西関門、満州窓、紅木の家具などのシンボルが備え付けられている。筆者は二〇〇六年四月から二〇一〇年九月まで定期的に西関民俗館に通って観察したが、展示の仕方にこそ若干の変化があるものの、一貫して西関小姐、西関の食、民俗などのシンボルがパネルや模造品により展示されていた。さらに、二〇〇七年度からは広東音楽や広東劇のコーナーを設ける準備が進められた。博物館展示で注目すべき点は、たとえば農具、七夕の人形、中秋節の際に捧げる食のレプリカなど、あまり宣伝の対象にならないシンボルも展示されていることである。そこの学芸員に話を聞いたところ、学芸員たちは自分の足で民間まで出かけ、伝統的と思われるものや特色と思われるものを西関のなかから集めてくるのだという。「意味③」の原理に基づき、博物館もまた新たなシンボルを追加していることが分かる。

第二に、文化公園は、定期的なイベントや展示会などを通して、シンボルを直に見せる拠点となっている。文化公園は、遊園地や展示館など普段は娯楽を提供する公園であるが、春節、中秋節、国慶節などの中国の祭日には、定期的に文化的なイベントを提供する。[15] 文化公園は、日本では聞き慣れない名前であるが、今では中国の各地に点在しており、科学的、政治的に固定化されたローカル文化を観客に見せる、文化イデオロギーの発信点となっている。そして、一九五六年一月一日に建設された西関の文化公園は、中国初の文化公園である。ここでは、芸術家による作品も展示されているが、そのなかには西関文化のシンボルにまつわる展示も少なくない。筆者が観察した限りにおいては、二〇〇六年春に「古老西関、今日嶺南」と題した写真展示会が区政府との提携で開かれており、写真愛好家による六〇〇枚の写真が展示されていた。続いて、二〇〇七年度には、地元で有名な彫刻家である万兆泉《ばんちょうせん》の展示会が開かれ、「ライチ売り」や「趟櫳門」など西関のシンボルをモチーフとした彫刻が展示された。さらに、春節時

写真７　西関小姐による広東音楽の演奏。（2007年２月、筆者撮影）

写真８　陳氏書院における趙横門の彫像。（2006 年 12 月、筆者撮影）

写真９　西関角におけるライチ湾の壁画。（2007 年 1 月、筆者撮影）

には毎年、西関文化にまつわる展示やイベントが開催されている。たとえば、二〇〇七年度の春節時には、西関小姐コンテスト[16]で入選した女性により、ライチの籠をもって唄が歌われたり、「ライチ売り」をテーマとする広東音楽の演奏がなされたりする姿が見られた（写真7）。その他にも、佛山から招いた嶺南醒獅（獅子舞の一種）の演技がおこなわれるとともに、ライチや嶺南醒獅がいかに嶺南文化と結びついているかについて、その「意味」の解説が司会者によってなされていた。春節時の文化公園は人が溢れているが、そうしたなかで視覚だけでなく言説をも地域住民や観光客に伝える機能を果たしている。

第三に、観光地については、第二章で述べた五大観光区域——西関角、沙面、華林寺、陳氏書院、十三行商館——とその周辺環境の整備がなされてきた。シンボルの視覚化という観点からみると、次の四点を指摘できる。

第一点は、五大観光区はみな「意味①」に基づき、西洋文化（ただし華林寺だけはインド文化）と中国文化の結合と考えられる要素を重点的に保存している。そのうえで、周囲環境として緑地をつくり、さらに青レンガの壁や満州窓など人工環境面でのシンボルを増やすことによって、西関を代表するとみられるローカルな景観を生産している。

第二点は、西関文化のシンボルを暗示した街頭彫刻が、三つの観光区

——沙面、陳氏書院および上下九路西関商店街（二〇〇二年の『開発計画要綱』で華林寺観光区の一部に編入されている）——にて集中的に設置されている。これらの彫像は、区政府と広州市彫像建設委員会が、視覚を通して西関文化を人々の脳裏に焼き付ける目的で、二〇〇三年に三八体を設置したことから始まった［広州市荔湾区地方志編纂委員会辦公室編　二〇〇四：一一二］。これらの彫像の多くは、写真8に見る趟櫳門をはじめ、ライチ、西関小姐、食などのシンボルと関連しており、この広州屈指の観光地や歩行者天国を歩く人々の目に止まっている。さらに、彫像には西洋文化と中国文化の結合という「意味」が込められているだけなく、各々の土台に簡単な説明書きが加えられている。

第三点は、西関文化のシンボルを描いた壁画が、西関角の街角にて展示されるようになっていることである。たとえば写真9は、ライチ湾の様子が、まさに景観画となって示されている。また、西関に古くから伝わる童謡や諺と並んで、西関文化を示す代表的な自然や習俗——ライチ湾、ライチ摘み——などの壁画も展示されている。区政府のある役人が説明するところによると、これらの壁画は、西関文化を視覚的に説明するため、区政府の指導で展示されるようになったとのことである[17]。

四点目は、大衆の娯楽の場にて、西関文化のシンボルを使った飾り付けがなされていることである。筆者の観察によれば、こうした飾りつけは、先述の文化公園の他に、荔湾区最大の公園である荔湾湖公園でもおこなわれている。二〇〇七年には、「五秀園」のコーナーを設置しただけでなく、青レンガの壁、趟櫳門、満州窓を使って景観がデザインされ

写真10　荔湾湖公園におけるレプリカの展示。青レンガの壁、趟櫳門、満州窓を組み合わせてつくっている。（2007年2月、筆者撮影）

写真11　荔湾区の花市におけるシンボルの展示。琴をもった西関小姐の後方に、趟櫳門を模した飾りがある。（2007年2月、筆者撮影）

るようになった。写真10にみるように青レンガの壁、趟櫳門、満州窓を使ったレプリカを公園に設置するようにもなっている。趟櫳門と満州窓を組み合わせた装飾物はイベント時になると文化公園や花市[18]の会場にも設置されることがある。写真11は二〇〇七年の荔湾区における花市の会場を撮影したものであるが、その入り口には、楽器をもった西関小姐とともに、横木の趟櫳門でデザインされた背景がある。荔湾湖公園や花市におけるシンボルの展示は、そこがまさに西関であるという認知を観光客に与える役割を果たしている。

このように、西関の物理的環境は、特にシンボルの展示を通して「意味」づけを与えられており、ここが特殊な〈空間〉であるとするまなざしを、地域住民や観光客に向けさせるようにしている。こうしたシンボルの展示と可視化は、国家が視覚を通してイデオロギーを伝えると主張するポストモダニズムの議論（第一章を参照）を反映していると言えなくもない。また、さらに興味深いのは、こうして可視化されたシンボルは、人々の眼前に無言で提示されるだけではないということである。同時に、区政府や新聞社などは、そのシンボルの存在と「意味」を人々に直接的に伝える努力をおこなってきた。それにより、物理的環境を見る集合的なまなざしを、政治的につくりだす試みをなしてきたのである。

その最も早い試みの一つが、第二章でも言及した「西関風情の旅」である。区政府、広州日報社、広之旅（旅行社）との提携で始められたこの観光ツアーは、二〇〇四年三月二一日からスタートしたが、その初日には「二〇〇四年市民生活ツアー」と称する大がかりなイベントが催された。このイベントには、西関で生まれ育った者から広東以外の出身の者まで五〇〇名余りが参加したが、その開幕式にて「西関風情の旅」の目的が語られた。その開幕式の辞として、広州日報社の社長は、このツアーを西関文化および嶺南文化のイメージをつくりだす出発点とする構想が語られた〔広州日報　二〇〇四年三月二三日〕。さらに、開幕式が挙行された水神の廟を出発点として、西関角（青レンガの壁、西関門、満州窓などの見学）→沙面（中国―西洋結合建築の見学）→泮渓酒家（特に五秀など代表的な西関食を提供）→華林寺（中国―インド結合建築の見学）を遊覧するとともに、それぞれのシンボルとその「意味」をめぐる説明をガイドがおこなった。

この観光ツアーは、二〇〇六年五月以降から粤橋国際旅行社とも提携するようになり、西関文化を体験する三種五線の路線図(19)として発展していった〔信息時報　二〇〇六年五月八日〕。このツアーを地元では「遊荔湾《ヤウライワン》」と呼ぶこともあり、地域住民によっても利用されている。また、国内外から来訪した貴賓もしばしば案内される路線となっており、二〇〇六年九月二〇日には、日本から来訪した五六名もこの路線図より案内された〔信息時報　二〇〇六年九月二一日〕。ここで旅行社は、西関屋敷や広東音楽／劇といったシンボルを観光資源として利用するとともに、それを視覚的に提示する仕事を引き継いでいる。このようにして、西関文化を名乗ったかのような視覚的な展示は、複数の主体の提携のもと、記号の安定性をつくりだす努力がなされてきたといえる(20)。

２　同心円的〈空間〉における景観の生産様式①　西関⇔広府

こうしたシンボルの可視的な提示とその「意味」づけは、ローカルな特色をもつ景観を生産する出発点となっている。たとえば、西関における物理的環境は、それらが西関文化や嶺南文化をもつとする「意味」に彩られており、青レンガの壁、西関門、満州窓などのシンボルを使って改装することで、ローカルな魅力が現出されるようになっている。また、ライチを植えたり、水神の信仰や広東音楽などのシンボルを現実に再生させることによっ

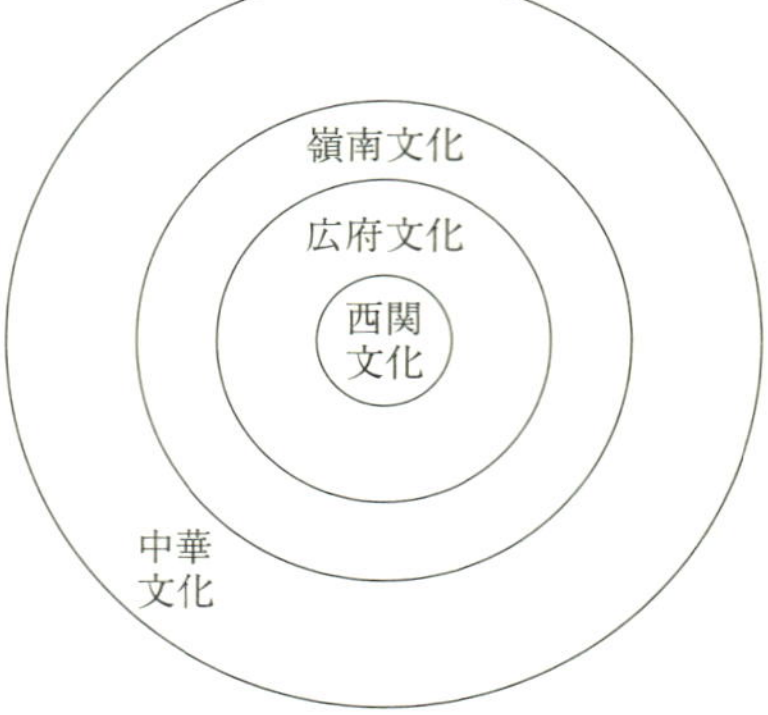

図7　漢族文化における西関文化の位置づけ
（同心円）

て、西関特有の雰囲気をつくりだすようにもなっている。それにより、地域住民や観光客は、こうした物理的環境とそれにまつわる精神的要素を、特別な眼でもって眺めることができるであろう。そして、こうした環境をめぐる集合的なまなざしを誘導しているのは、これまで述べてきたように、地方政府、学術機構、マス・メディア、旅行会社などであった。

さて、次に問題としたいのは、このような西関の物理的環境を景観と見せるシンボルが、西関の〈空間〉内でどのように拡散していったのかということである。この問題について、次章以降では、自然環境、人工環境、水神（北帝）の祭りなどのシンボルを例にとり、生活の舞台における景観の生産様式をみていく。だが、その前に本章では、いくつかの例をとり、シンボルが拡散する規則性について指摘しておかねばならない。その規則性について論じる前に、前章で言及した西関文化とその他の文化の位置関係をもう一度整理してみることにしよう。

西関文化をめぐる科学的な位置づけに関しては前章の図5で系統樹として表したが、今度はそれを同心円状の構図で示すことにする。図7にみるように、西関文化は広府文化の一部として、広府文化は嶺南文化の一部として位置付けられており、嶺南文化はさらに中華文化のなかに含まれる。ここで注意しておきたいのは、西関や中国という〈空間〉を基盤とする西関文化および中華文化と違って、広府文化と嶺南文化は〈空間〉ではなくエスニシティを基盤としていたという点である。ただし、西関が広府文化の〈空間〉とされたように、他の行政区もエスニシティの文化を〈空間〉のなかにとりいれる作業が、近年の広東省では頻繁になされている。いくつか例を挙げると、珠江デルタの多くの行政区は、西関と同じく広府文化の〈空間〉と位置づけるとともに、微妙な差異を設けることで〈空間〉的特色を醸成する資源となしている。嶺南フルーツのうち、西関がライチをその文化的シンボルにしたのに対し、中山がバナナをシンボルとして選んだという具合にである。その他、梅州や河源や韶関は自らの行政区を客家文化の〈空間〉となす道を選んだし、潮州や汕頭や掲陽は潮汕文化の〈空間〉とする道を選んだ。さらに、広東省自体が、その上位文化である嶺南文化の〈空間〉であることを宣言するようになっている。[21] このようにして、西関文化→広府文化→嶺南文化→中華文化は、同心円的な〈空間〉としての構造を形成するようになっている。

西関文化のシンボルの拡散状況を知るためには、まず、こうした同心円構造を理解しておく必要がある。なぜなら、第一に、西関文化のシンボルは、西関という〈空間〉の内部においてまず均等に拡散していくからである。このことを特に建築のシンボルから述べると、区政府は、二〇〇二年に『開発計画要綱』を発布してからシンボルを用いた本格的な改装工事をおこなうようになっており、大金を払い、青レンガの壁、西関門、満州窓などを使って民居やレストランを改装したり、石畳の道（麻石道）に改造したりする工事を進めてきた［その詳細は第六章参照］。この作業は、アジア・オリンピック開催の直前になるとますます加速していき、茘湾区を大きく横切る中山七路、中山八路、上下九西関商店街などの西関の大通りが、そろって青レンガの壁に改装された。それにより、二〇〇九年の

写真12　2009年の時点まで上下九路の建築物は白色、黄色、ピンク色などさまざまな色が塗られていた。しかし、アジア・オリンピックが開催されるおよそ1年前より、ここのほとんどの建築物は、青レンガの色に塗り替えられた。写真は、青レンガの色に塗り替える改装工事をおこなっている様子。(2010年8月、筆者撮影)

写真13 富力広場のマンションの外観。2階と3階の窓には満州窓が嵌め込まれている。(2006年12月、筆者撮影)

時点ではさまざまな色からなっていた光景が、青レンガの色、すなわち青みがかかった灰色や灰色に統一されるようになった。

これらのシンボルは、前出のブルデューが指摘するように、政治経済的な利潤を生み出す象徴資本として、区政府などの主体により使われてきた［cf. 河合 二〇〇八a］。それらは、政府にとっては投資の誘致やナショナリズムの高揚につながり、旅行会社にとっては観光収入の増加につながるが、さらに開発業者などの実業家にとっても金の成る木となりうる。たとえば、開発業者は、ここ数年間、青レンガの壁、西関門（特に趟櫳門）、満州窓などのシンボルを使い、高層マンションの建設を進めてきた。

写真13は、西関角に位置する富力広場という名のマンション群である。富力広場は香港の開発業者により一九九七年に西関に建設されたが、その後、騎楼式のベランダをつくり、満州窓をはめ込むなどして、徐々に西関に特有とされる景観をつくり始めた。聞き取り調査によると、富力広場の住人の七割から八割が西関の出身者であり、開発業者は最大の顧客である西関の地域住民を引き寄せるため、こうしたシンボルを用いたのだという。

その他、芳村区に建設されたマンション群である擁景豪園では、二〇〇六年より西関屋敷の建築構造を模した大型の西関屋敷がつくられている。この「新西関屋敷」は、香港の開発業者によって、同じ西関に属するという理由から建設された。第二章で述べたように、芳村は地域住民のメンタル・マップにおいて「西関」と見なされておらず、また、芳村区にはもともと西関屋敷が存在していなかった。しかし、芳村区が今は同じ〈空間〉に属すという理由から、開発業者は、西関屋敷の分布範囲を〈空間〉の内部で拡大させている。同様に、芳村区では二〇〇六年あたりから、同じ西関の〈空間〉に属するようになったという前提のもと、レストランや寺廟などで青レンガの壁や満州窓などのシンボルをふんだんに使って改装するようになっている。

開発業者がマンション建設などで西関文化のシンボルを使いたがるのは、言うまでもなく経済的利潤を追求してのことである。先述の通り、マンションの販売対象には地元の住民も含まれており、ローカルな文化を強調することで、客寄せしようとする意図が隠されている。とりわけ、荔湾区の不動産は外地から来た移住者たちに不人気であるため、地元の住民をいかに惹きつけるかが開発業者の問題関心になってきた［梁基永　二〇〇四：八—九］。それゆえ、開発業者は、西関文化のシンボルを象徴資本として利用することで、より多くの利潤を獲得しようと試みてきた(22)。

写真14　天河区にある広東料理店の外観。（2008年7月、筆者撮影）

ただし、西関文化と名を冠す各シンボルは、何も西関の〈空間〉内だけに拡散しているわけではない。広州全体、ひいては広府文化を特色としてとりいれた他の〈空間〉にもみられる。たとえば天河区に位置するレストランの事例を挙げてみよう。写真14はある広東料理店の入り口である。これを西関の民居にみられる先の写真6と比べていただきたい。写真14の広東料理店には大門こそないが、脚門、および横木の趟櫳門が装飾として備え付けられている。それらは三枚の門が重ねられてはおらず動かすこともできないが、広州の特色ある景観としてみせる効果をもつ。それゆえ、飲食店をはじめとする店舗においては、この動かない趟櫳門や青レンガの壁が、むしろ多く採用される現象があらわれはじめている。また、麻石道という石畳の道に舗装して景観をデザインする現象も散見される。この現象は、広州だけではなく、広府文化の〈空間〉として自らを位置づける珠江デルタの諸都市で該当しており、たとえば筆者が広州とその周辺一帯で参与観察をおこなった期間（二〇〇五年度から二〇一〇年度まで）でもかようなシンボルは明らかに増えている[23]。

しかし、ここで注目しておきたいのは、西関にせよ他の珠江デルタの都市にせよ、青レンガの壁、趟櫳門、満州窓を備え付けた建築物は、一九九〇年代以前にはごく限られていたということである。それらは、確かに珠江デルタにて歴史的に存在してきたので事実には違いないが、廟や豪邸など一部の豪華な建築物に使われる材料にすぎなかった。第二章でも触れたように、西関においてすら民国期以前の多くの住居は、木造づくりの小屋であった。清代の史料には「東村西俏、南富北貧」（訳――広州城の東は村で、西は垢抜けている。南は豊かで、北は貧しい）と書かれているから、「河南」（今の海珠区や黄埔区）はもちろん、「東」（今の天河区）や「北」（今の白雲区）に、青レンガの壁や満州窓で彩られた民居が集中したとは考えにくい。実際、筆者は二〇〇〇年四月に開発途中の天河区を歩いたことがあるが、その時は街中で青レンガの壁、趟櫳門、満州窓を使った民居やレストランを目にしなかった。また、二〇〇七年度には、天河区の八つの村落（猟徳村、冼村、石牌村、林和村、珠村、員村、車陂村、棠下村）で参与観察をおこなったが、青レンガの壁をもつ古建築は祠堂や一部の民居に限られていた。多くの古民居は赤レンガやコンクリートでつくられていたし、趟櫳門をもつ古民居はところどころに点在する程度で、満州窓に至っては一つも発見することができなかった。しかし、その反面、広州で最も高いビルとされる天河区の中信ビルの周辺では、二〇〇七度から二〇〇九年度に観察した限りでも、青レンガの壁、趟櫳門、満州窓を装飾品として使う店舗が明らかに増えた。中信ビルの徒歩一五分圏内では、イスラム料理店ですら青レンガの壁をつかった内装が施されるようになり、チェーン店もまた、青レンガや趟櫳門などのシンボルを使った外装がデザインされている。

このように、かつて部分的にしか存在していなかった建築材料は、学術やマス・メディアの表象を通してシン

写真16　上下九路における鶏公欖。(2006年10月、筆者撮影)

写真15　広州新白雲国際空港の売店。青レンガの壁、趟櫳門、満州窓を使ってデザインされている。(2010年11月、筆者撮影)

ボルに転換されており、都心部においても特色ある景観をつくりだすに至っている。これらのシンボルは、近年ますます拡散＝全体化の途を辿っており、二〇〇八年度には広州新白雲空港の売店にまで登場するようになっている(写真15)。また、少なくとも二〇〇九年秋からアジア・オリンピックが開催されるまでの間、広州新白雲空港国際線のチェックイン・カウンターにおいても、趟櫳門や満州窓などが電子掲示板で宣伝されるようになっており、それが西関や嶺南の文化を表すとする「意味」が説明書きされていた。

こうしたシンボルの拡大は、何も人工環境にとどまることはなく、それに伴う非物質的なシンボルにまで表れている。その一例として、西関の商店街を彩る鶏公欖《けいこうらん》をとりあげてみるとしよう。鶏公欖は、写真16に見るような、鳥の衣装をまといラッパを吹きながらオリーブを売る商人のことである。鶏公欖は、「科学的」な検証を通して「意味」からシンボルに派生されなかった稀な――しかし科学がシンボルをつくる唯一の権威ではないことを示す――存在であるのだが、二〇〇三年頃から上下九路に現れはじめた。鶏公欖は民間で「飛機欖《フェイゲイラム》」と呼ばれており、複数の地域住民の記憶や言及によれば、一九五〇年代までは西関の至るところにいた。[24] その後、広州を襲った飢饉や文化大革命の影響でいなくなったと聞くが、二〇〇二

写真17　南海神廟における鶏公欖。（2007年3月、筆者撮影）

年になると、広州の他の区にはなかった西関のストリートに特有の景観という理由で、今度はマス・メディアが着目するようになった〔信息時報二〇〇二年一一月一二日〕。こうして鶏公欖は、西関の風土が生み出した「意味③」を伴い、都市計画を通して上下九路に再現されることになった。

さて、ここで注目したいのは、このように再現された鶏公欖が今度は西関という〈空間〉を超えて、広州全土に現れはじめているということである。二〇〇七年度からは、広州市内の水神廟の廟会（年に一度の祭り）においてところどころに出現しはじめ、さらには広州最大の廟として知られる南海神廟[25]の廟会にも登場するようになった。南海神廟といえば「菠蘿鶏《ボーローガイ》」という廟の起源神話となった鶏が有名であるが、これはむしろ廟の境内で彫像として飾られるか、人形のなどの土産物として売られていた。写真17にみるように、南海神廟では外形にしてもラッパを吹く動作にしても、鶏公欖と同じスタイルのそれが闊歩するようになっている。逆に、菠蘿鶏の人形は、今度は上下九路西関商店街や西関の廟会にて、西関文化の名目で売られることすらあった。

それでは、なぜ西関文化のシンボルは他の広府〈空間〉のそれと互換性をもちうるのであろうか。言うまでもなく、これは、西関文化が広府文化の一部であるとする論理に起因している。つまり、西関文化のシンボルは広府文化の〈空間〉内にも通じ、他の広府文化のシンボルも西関の〈空間〉内に通じるという論理から、互いは差異だけでなく、同質性も視覚的に提示するよう工夫されているのである。

こうした〈空間〉におけるシンボルの拡散現象を、本書では仮に〈空間化〉と名づけることにしよう。そうすると、シンボルは、西関という〈空間〉の内部だけでなく、同質的な基盤をもつとされる他の文化の〈空間〉にも拡大し、外へ外へと向かっていくことになる。こうした〈空間化〉の論理に従い、西関文化および広府文化のシンボルは、今度は嶺南文化を〈空間〉的特色として採用する、広東省全体にまで広がっていくことになるのだが、その具体例として、次に梅州の事例をとりあげておくことにしよう。

3　同心円的〈空間〉における景観の生産様式②　西関⇔嶺南⇔中華

前章でも述べたとおり、広東省の東北部に位置する梅州は、客家文化の中心地として知られる。それゆえ、梅州は、客家の〈空間〉であると行政的に規定されている（以下、これを客家〈空間〉と呼ぶ）。ただし、論を進めるうえで先に確認しておく必要があるのは、同じ客家文化といっても、そこには多様性が認められることである。

一例を挙げると、前章でも触れたように、梅州とその隣にある福建省の一部の民居とでは、その形状が大きく異なることがある。梅州では囲龍屋《いりゅうおく》と呼ばれる楕円形の集合住宅が中心であるのに対して、たとえば福建省の永定県は円形や方形の土楼が集中することで知られる。土楼は広東省ではむしろ潮汕文化の〈空間〉にあり、同じ客家〈空間〉といっても梅州にはもともと土楼がほとんど存在していなかった[26]。特に、梅州の都心部である梅江区やその郊外である梅県では、円形の土楼があった形跡が残されていない。しかし、とりわけ円形の土楼は二〇〇八年七月にユネスコの世界遺産に認定される前から客家文化のシンボルとしてしばしばとりあげられ、観光パンフレットやユネスコの説明でも、それが客家の伝統民居であると書かれてきた［小林　二〇〇九：五四八—五五〇］。円形土楼が客家の典型的なシンボルであることはすでに世界的に認識されるようになっており、台湾やシンガポールの客家〈空間〉でも、円形土楼の建築物が建設される予定になっている[27]。中国の外がそうであるから、ましてや梅州や贛州といった中国国内の客家〈空間〉で円形土楼が設計・建設されてきたことは、想像に難くな

写真18　梅州における円形土楼型のマンション。（2007年7月、筆者撮影）

い。たとえば、梅州では、台湾やシンガポールや贛州と同様、もともと円形土楼が存在しなかったにもかかわらず、大学、博物館、ひいてはマンションまで、円形土楼の建物が政府関係者や開発業者らによって建てられてきた（写真18）。そして、客家文化のシンボルとして円形土楼を模した建物は、物体として視覚化されることにより、そこが客家〈空間〉であることを特徴的に示す景観として立ち現れるようになっている。

　このように、客家文化のシンボルが〈空間〉内で拡散していく状況は、梅州においては「第一の〈空間化〉現象」とも呼べるものである。しかし、梅州という〈空間〉は、客家文化の〈空間〉であると同時に、嶺南文化を採用する広東省の〈空間〉的な枠内にあることを思い出していただきたい。こうした同心円的な〈空間〉の論理に即して、近年の梅州では、さらに嶺南文化としてのシンボルが徐々にではあるが浸透している。換言するならば、梅州には「第二の〈空間化〉現象」の波が押し寄せているのである。その例をいくつか挙げてみよう。

　まず、梅県には霊光寺《れいこうじ》という有名なお寺があるが、二〇〇四年一一月に筆者が訪れた時には、この寺はまだ規模が小さかった。しかし、二〇〇五年度より観光化を兼ねて規模を拡大すると、青レンガの壁やスライドしない趟櫳門が出現しはじめ、今や霊光寺の入り口付近は、こうした西関文化や広府文化のシンボルで埋め尽くされている。筆者はこれを設計したある建築学の教授から話を伺ったことがあるが、こうしたデザインを採用した理由は梅州が嶺南文化に属するからというものであった。

　同様の事例は、筆者のかつての勤務先であった嘉応大学客家研究所にも該当する。この研究所の門は何の変哲もないモダンなそれであったが、二〇〇六年度に改装工事をおこなうと、途端にスライドしない趟櫳門が取り付けられるようになった。加えて、一階の客家文化展示室には、青レンガの壁を模したレプリカが貼り付けられるようになった。ただし、こうしたシンボルの追加は、客家研究所のスタッフではなく、同大学美術学部の意図によってなされた。

ここで確認しておきたいのは、青レンガの壁や趟櫳門は――円楼と同様に――梅州の都心部や梅県では滅多に目にすることができないということである。[28] 一般的に、梅州における古民居の多くは「三合土《さんごうど》」と呼ばれる泥と砂と石灰とをかき混ぜてつくる材料から建てられてきた。だから、梅州に突然このような西関文化―広府文化のシンボルが現れたことに、梅州の地域住民は首をかしげている。つまり、梅州という〈空間〉では、青レンガの壁や趟櫳門に関するマス・メディアの報道もなければ、それに伴う日常的な言説もほとんどない。そうであるから、それらのシンボルが一体何を意味しているのか、地域住民には理解し難いのである。この点において、梅州の〈空間〉においては、青レンガの壁や趟櫳門は記号として機能していない。だから、宗教施設や大学機関などの一部を除いて、開発業者は今のところ青レンガの壁、趟櫳門、満州窓といったシンボルを使っていない。すなわち、シンボルは同心的な〈空間〉において外に拡がっていくが、外に行けば行くほど〈空間化〉の頻度が衰えていくことが分かる。ただし、文化の政治学からすれば、梅州という〈空間〉に、他の嶺南文化のシンボルが部分的であれ混じっていることが重要となる。そうすることで、梅州の〈空間〉を、嶺南文化の体系のなかに、さらに言えば中国という〈空間〉の文化的秩序のなかに置くことができるからである。

以上、西関文化とそのシンボルは、ある特定の〈空間〉の特色を出すのみならず、それが嶺南文化ひいては中華文化の体系のなかにあることを示すために、外に拡がっていくことを示してきた。こうすることで、西関のシンボルを視覚化することで特徴をつくりだす景観の生産様式は、あくまで中華や中国というナショナリズム的な

写真19　西関の装飾建造物。（2007年1月、筆者撮影）

枠組みのなかで達成される。だから、西関という〈空間〉において景観を生産する際にも、ただ西関文化のシンボルを視覚化するだけでなく、わざと中国的な、もしくは嶺南風の装飾品をつけることがある。たとえば、区政府のある役人が西関の景観を筆者に見せてくれた時、その役人は、青レンガの壁、趟櫳門、満州窓、麻石道といったシンボルが西関の特色であることを重点的に解説してくれたが、一部の景観は、西関文化ではなく、一般的に想像されがちな嶺南文化や中華文化を意識してつくったと述べた。写真19の建造物を例にとると、本体の壁は青レンガを意識した灰色の壁を使ったが、脇は嶺南文化を表す竹を、中心はむしろ中国的らしさを表す模様を使ったのだと、その役人は筆者に語った。その他、中国らしさを演出する亭をつくるなど、あくまで中華文化の体系のなかで西関の景観をつくりだす努力がなされてきた。西関の景観は、中国の他の景観と同様、やはり中国的な何かを思い出せるデザインとなっている。中国を旅行された方のなかには、なぜ中国の景観をどこもかしこも似たようなものにするのか疑問に思われた方もいるかもしれないが、それは闇雲になされているのではなく、中華文化を頂点とした景観のポリティクスが深くかかわっているのである。

おわりに

これまで人類学は、象徴人類学がそうであったように、同質的な文化の隠喩としてのシンボルに着目してきたが、同質的な文化が政治的な構築物であり、その「意味」とシンボルの結合もまた恣意的であることを見落としてきた。本章ではむしろ、文化とそのシンボルが〈空間〉のポリティクスとの関係から生み出される側面に着目することで、景観が〈空間〉において生産されるメカニズムを探求した。

アンリ・ルフェーヴルが指摘するように、記号は〈空間〉との結びつきから理解されねばならない［Lefebvre 1974: 13-15, 259-260］。〈空間〉の問題について今一度振り返ってみると、〈空間〉はイデオロギー的な「意味」（ここでは中華の枠組みで体系立てられた文化）が投影される容器であり、さらに、その「意味」はシンボルとして物的に立ち現れる［cf. Castells 1977: 215-221］。また、そうして生成された記号は、今度は言説に支えられることで安定性を保ちうる［Lefebvre 1974: 154-165］。しかし、逆に言えば、シンボルは〈空間〉に内在する「意味」に適合しなければ存立しえない。本文中で例示したように、青レンガの壁や趟櫳門や満州窓が西関文化のシンボルであることは、西関という〈空間〉において広く知られている。それゆえ、これらのシンボルは、政府関係者や観光業者や開発業者などの多様な主体にとって、象徴資本としての価値をもっている。また、梅州のような遠隔の地でさえ、同じ〈空間〉に属している限り、それらのシンボルには、何かしらの利用価値が生じてくる（たとえば開発業者にとって魅力的ではなくても、政府関係者によっては使えるシンボルであるかもしれない）。ところが、いったん〈空間〉の外に出ると、それらはすぐさまシンボルとしての価値を失ってしまうであろう。芳村区に西関屋敷を模したマンションを建設することは有効であっても、北京にそれをつくる意義は——広州人コミュニティなど特殊な状況を除いて——無効となってしまうのである。換言すれば、それは、何かしらの宣伝活動がなされない限り、わけの分からないただの物理的環境として認知され、景観としての価値を失ってしまうのだ。シンボルは、かようなメカニズムにより、〈空間〉において利用され、拡散してゆく。

以上のことから筆者が主張したいのは、次のことである。すなわち、〈空間〉はいったん境界づけられると、その境界線内部においてシンボルを拡散させていく土台をつくりだす。つまり、社会的な公認を受けたある特定のシンボルは、〈空間〉の内部において幾重かの層をなして――ちょうど客家〈空間〉で青レンガの壁と円形土楼が同時に現れていたように――拡散しうるのである。そして、それに伴い、より均質的な景観が〈空間〉において生産されていく。

これまで景観人類学では、文化を「書く」行為が〈空間〉においてローカルな特色をもつ景観を生産することについては言及してきたが、それが〈空間〉においてどのように拡がっていくのか、そのプロセスのあり方については問わなかった。しかし、本章の事例から明らかであるように、景観は、〈空間〉においてもともと均質的であるのではなく、〈空間〉のもつ諸力によって均質的になっていく。すなわち、ローカルな特殊性をもつ景観は、政府、マス・メディア、観光業者、開発業者、芸術家などのさまざまな主体によって、〈空間〉に埋め込まれた「意味」を利用するという作為を通して、物理的に生産されていくのである。もちろん、本章の問題提起は中国の一事例から示したものであり、これらの主体間の関係性は、他の国家、いや中国の国内でも異なることが予想される。しかし必要かつ重要なのは、シンボルが〈空間〉において使われ、ローカルな景観が〈空間〉にて生産されていくそのプロセスを、景観人類学の議論において問うことなのである。

他方で、記号学者ウンベルト・エーコらが論じるように、政治的に結合された記号表現と記号内容は、そのまま地域住民に伝えられるわけではない[cf. Eco 1974]。つまり、現実社会に流布された記号は、さらにそこに住む人々によってさまざまに、異なった風に理解されうる。そこで、次に第六章から第九章にかけて言及したいのは、西関に存在する個別の〈場所〉において、付与された記号が地域住民によってどのように理解され、再解釈されていくのかについてである。そのうえで、地域住民が、〈場所〉にて培ってきた記憶や名づけから、いかに彼/彼女ら自身の内的景観を再構築していくのかについて検討していく。そのため、次章（第五章）では、西関社区と呼ばれる地域コミュニティに焦点を当て、その社会的状況について記述分析することにしたい。

注

（1）「火」と「聖なるもの」をめぐる解釈は、ガストン・バシュラールの『火の精神分析』（前田耕作訳、せりか書房、一九六九年）を参照している。

（2）梶原景昭は、「象徴の一般的性格をめぐり、シンボル、サイン、イコン、インデックス、メタファー、メトニミーなどをどう捉え、どう関係づけてゆくかには意見の分かれる点がある」［梶原　一九八七：三八七］と述べている。また、スペルベル［Sperber 1974］のように、シンボルに常に「意味」があるとは限らないと考える学者もいる［鈴木　一九九四：八三］。

（3）たとえば、ターナーの調査したンデンブ人の文化そのものが、研究者によって固定的に描かれた想像の産物であると指摘されるようになった［cf. Gupta and Ferguson 1997: 1-2］。ここから、グプタとファーガソンは、文化を国や民族などの〈空間〉とア・プリオリに結びつけるのではなく、文化、〈空間〉、〈場所〉が結びつく権力作用のプロセスを探求するべきだと主張している［Gupta and Ferguson 1997: 4］。

（4）ターナーは、シンボルを「M. ポランニーが暗黙知と呼ぶものが形として表れたものである」［Turner 1974: 25］とみなしたが、彼は、暗黙知（文化）が形として表れる際の背後の諸力について論じていない。こうした傾向は、シンボルを単なる文化の伝達媒介としたクリフォード・ギアツの議論にも該当する［cf. Geertz 1980］。ターナーやギアツは文化の意味の体系とみなしたが、そこで論じられる〈文化〉とは、物体、行為、知識などいわゆる経験から生み出される生活様式としてのそれである。しかし、この議論は、文化の「意味体系」が表象行為を通して恣意的につくられる側面［Cosgrove and Jackson 1987; D. Mitchell 1995］を等閑視してきた。

（5）以下にみるシンボルの科学的位置づけは、張研［二〇〇六］による西関文化の記号分析を特に参照している。また、阮桂城ら区政府の御用学者による論考、および梁基永の『西関風情』をはじめとするいくつかの概説書も参考にしている。加えて、茘湾区における博物館や記念館の学芸員に対するインタヴュー調査も参考にした。

（6）嶺南文化圏の自然条件としては、ライチ、バナナ、リュウガン（龍眼）、マンゴー、パイナップル、スターフルーツ（楊桃）、黄皮などの熱帯果物が含まれている。どの果物を特色とするかは、広東省では地区によって異なっている。たとえば、本書で取り上げた西関の他、増城市、茂名はライチを各〈空間〉の特色としているが、中山ではバナナが〈空間〉のシンボルとなっている。だが、それが嶺南文化圏にある限り、各市は今後、マンゴーやパイナップルをシンボルとして選定しても良い。

それがメロンやスイカにならない限り、「意味」は失われないからである。

(7)　レンガには赤レンガと青レンガとがある。そのうち青レンガは頑丈かつ高価である。他方、赤レンガは相対的にもろく、空手家は赤レンガを割ることができても、青レンガを割ることはできないといわれる。

(8)　ここでいう施設は教会やモスクを指す。西関のキリスト教徒や回族の非公式的な礼拝の場所は含まない。なお、広州の中心的なモスクである懐聖寺（越秀区）は西関と近接しており、中東の商人が足繁く通う子供服売り場が西関に点在しているため、西関ではイスラム教徒が実際には少なくない。また、西関文化として表象される牛雑（牛の各部位を入れおでんのように煮る軽食）は、回族が牛を食として売り出したことと関係している。したがって、西関の生活様式にはイスラム教の影響がないとはいえないのであるが［羅雨編　一九九六］、西関文化という枠で括る時は、漢族文化の支流であることが強調され、イスラム的要素は排除される傾向にある。

(9)　茘湾区の北部に位置する広州有数の名門校。中国語で「中学」とは中学・高校の双方を含める。一八八七年、当時の両広総督であった張之洞によって建てられた広雅書院を前身とする。

(10)　二〇〇六年六月二一日のインタヴューに基づく。西関で生まれ育ったこの女子学生は、当時、中山大学の二年生であったから、少なくとも二一世紀の初頭から西関の歴史や文化をめぐる教育がおこなわれていたと考えられる。また、別の高校を卒業した女学生も、西関をめぐる概説書を使いながら西関の歴史と文化を勉強したことを筆者に語ったことがある。学校教育を通して西関文化の「意味」とシンボルが広範に伝えられていた氷山の一角を垣間見ることができる。ただし、西関をめぐる知識は、学校教育を鵜呑みにするだけでなく、家庭内の父母や祖父母から別の「語り」を聞いていた。彼女たちは、「西関とはどこか」という筆者の質問に対し、西関には広義の西関と狭義の「西関」があると答えていた。つまり、広義の西関とは概説書や学校教育が説く、茘湾区や新茘湾区の行政区と一致するそれである。それに対して、狭義の「西関」とは、茘湾区のなかの南側にある都市部で、今の沙面や西関角すら含まれないと答えた。彼女らは、後者の話は家族から聞いたと答えると同時に、前者はニセモノであると認識していた（表1の統計ではホンモノの意識だけを掲載した）。

(11)　茘湾区の文化部門は、広東音楽や広東劇の人材を幼少期から育成するため、幼稚園から中学校に至るまでその教育体制を整えるよう促している。目下、西関培正小学が「広東音楽・広東劇班」をつくったように、一定の成果が現れている［信息時報　二〇〇七年一一月二〇日A一五面］。

(12)　西関におけるテレビの普及率は一〇〇パーセントに近い。また、多くの家庭で『広州日報』『南方日報』『南方都市報』『羊城晩報』『新快報』『信息時報』などの地元紙が購買されている。

(13)　筆者はこの情報の詳細を『広州日報』と『南方日報』に勤める知人から聞いたことがあるが、プライバシー保護のために、話者の氏名、および詳細な情報の記載は控えたい。

(14) 二〇〇三年の時点でとられた統計データーによると、ほぼ一〇〇パーセントの広州人が、西関屋敷、西関小姐、広東音楽と広東劇が西関文化であるとみなしていた［周軍　二〇〇四ａ：一〇〇］。なお、宣伝の際には序論で記した「東山少爺、西関小姐」のような言い回しも使われていた。西関小姐がメディアにより大掛かりに宣伝される前に高い知名度を誇っていた原因には、こうした理由も考えられる。

(15) とりわけ、ローカルな文化を強調したイベントをおこなう点で、他の公園と異なっている。たとえば、二〇〇六年度から二〇一〇年度まで観察した限りでは、梅州や河源などの客家地区でも、文化公園で客家山歌や客家舞踊などのイベントをおこなっていた。

(16) 西関小姐コンテストは、荔湾区文学連合会の指導でおこなわれてきた［譚白薇　二〇〇三］。ただし、西関小姐は正確には民国期にいた金持ちのお嬢様を指す一方、現代の西関小姐コンテストは美人コンテストに実質上近くなっている。中国では通常、美人コンテストで選ばれるような「美人」は、色白で背の高い女性が多い。それゆえ、相対的に肌の色が黒く背が低い広州人女性は選ばれにくいのか、西関小姐コンテストで入選している女性たちのなかには、広東語の話せない非西関出身者も少なくない。それだけに、このコンテストは地元西関人の不評を買うこともある。

(17) 西関文化のシンボルを絵画として表す作業は、画家によっても着手されている。その代表的な画家の一人は、西関出身の鄺思雁である［馬向新　二〇〇七］

(18) 作家・秦牧が「花城」を書いて以来、広州には花城との別称がある。花市は、花城・広州の代名詞ともなっている民間活動で、春節（旧暦一二月末）になると、さまざまな花が売られ、市民が花を買いに行く。花にはさまざまな意味があり、たとえば広州人が好んで買う桃の花には「桃花運」（恋愛運）という意味が込められる。また、花ではないが、吉祥を表すミカンも売られている。聞き取り調査によると、最近は「富貴竹」も人気があり、悪い方向に指すと「殺気」をはねかえすなど、風水をよくする機能があるという。花市に関しては、永倉百合子が『アジア遊学』第三六号（勉誠出版、一四四—一四六頁）で詳細に述べている。

(19) 半日ツアー、一日ツアー、二日ツアーの三種類に分けられており、芳村区（すなわち新荔湾区の全地区）まで含まれている。たとえばＡ路線は、陳氏書院→源勝工芸街→綿綸会館→西来初地→華林寺→華林玉器街→上下九歩行者天国をまわり、昼食は西関人家（荔湾広場４Ｆ）でとるように設計されている。ツアーにはガイドがついており、各路線をまわりつつ、西関文化としての「意味」が解説される［信息時報　二〇〇六年五月八日Ａ一〇面］

(20) 区政府は、さまざまな機関と連携して西関文化にまつわるイベントを開くことがある。一例を挙げると、二〇〇七年三月には「荔湾文化精品課程」といわれるプログラムを区内の小学校で組み、地域文化の発掘を小学生にさせる試みをした。その結果、趟槞門の模型を自らつくった小学生などが表彰された［信息時報　二〇〇七年一一月二二日A一六面］。

(21)　広東省政府のオフィシャル・ホームページ（www.gd.gov.cn）には「文化源流」の欄があるが、そこには嶺南文化の語彙が当然のごとく出てくる。

(22)　その結果、富力広場の事例にみるように、西関の不動産は確かに多くの地元の住民を引き寄せることに成功した。だが、マンションの居住者によくよく話を聞いていくと、西関にてマンションを購入した理由は別にあり、シンボルがあることがマンションを買う動機につながったという話は聞いたことがなかった。二〇数名の荔湾区出身者から聞いた話では、彼／彼女らは、第一に知人・友人がいるという理由から、第二に荔湾区の物価が天河などの開発区より低いという理由から、第三に西関の食に馴染んでいるので他の区には行きたくないという理由から、近場のマンションを購入していた。ただし、以上の回答はみな五〇歳以上の中高年者によるものであり、若者は荔湾区にとどまる必要性をそれほど強くは主張していなかった。ただし、なかには荔湾区を離れたくないという両親の世話をするため、あるいは両親に孫の世話をして欲しいという理由から西関のマンションを購入した若い夫婦も少なくなかった。

(23)　筆者が二〇〇五年度から二〇一〇年度にかけて参与観察をおこなった珠江デルタの地区は、西関の他、広州の越秀区、東山区、海珠区、黄埔区、天河区、白雲区、花都区、番禺区、南沙区、増城市、従化市、佛山の禅城区、南海区、順徳区、中山、東莞、珠海の一部地域である。特に番禺区沙湾鎮では、二〇〇五年一一月に四国学院大学・吉田世津子ゼミの調査実習で通訳として住み込み調査して以来［吉田編　二〇〇六］、短期調査を一〇数回繰り返した。ここでは、二〇〇五年に訪れたときはすでに青レンガの民居や石畳の道が整備されていたが、近年になって、普通の民居を壊して青レンガの壁でできた民居をつくりなおす作業がさらに着手されていた。

(24)　広東語（中国語も同じ）で「飛機」とは飛行機で、「欖」とはオリーブを意味する。かつて商品を二階にいる住民に投げつけたこともあったので、「飛機欖」と呼ばれた。

(25)　南海神廟は、黄埔区南崗廟頭村《なんこうびょうとうむら》に位置する、広州最大・最古の廟の一つである。五九四年、隋の文帝の時代に建てられたと考えられており、広州の東側にあったことから、宋代には東廟と呼ばれた。海上シルクロードの出発点の一つに建てられた廟であるとも言われる。南海神廟は、別称「菠羅廟」とも呼ばれる。「菠羅」とはパイナップルを意味するが、なぜこの廟が「パイナップル廟」と言われているか定かではない。二〇〇七年夏季にイエール大学の人類学者であるヘレン・シウ教授が中山大学で講演した際、シウ教授は、「菠羅」（広東語で「ボーロー」と読む）はインド語系統の言葉では「岸に行く」という意味であり、インドから影響を受けた呼称ではないかと述べていた。しかし、これも現段階では推測の域を出ない。

(26) ただし、ここで土楼とは何か囲龍屋とは何かという問題がでてくる。土楼と名づけなくとも、その中間形態は点在している。そのうち、永定に隣接する大埔のいくつかの建築物は土楼であると考えられている［魯雪娜 二〇〇八］。

(27) 二〇〇九年一一月にシンガポールの応和会館で、二〇〇九年一二月に台湾高雄の客家文物館近くでおこなったフィールドワークによる。なお、シンガポールにも台湾にも円形土楼が存在したという記録はみあたらない。

(28) 二〇一二年一月現在、梅州の下町である金山社区には、趟櫳門が一件だけ存在している。加えて、旧北帝廟には青レンガの装飾も用いられている。だが、梅江区をくまなくまわったが、他の場所では西関文化および広府文化につながる建築形態は発見できなかった。また、松口の古い民居には、西関門に似た門がいくつかあるが、脚門と大門だけで趟櫳門はなかった。

●第Ⅲ部　地域住民による〈場所〉と景観の構築過程

第五章　西関社区の地域構造

はじめに

今まで、都市計画や観光パンフレットに描かれるローカルな特色をもつ景観が、〈空間〉において生産される原理について論じてきた。続いて、以下の各章（第六章から第九章）では、それが生活の舞台においてどのように現れているのかについて、西関社区という地域コミュニティに焦点を当てて考察する。同時に、各章の後半部では、政治経済的な動態を通して生産される景観に対し、地域住民がどのように反応してきたかについて、併せて検討する予定である。

第一章でも述べたように、イデオロギーを通して生産される〈空間〉に対し、日常生活の舞台として捉えられてきたのが〈場所〉である。繰り返し論じると、〈場所〉とは、地域住民がアイデンティティ、社会関係、歴史的記憶を埋め込んだ生活上のなわばりを指している。〈空間〉が行政上の境界線によって区切られているのに対して、〈場所〉は地域住民によって「自分たちのもの」と考えられる想像上の領域を指す。本章で具体的に述べるように、西関には、区―街道―社区に至る行政的な〈空間〉があるが、それに対して、地域住民たちは行政管轄区に制限されない活動領域をもっている。このような活動領域の範囲こそが、〈場所〉と呼ばれるものである。

ところで、景観人類学の議論では、〈場所〉のほかに、〈場〉（site）の概念が重視されてきた。〈場〉とは、対話を通じて共通の価値観やコミュニケーション様式を共有する状況の「器」を指す[1]。特に、外部からの移民が混住する大都市などでは、一つの地域社会においてさまざまな〈場〉が形成されうる。本文中で説明するように、西関社区には土着の住民、外地からの移民、商売人の集まりなどのアイデンティティ集団がおり、〈場〉がさまざまに形成されている。また、彼らは同時に、どこからどこまでが自分たちのなわばりであるのかを思い描く想像上の〈場所〉をいくつか構築している。

すでに述べた通り、〈場所〉や〈場〉は、地域住民が自らの価値観や記憶にのっとった「一次的」な景観（内的景観）を構築する母体となりうる。しかし、景観人類学はこれまで、〈場所〉と〈場〉を別個に扱い、それぞれの関係性を問うことは少なかった。そこで、本章では、〈場所〉と〈場〉の関係性を整理しながら、西関社区の地域構造を明らかにする。特に、近代化・都市化により複数の〈場所〉と〈場〉が西関社区において形成されてきた過程を明らかにすることを、本章の主要な目的としたい。

一　西関社区における二つの〈場所〉

西関社区は、筆者が二〇〇六年四月から二〇〇八年二月までフィールドワークをおこなった茘湾区の一部範囲を指す。この区域の範囲は、隣接する四つの社区に跨っている。そのためこの区域を総称して、仮に西関社区と呼ぶことにしたい。後述するように、社区とは、「コミュニティ」の中国語訳であり、行政末端区域として位置づけられている。したがって、西関社区もまた、行政的に境界づけられた最小規模の〈空間〉であるといえるだろう。本章では、こうした西関社区境界の内外で〈場所〉や〈場〉がいかに構築されるのかを探求するが、その前に西関社区の概況を説明しておきたい。西関社区は、荔湾区の下部に位置づけられているので、まずは荔湾区の概況から順に説明することにしよう。

1　荔湾区の概況

荔湾区は、広州にある一〇の都市建設区の一つであり、二〇〇四年当時の面積は一六・二平方キロメートルであった。また、当時の荔湾区における人口は約五二万人であり、総人口の約七パーセントを占めていた［広州市統計局ほか編　二〇〇五：六六―六七］。同区は、古くから「老広州人《ロウグォンザウヤン》」と呼ばれる土着の広州人が集住してきた地として知られるが、それだけに人口密度も高く、高齢化も著しい。統計によると、区画編成（二〇〇五年）直前の荔湾区は、人口密度が四〇二四〇人／平方キロメートル、高齢者（法律上六〇歳以上の男女）の比率が一七・八九％と［温墨縁　二〇〇五：七］、広州でもトップクラスの数字であった。

中国では、区はいくつかの「街道《かいどう》」に分割されるが、荔湾区では一二の街道に分けられている（地図8）。各街道には街道弁事処《がいどうべんじしょ》（区役場の派出所）が置かれており、それが政府と住民との中間アクターとしての役割を担っている。中央政府の規定によると、街道弁事処の任務は、政府の政策を地域住民に伝え、地域住民

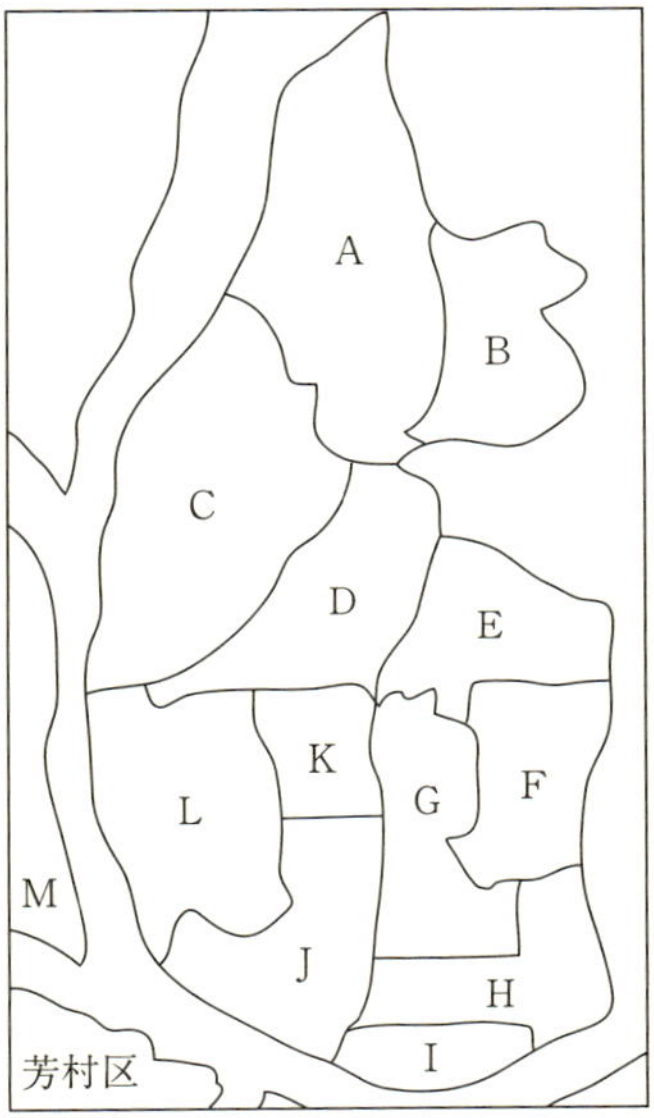

A. 西村街
B. 駅前街
C. 南源街
D. 彩虹街
E. 金花街
F. 龍津街
G. 華林街
H. 嶺南街
I. 沙面街
J. 多宝街
K. 逢源街
L. 昌華街
M. 橋中街

地図8　荔湾区行政地図（2005年4月以前）

の意見を汲み取ることにある［陳立行　一九九四：四〇］。だが、通常、街道は数万人の人口を擁するため、生活の仔細な部分まで管理できるわけではない。そのため、一九九〇年代までの中国では、街道のさらに下に、居民委《きょみんい》員会《いんかい》と呼ばれる末端行政機構を設置してきた。そして、街道の区域をさらにいくつかに分割し、それぞれを居民委員会に管理させてきたのである。

中央政府の規定によれば、居民委員会は次の五つの任務をもつ。すなわち、①地域住民の公共福祉に関する事項を処理すること、②地域住民の意見や要求を汲みとること、③政府の定めた法律を遵守するよう地域住民に呼びかけること、④治安維持の活動を地域住民に指示すること、⑤地域住民の間の紛争を調停すること、である［陳立行　一九九四：四一―四二］。ただし、居民委員会では、その他に就職の斡旋をすることもあり、その任務については偏差がみられる。だが、居民委員会の基本的な役目は、政府と住民との仲介を日常レベルでおこなうとともに、政府の思想と言説を地域住民に注入することにある［陳立行　一九九四：四二］。

もう一つ言及しておく必要があるのは、居民委員会が都市の末端行政機構であるとすれば、村落にも村民委《そんみんい》員会《いんかい》という末端行政機構が存在することである。居民委員会と村民委員会は同じ等級とされるので、その任務も基本的には共通する。ただし一つ大きく違うのは、村民委員会では、土地（集団所有）を所有する権利を有しているがために、そこから得られる利益でもって管理費用を自己負担しなければならないことである［李培林　二〇〇四：四］。

さて、そのような二種類の末端行政組織は、一九九〇年代まで設置されてきたが、二一世紀初頭に社区制度が導入されることで、再編成の波を被ることになった。茘湾区では、二〇〇二年四月をもって居民委員会が廃止され、社区に編入された。同時に、二〇〇二年四月には茘湾区のすべての村落が都市に改変され、それに伴い村民委員会も社区に編入された。

2　社区制度の概況

それでは、社区とはどのようなものであろうか。社区は、二一世紀に移行する前後に、中国の地域社会に突如として現れた制度である。語義のうえからみると、社区は英語の community を中国語に翻訳した語であり、著名な人類学者である費孝通らにより、一九三〇年代に学術用語として翻訳されたことに始まる［費孝通 一九九八：一一］。だが、一九九〇年代末になると、それは、単なる学術用語ではなく行政的な用語として使われるようになった。

繰り返すと、社会主義国家である中国では、地域住民は街道や居民委員会によって管理されていたが、国営企業の労働者の場合には、それに加えて「単位《たんい》」によっても管理されてきた。「単位」とは、同じ企業の労働者を一つの居住区に住まわせて管理する制度を指しており、日本では全寮制の職場に近い意味をもつ(2)。だが、改革・開放政策（一九七八年）が始まると、住宅制度改革が徐々に始まり、企業で働く労働者も、「単位」の外で住宅を購入できるようになった。特に、広州では、全国に先駆けて、一九八〇年代初頭に住宅改革がおこなわれた(3)［李・周 二〇〇五：七七―七八］。同時に、一九八〇年代から国営企業が唯一の企業ではなくなったので、企業の外に職を求めたり、「単位」の居住区の外に住宅を購入したりする労働者も少なくなくなった。このような事情から、企業の「単位」制度は徐々に崩壊していき、労働者は街道に流入しはじめた。それに伴い、国家にとって、新たな治安維持の対策を練ることが緊急の課題となった。しかし、これを実現するには行政の力だけでは不十分となり、地域住民に協力を求めざるを得なくなった［陳立行 二〇〇〇：一四二］。そこで、国家は、「管理の重心を草の根に落とす」目標を掲げ、住民参与型のコミュニティをつくりあげる構想を示した［連編 二〇〇五：一〇二］。こうして再編成された末端行政機構が、社区であった。

一九九九年、中央政府（民政部）は、まず試験的に社区制度を導入し、北京、上海、天津、青島、南京、武漢など二六の市を「全国社区建設実験区」（社区制度を試験的に導入した地区を指す）に認定した［連編　二〇〇五：一〇二］。その後、本格的に中国全土で社区制度は導入され、二〇〇五年になる頃には、中国の大・中都市では基本的に普及することになった［連編　二〇〇五：一〇二］。社区の任務は、民政部のある役人によると、「政府の指導の下で社区内の住民が相互援助の形でその社区の問題を解決すること」であるという［陳立行　二〇〇〇］。この発言を受けて、都市社会学者である陳立行は、社区制度の主要任務を、「地域レベルのソーシャル・サポート」と位置づけた。

目下のところ（二〇一二年）、社区の具体的な任務として、次の六件が挙げられる。

(1)　社区党組織建設――社区における共産党組織と自治組織の建設。

(2)　社区治安建設――社区の盗難防止、防火、ポルノの排除、民事調停、法律の普及と宣伝、流動人口の管理など。

(3)　社区衛生建設――緑化、環境改善といった社区の環境保護、および医療、保健、計画出産にかかわる教育や指導。

(4)　社区福祉建設――身体障害者、老人、貧困者らへの社会福祉の提供。

(5)　社区文化建設――文化、娯楽、スポーツの組織化や普及など。

(6)　和諧《わかい》社区建設――「和諧」とは協調を意味する。社区において、人と人、人と自然、人と社会との協調や調和を重んずべきとする。共産党一六回四中全会（二〇〇四年九月）より追加された。

以上の項目を見れば分かるように、社区の任務は、基本的には居民委員会のそれを継承している。だが、社区と居民委員会のそれとが根本的に異なっている点は、地域住民が自主的に協力して社区の任務を成し遂げなければならないと考えられていることである。つまり、地域住民が自らボランティア団体を結成して治安や衛生を改善したり、あるいは娯楽や年間行事、スポーツなどを通して地域住民間のネットワークを新たに構築するというように、地域住民自らが参与することによりコミュニティをつくりあげることが、社区建設の目標となっている[4]。ここで言及される「地域住民」とは社区に管理登録されている人々を指しており、その地で生まれ育った人々から、最近になって越してきた人々までを含む、広範な概念となっている（本書でいう「地域住民」もその概念に従っている）。

さて、先述のように、社区制度が広州に正式に導入されたのは、二〇〇一年のことである。それ以降、広州では、居民委員会が撤廃され、替わりに社区が置かれようになった。市政府は、まず、都市としての歴史が長い四つの行政区——茘湾区、越秀区、東山区、海珠区（この四区を総称して現地では「老城四区《ロウセンセイコイ》」と称す）から社区改革に着手し、多額の資金を投入して福祉や医療施設の建設などをおこなってきた。さらに、各社区にいる一人住まいの老人の住宅に救助ベルを設置し、緊急時には社区の近隣住民やボランティアが駆けつけるなどの措置を普及がはじめた［広州日報　二〇〇七年一二月二七日］。その他、公共の高齢者センターに娯楽施設や冷暖房施設を提供したり、青少年センターで無償の補習をおこなったりする社区まで現れるようになっている。ただし、茘湾区の社区制度をみただけでも仕事内容に偏差が激しく、ほとんど何の措置もなされていない社区もまた存在することは、断っておかねばならない[5]。

以上が社区制度の概況であるが、次に、筆者がフィールドワークを実施した西関社区の概況を説明することにしたい。

3　西関社区の概況

二〇〇二年四月、居民委員会を撤廃し、また、わずかに点在していた行政上の村落も撤廃することで、茘湾区で社区制度が全面的に普及することとなった。また、同年には、西側に浮かぶ大坦沙島も茘湾区に編入され、白雲区から茘湾区の社区の管理のもとに置かれた。その結果、一つの社区におよそ三〇〇〇人から七〇〇〇人が登録される管理体制が確立したのである。

本書の主要な研究対象である西関社区もまた、その例外ではない。二〇〇二年四月以前、西関社区の範囲内には、村落と都市の双方の区画があった。前者は、西関村（仮称）という村落の領土の一部であり、かつては村民委員会によって管理されていた。また、後者は、居民委員会によって、都市の土地として管理されていた。しかし、二〇〇二年四月、西関村とその村民委員会は行政的に消滅し、居民委員会も撤廃された。そして、西関社区という都市の末端行政組織に編入されたのであった。図8は、西関社区の見取り図である。

図8に見るように、西関社区にはライチ湾が流れており、その畔に西関村があった。西関村は、二〇〇二年四月以降、行政的にはすでに消滅しているが、ここには「村民」としてのアイデンティティを今なお、もち続ける人たちが居住しており、今でも西関社区の心のなかに存在している。西関村は現在、行政的な境界をなくしているものの、牌坊《はいぼう》と呼ばれる村境の門を建設するなど、「村民」たちには明確な地理的範囲として認識されているのである（本書では、西関社区の村民としてのアイデンティティをもつ都市住民を括弧つきの「村民」、今なお記憶に残る旧西関村の範囲を括弧つきの「西関村」で示す）。

図8を見ると、「西関村」の範囲内には、「村民」の心のよりどころとなってきたZ廟、「村民」が建てたとされるV酒家、かつて「村民」が農作業をしたり娯楽を享受していたY公園などがあることが分かるだろう。次章

以降に詳しく論じるが、ここでは「村民」たちの過去の記憶や、昔ながらの人間関係が埋め込まれている。さらには、大坦沙島もかつては彼らの領土であったと伝えられており、「村民」は、西関社区を超え、大坦沙島までを含めた範囲をなわばりとしている。言うまでもなく、これらのなわばりは、「村民」たちにとっての〈場所〉として立ち現れている。

ただし、ここ数年、「西関村」は、「村民」ばかりが住むところではなくなった。正確な統計資料こそ存在していないが、「西関村」において「村民」は約二割にすぎないと推測されている。その他の八割は、「居民」と呼ばれるアイデンティティ集団であり、さらに「西関村」の外側に住む地域住民は、絶対的多数が「居民」で占められている。「居民」と「村民」の区別については次節で詳細に論じるが、いずれにせよ、西関社区には少数の「村民」と多数の「居民」が居住すると、さしあたり認識しておこう。

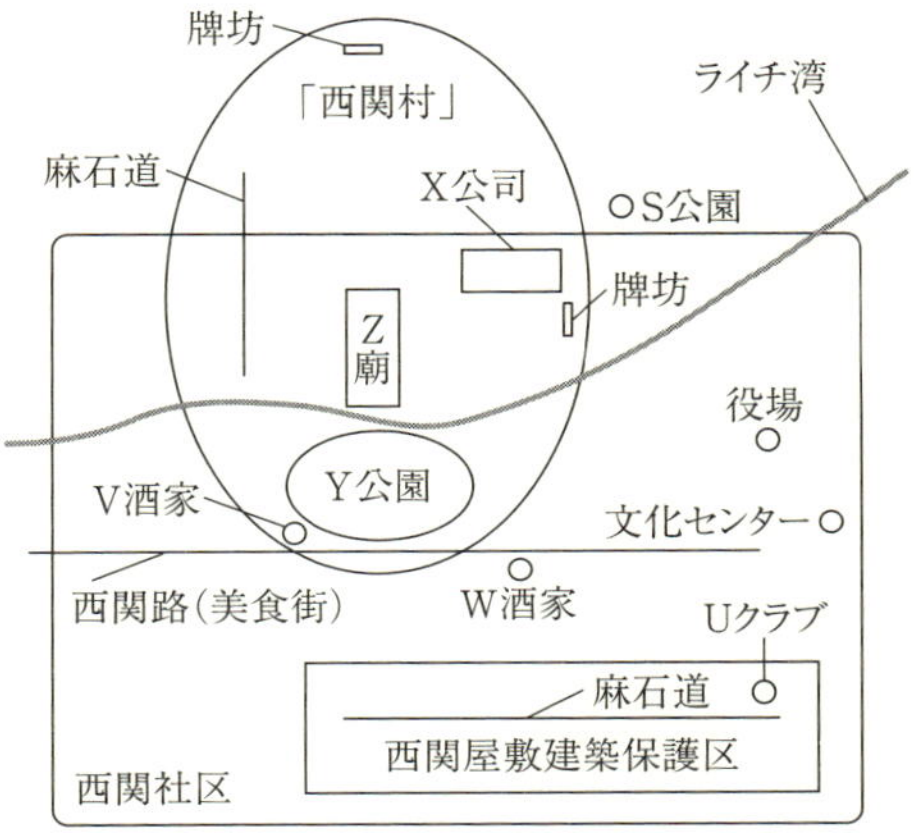

図8　西関社区の見取り図

「西関村」の外には、図8で示されているように、社区役場や文化センターが存在しており、ここを中心として前述の社区サービスが提供されている。また、西関社区には、西関屋敷保護区も存在している。西関村が二〇〇二年まで村落として発展してきた地であるとすれば、ここは都市として発展してきた地であるといえる。二〇〇二年四月までは居民委員会がここを管理しており、豪邸とみなされる西関屋敷、そして、同じく西関文化のシンボルとされる石畳の麻石道がこの保護区内にて保留されている。第九章で詳述するように、ここでは高齢者福祉施設を中心にさまざまな娯楽活動が提供されており、「居民」はそこで一定の集まりを形成している。そのなかで、過去の記憶を想起したり社会関係を取り結んだりしている。「西関村」の範囲内に居住する「居民」もここに出かけて参与することがあり、ここでは「居民」による〈場所〉が構築されている。「居民」の〈場所〉には村民は滅多に近づくことはない〔河合　二〇〇八b：七四―七五〕。他方で、「西関村」の敷地に居住する「居民」にとって、「西関村」ではなく、西関屋敷保護区を含めた個々人の活動領域が〈場所〉となっている。

ここでは、西関社区には大きく分けて、「村民」および「居民」としてのアイデンティティをもつ集団が存在することを述べてきた。これをアイデンティティ集団と呼ぶと、西関社区では、大きく分けて二つのアイデンティティ集団による〈場所〉が構築されていることが分かるであろう。これらのアイデンティティ集団は、さらに枝分かれしているだけでなく、いくつかのコミュニケーション様式を共有する対話集団を形成する基盤を提供している。この対話集団は、特定の地理的範囲に束縛されることはなく、〈空間〉を超えて電話やインターネットでもコミュニケーションをとることができる。こうして対話集団は、相互作用を通して一定の状況性（setting）、すなわち〈場〉を形成することができるのである〔Bourdieu 1980; Giddens 1984; Rapaport 1994〕。

それでは、西関社区では、〈場〉の基幹となるアイデンティティ集団が、どのように形成されてきたのであろうか。その主要なケースを、次にいくつか検討する。

二　西関社区におけるアイデンティティ集団と〈場〉の形成

西関社区には、前述したように「村民」と「居民」という異なるアイデンティティ集団があるが、後者はさらに、「老西関人《ろうさいかんじん》」「新西関人《しんさいかんじん》」「外地人《がいちじん》」といったカテゴリーに細分化できる。つまり、西関社区には、少なくとも四つのアイデンティティ集団が認められる。これらは〈場〉を形成する重要な基盤を提供することになるのだが、それではどのような歴史的経緯により出現しはじめたのであろうか。特に、近代化・都市化の問題と絡めつつ、次に検討してみたい(6)。

1　西関村の歴史――一九九二年までの歩み

これら四つのアイデンティティ集団の来歴を理解するためには、西関村から西関社区へと至る歴史的な流れを把握しておく必要がある。まずは、民間伝承、および文字史料に基づき、おおよその歴史を順に追っていくことにしよう。

現在の西関社区一帯は、もともと水生植物を栽培する農村であった。そのため、この地では、民国期（一九一一～一九四九年）より以前の文字史料が残されておらず、西関村の起源については、「村民」に伝わる口頭伝承からしか知ることができない。

「村民」の口頭伝承によれば、西関村の起源は宋代にまで遡ることができる。それによると、西関村の起源は一〇五二年で、西関村にZ廟が建設された時、六氏と曽氏がこの村を切り開いた。また、口頭伝承と発掘された石碑から、この地は、「花塢《はなお》」と呼ばれており、当時は花畑が広がる美しい地であったことが分かっている。「村民」の族譜（家系図）によると、明清代になって、L氏、M氏、N氏、O氏が南雄県珠機巷より南下し、西関村に定住するようになった。こうした移住が続いた結果、西関村の領域は拡大していき、民国期になる頃には一定の規模をもつ村落となった。民国期にはすでに、村を切り拓いた六氏と曽氏はいなくなっており、替わりにL～O氏が勢力をもつようになっていた。この四つの宗族は、今でも「西関村」の中心的な成員となっている。

西関村の一九世紀までの歴史は、文字史料のうえでは、族譜や石碑から部分的に知ることしかできない。しかしながら、民国期以降の歴史は、「植史《しょくし》」と呼ばれる村落の文字史料、および八〇歳以上の高齢者の話による裏づけを通して知ることができる。

まず、「植史」によると、民国期における西関村の政治、経済、文化の中心はZ廟であった。L～O氏はそれぞれ代表者（長老）を派遣し、Z廟にて村落の重要な決定事を取り決めていたという。L～O氏は、民国期から現在に至るまで、大きな抗争をした形跡が残されていない。これらの宗族は、Z廟を中心に提携と協力の関係を結んできた。また、ごく稀ではあるが、各宗族の間には通婚関係もあった。

経済的には、四つの宗族は、それぞれ「族田《ぞくでん》」と呼ばれる公共の土地を所有しており、そこから得られる収入に基づいて生活を営んでいた。また、諸宗族は資金を出し合い、Z廟を中心に三つの大規模な年中行事をおこなってきた。その三つの年中行事とは、春節（旧正月）の獅子舞、旧暦三月三日の北帝誕生祭、旧暦五月五日の竜舟祭であった（西関村ではそれぞれを「醒獅《センシー》」「北帝誕《バッダイダン》」「劏竜舟《パーロンザウ》」と呼んでいる）。さらに、これらの行事の資金は「族田」からだけではなく、「太公《たいこう》[7]」と呼ばれる村落の資産家からも出資されていた。

ここで問題となってくるのは、民国期の西関村が、行政的にどのように位置づけられていたかである。中国では一九三〇年代より保甲制度が敷かれ、全国の村落は行政の管轄下に置かれるようになった。それゆえ、西関村も保甲制度により、行政村となっていた可能性がある。社会学者・李培林によると、広州で保甲制度が敷かれるようになったのは、一九四三年と遅い時期にあたる。李は、一九四三年以降、広州のすべての村落は一〇の「保」、九九の「甲」に編入されるとともに、「中立堂」が置かれて、もめごとの処理がなされたという［李培林 二〇〇四：一一二］。この情報に照らし合わせると、一九四三年から一九四九年の間、西関村もまた保甲制度により管理されていた行政村になっていた可能性があるのだが、それに関する史料も「中立堂」の痕跡も見つかっていない。また、八〇歳以上の「村民」に話を聞いても、「ここには保甲制度などなかった」という答えが返ってくるだけであった。李培林もまた、広州においては保甲制度は建前上の制度で、「骨子は変わらず郷里の権力メカニズムで運営されていた」〔李培林　二〇〇四：一一二〕と述べている。いずれにせよ、西関村でもまた、保甲制度の影響力が少なかったことは確かなようである。さらには、西関村では、大坦沙島も領土の一部であると、ずっとみなされてきたことから、民国期の西関村は、行政的に境界づけられた〈空間〉ではなく、その枠ではとらえきれないなわばり――〈場所〉であり続けたと考えられる。[8]

さて、西関村は、こうした村落の内部で安定した宗族関係を取り結んできただけでなく、村落外においてもいくつかの村落と同盟関係を築いてきた。口頭伝承では清代より、確認できる範囲では民国期より、西関村は次の三通りの関係を外部の村落と結んできた。

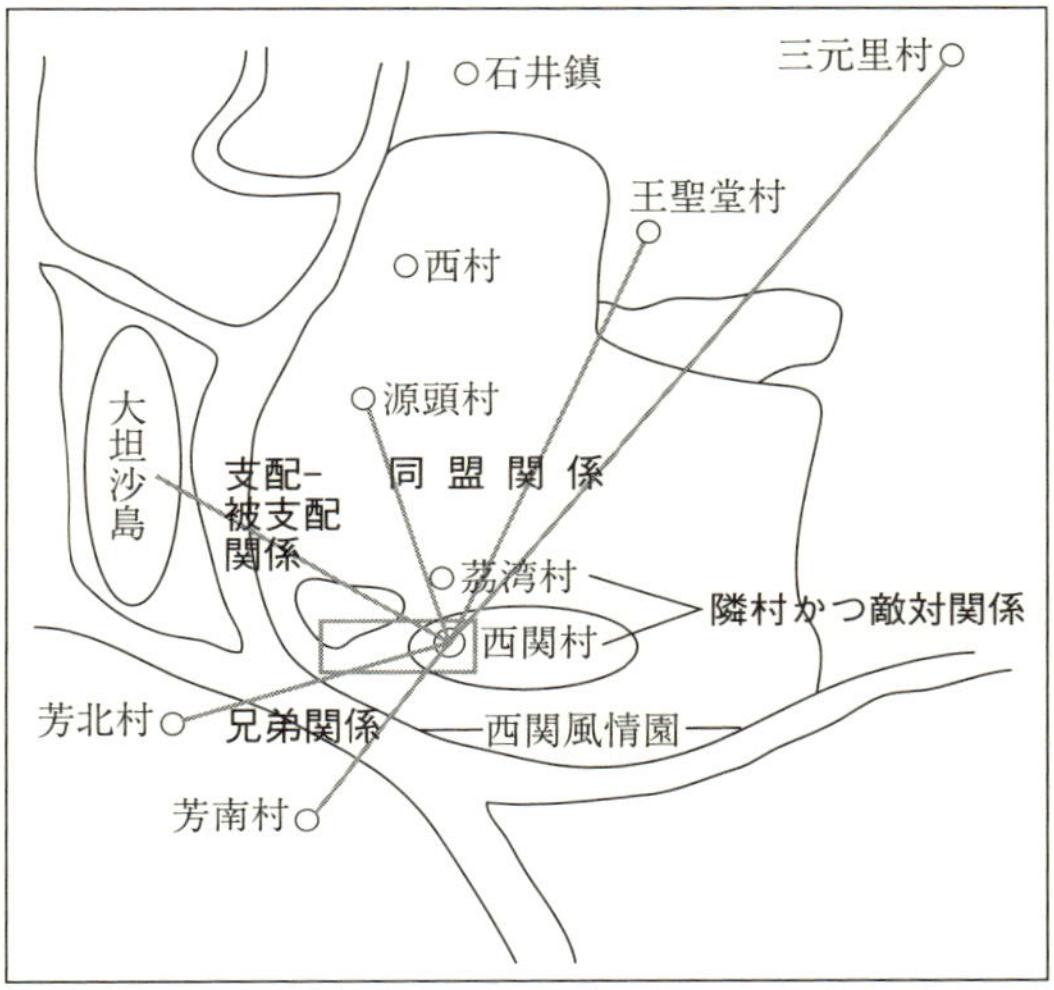

図9「西関村」の村落関係図

①「一八郷《じゅうはちきょう》」の同盟関係――「一八郷」とは、清朝政府によって画定された村落連合を指す。[9] 清の時代、広州府は行政的に東西に分けられ、広州城を軸としてその東側が番禺県、西側が南海県となっていた。ゆえに西関村は南海県のある「一八郷」に編入され、その範囲には現在の白雲区も含まれていた。ただし、同じ「一八郷」に含まれていても、全ての関係が良好であったわけではないことに注意すべきである。図9に示した諸村のうち、隣接する茘湾村（仮名）、および西村は同じ「一八郷」に属してはいたが、民国期まで敵対関

係にあった（今も関係は良くない）。その反面、源頭村、および白雲区の王聖堂村、三元里村とは「一八郷」のなかで特に関係の良い同盟村落となっている。また、これらの三つの村落と西関村とは民国期より婚姻関係が結ばれており、西関村の「村民」の大部分にこれらの村落の姻戚がいる。[10]

② 竜舟祭の同盟関係――竜舟祭は、ドラゴンボート・レースとも呼ばれ、珠江デルタ一帯で盛行してきた年中行事の一つである［Shiratori ed. 1985; 渡邊 一九九一、川口 二〇〇四、河合 二〇〇八a］。西関村では、古くから近隣の諸村と竜舟祭を催してきたと言われているが、清代には佛山市南海県の南海村（仮称）、芳村区の二つの村―芳北村（仮称）と芳南村（仮称）―とキョウダイ関係を結び、毎年の竜舟祭を通して親交を深めてきたという説話が残されている。『村史』によると、後者の二村は竜舟祭を催してきただけでなく、協力して盗賊を退治する関係でもあったという。竜舟の古さに応じて、南海村が父、西関村が長兄、芳南村が次兄、芳北村が末弟としての位置づけがなされている。後述するように、四六〇年前に南海村と西関村が親子の契りを交わしたとする神話が残されている。

③ 血族の同盟関係――以上のような義理の親族関係ではなく、血縁関係のある村落同士の同盟関係である。西関村の親戚は、民国期以前に西関村から移入出することで、広州の内外に分布している。広州に限っていくつか例を挙げると、天河区の石牌《せきはい》村や楊箕《ようき》村（いずれも地下鉄の駅名にある）などに西関村の血縁がいる。ただし、「一八郷」のなかにも親戚・姻戚関係はいるので、①と完全に区別することはできない。

民国期、西関村の村民の多くは、水生植物である五秀を栽培する農業に主に携わってきた。しかし、他方でこの時期、五秀の販売などの目的で外から人口が流入しはじめ、街区（現在の西関屋敷建築保護区とその近郊地帯）も形成されはじめたという。ある八〇歳代の「村民」が語るところでは、西関村の一帯は昔から貧困であったが、この街区には一部裕福な層も現れるようになった。そして、一九四九年に中華人民共和国が成立すると、こうした西関村一帯に住む村民、および民国期に村外から流入してきた人々は、新たな身分を獲得することとなる。

一九五〇年代、西関村の土地は、土地改革および公社制度の導入によって、私有から公有になった。西関村の土地は白雲区石井鎮（図9を参照）の集団所有地となり、その他の街区は、都市の国有地として国家に没収された[11]。それに伴い、西関村の内外に住む外来人口は、都市民としての戸籍が与えられて居民となり、企業や街道での仕事に従事した。他方で、西関村の村民は、二通りの選択を迫られることとなった。すなわち、西関村の外に出て企業や街道で働くか、あるいは、西関村に残って引き続き農業を営むかである。当時、労働者となり居民戸籍を得ることは有利な条件にあったので、このとき前者の道を選択する村民も少なくはなかった［李培林二〇〇四：七四］。それゆえ、西関村から出た村民は、一九五〇年代に居民として新たに生活することになった。そして、西関村に残って農業に従事した村民だけが、そのまま村民戸籍を得て生活を続けることになった。このようにして、一九四九年の中華人民共和国の成立、および続く一連の土地改革により、居民と村民が誕生したのである。

ところが、一九九二年に市場経済化路線が採択されると、居民―村民関係はさらに変動を引きおこすことになる。それに伴い、戸籍上の区別ではない、想像上の「居民」と「村民」が生じることとなる。このことについて言及する前に、改革・開放政策（一九七八年）以降の居民のカテゴリー分化について言及することにしよう。

2　居民のカテゴリー分化——三つのアイデンティティ集団の形成

先述のように、西関村は、少なくとも民国期から、相当に人口の流動性が高かったようである。それを裏づける文字史料こそないが、西関社区の少なからずの居民は、民国期に西関村の内外に越してきた商売人にルーツをもっている。また、現在の西関社区一帯では、民国期より街区がつくられるようになり、居民戸籍をもつ者がそこに集中していった。人口の流動性は、改革・開放政策が始まるとより激しくなり、今や居民戸籍をもつ者が西関社区の大半を占めるようになっている。

それでは、改革・開放政策以降、西関社区では、どのような人口の移動性が生じたのであろうか。西関社区の属す街道に関する一九八〇年代以降のデーターを見てみよう。二〇〇七年一月に閲覧したデーターによると、この街道では、二〇年以上にわたって居住してきた人口は約五五％を占めており、一〇年から二〇年間居住している人口は約二五％であった[12]。つまり、地域住民の半数以上が一九八七年以前に、この地に居住していたことになる。また、西関が〈空間〉としてクローズ・アップされはじめた一九九七年には、すでに約八〇％の人口が住み着いていた。しかし、逆に言えば、約二〇％の人口は、その後にやって来たことになる。

ただし、このデーターにはいくつかの補足が必要であろう。たとえば、西関社区で生まれ育った数名の高齢者が語るところによると、人口の流動性は一九八七年以前にも激しく、昔馴染みの友人や近隣はほとんど地元に留まっていないのだという。また、改革・開放政策がはじまると、企業を辞めて街道にやってきた労働者が大量に流入し、一九八〇年代には、当時はまだ安かったこの一帯の民居に住み着くようになった。それゆえ、一九五〇年くらいまではまだ近隣同士での交流もあったのが、一九九〇年代の時点では、ほとんど挨拶を交わす近隣もいなくなったのだという。すなわち、一九九七年以前に八〇％の地域住民がこの地に定住していたといっても、昔ながらの近隣関係や人間関係はほとんど崩壊し、人間関係も希薄になっていたのである。

ここで注目したいのは、この時点（一九九〇年頃）の西関社区には、主に二種類の居民が存在していたことである。一方は西関社区に幼少期から育ってきた者で、広東語を母語とする層である。そして他方は、改革・開放後に「単位」から街道に流れてきた層である。後者は、広州での生活が長いため、どこの出身者であろうが一般的には広東語を操るが、前者にしてみればヨソ者である。一般的には、前者は「老西関人《ロウサイグァンヤン》」と呼ばれ、後者は特に名称はない。○○出身者という呼び方がなされることが多いが、「新西関人《サンサイグァンヤン》」と呼ばれることが時折あるので、本稿では「新西関人」の名称を採用することにする。老西関人と新西関人は、たとえ互いに面識や交流がなくとも、アイデンティティの上で区別がある。

こうしたアイデンティティの区別に加えて、一九九二年の市場経済化政策以降は、さらに別の居民層が大量に西関社区に移住しはじめている。この層は、一般的に広東省の外部から移住してきた者たちで、言語、慣習の面で、老西関人や新西関人とは少なからぬ差異を有している。二〇〇〇年一一月に実施された調査によると、西関社区の属す街道の場合、移住者の出身地は、多い順から、広西省、湖南省、四川省であった〔広州市荔湾区人口普査辦公室編　二〇〇二：四九八—四九九〕。この一九九二年以降の広東省外からやってきた層は、「外地人《ンゴイデイヤン》」、あるいは多少嫌悪のニュアンスを込めて「北方人《バッフォンヤン》」[13]と呼ばれている。同統計によると、外地人の大半は、広西省、湖南省、四川省の三つの省で占められている。

外地人は、その言語的、慣習的な差異より、老西関人や新西関人と少なからずの文化摩擦を起こしてきた。第一に、食習慣のうえで、外地人はとりわけ老西関人とは異なっている。一般的に老西関人は甘味の広東料理を食し、個人差こそあるが辛味の料理を好まない傾向にある。だが、特に湖南料理や四川料理は唐辛子を大量に使う料理が主流なので、その匂いに耐えきれない老西関人と、近所トラブルをおこすこともある。逆に、湖南省や四川省の出身者にとって広東料理は薄味で物足りなく、慣れるまでに時間がかかる。そういうわけで、両者は共食が困難になっており、食を通して対話を深めることも難しい。

第二に、特に老西関人は広東語を母語としており、高齢者のなかには中国語（共通語であるマンダリン）を流暢に話せない者も少なくはない。若者のなかにも、中国語レベルが不十分であり、広東語話者と主に交流している者もいる。加えて、文化大革命時のトラウマなどから、中国語（特に巻舌音のあるそれ）に嫌悪感を抱いている老西関人もいないわけではない。ましてや、西関社区に限ると、高齢者人口は二〇％を超えている［中国共産党新聞二〇〇六年一〇月一六日］。それゆえ、外地人は、特に老西関人とコミュニケーション回路が断たれる傾向がある。

ただし、ここで注意する必要があるのは、老西関人、新西関人、外地人の区別は西関社区における基本的なアイデンティティ区分であっても、それらは、固定的ではないということである。[14] 筆者が観察した限りにおいて例を挙げると、一九九二年以降に広東省の外から移住してきた者でも、広東料理に慣れ、広東語を学習することで、老西関人のコミュニケーション回路に加わることに成功している人もいる。また、老西関人でも、仕事の都合で外に長くいた者などは、外地人と価値観やコミュニケーション様式をともにすることが可能であった。ここで言いたいのは、各アイデンティティ集団は、確かにその内部において特定の価値観やコミュニケーションを共有する〈場〉を形成しやすいが、異なるアイデンティティ集団に属する個人がそこのなかに参入できないわけではないということである。

たとえば、第九章で詳述するように、一九九九年にUクラブという福祉施設が設立されてから、西関社区の人間関係は変動するようになっている。それまでは、前述の通り西関社区の昔ながらの近隣関係は崩壊する傾向にあったが、Uクラブとそれを活用する社区政策を通して、居民戸籍をもつ老西関人と新西関人は、新たな人的ネットワークを構築するようになった。社区と一体になって提供されるUクラブの各種イベントは、アイデンティティ集団を超えた人間関係の構築を促進し、新たな〈場〉を形成する土台を与えてきたのである。

3　「村民」の誕生――想像上の共同体とその成員

このように、居民戸籍の所有者は三つのアイデンティティ集団に分かれるが、それぞれは社区とのかかわりにおいて、新たな〈場〉を形成するに至っている。しかし、ここで注目に値するのは、西関社区には、社区とかかわりをもたず、自己の活動空間を切り開いてきた層もあったことである。なかでも特に顕著なのは、西関村の成員であると想像する人々、つまり「村民」である。

それでは、「村民」とは一体、誰のことなのだろうか。中華人民共和国成立後の土地改革によって、戸籍上の村民と居民が誕生したことはすでに述べた。したがって、西関社区で「村民」であると主張している現在の都市民は、基本的には、かつての村民戸籍所有者を指しているといっても差し支えはあるまい。しかし、ここで気をつけなければならないのは、居民戸籍を一九九〇年代以前に取得していた者のなかにも、自らを「村民」であると考えている層がいることである。その層とは、一九五〇年代以降に西関村から外に出て居民戸籍を得た、元西関村の村民である。

繰り返し述べると、中華人民共和国が成立してからの四〇年間、居民であることは、村民であることよりも絶対的に優位な地位にあった。なぜならば、居民戸籍を得れば、国営企業にて安定した収入が得られ、時には優遇された地位（党員、軍人、幹部家族など）になる機会も与えられたからである［李培林　二〇〇四：七四］。その反面、村民は給料も低く、一九八〇年代から耕地こそ分配されたものの、社会的な発展性に乏しかった。ところが、市場経済化の波により、都市近郊の農地価格が高騰しはじめると、途端に、村民であることは有利となっていった。この事情を把握するためには、一九八〇年代以降に中国で生じた一連の土地改革、経済改革を説明していく必要がある。

一九八三年、中国ではそれまでの人民公社制が廃止され、農業経営請負制が導入された。この制度は、集団所有の土地を人口と労働力に応じて農家に分配し、契約で決められた分だけ国家に上納し、残りは私財にできるとする制度である。平たく言えば、この制度により村民戸籍をもつ西関村民は、自らの土地を取り戻すことができ

写真20　農地がなくなった「西関村」の光景。（2006年9月、筆者撮影）

た。そして、西関村は、敵対村落であった茘湾村や西村などとともにX村の村民委員会に編入され、その指導のもとで土地を所有することとなった。

さて、一九九二年に市場経済化路線が採択されると、都心部に位置する茘湾区の土地が高騰しはじめた。それに伴い、西関村の土地価格もまた急激に高騰しはじめた。西関村の村民たちは、この機会を見逃すことはなかった。村民たちは、広州の他の村落と同様、農地にビルディング（アパート、店舗など）を建て始め、それを外地人や出稼ぎ労働者に賃貸した。都市政策によってビルディングの高さは三階半までとされていたが、村民たちはできる限り高く建築し、多くの外地人を住ませることで、仕事をせずに莫大な収入を得ることができた[15]。こうして二〇〇二年になるまでには、西関村から農地は消滅した。

ここで「損をした」と思ったのは、一九五〇年代以降、西関村を出て居民戸籍を取得した人々であった。居民戸籍を取得することはかつて比較的優位な条件にあったが、一九九二年になると、居民であることは何の意味もなさなくなった。逆に、村民であることは、土地から吸い上げられる利潤を獲得するおいしい立場に置かれることを意味するようになった。さらに、村民は、土地とともに祖先から継承された家屋（これを地元で「祖屋《ゾウンゴッ》」と呼ぶ）も所有する権利を得た。それゆえ、居民戸籍を有するかつての西関村居住者たちは、再び「村民」に戻ることを強く希望しはじめたのであった。こうした動きは何も西関村だけではなく、広州市内のあちこちの村落で土地権回復運動として起こり、一時期、広州を震撼させたともいわれる［李培林　二〇〇四：七四―七五］。

この土地権回復運動が西関村でどのように展開されてきたのかについては、プライバシー保護と政治的な問題により省略する。ここでは、「祖屋」を取り戻して「村民」となった居民戸籍取得者もいたことのみ、さしあたり触れておく。ただし、「村民」に返り咲いた層は往々にして、L～O氏など西関村の有力宗族の一員か、それとコネのある関係者に限られていた。だから、西関村で生まれ育った者のなかにも、「村民」に戻れなかった人々も存在している。このようにして「村民」は、一九五〇年代以降に村民戸籍を取得した層を中心に、一部の居民を含めた、新たなアイデンティティ集団として誕生していった。その一方で、「村民」になれなかった、あるいはならなかった全ての者が、「居民」としてカテゴライズされることとなった。また、「村民」に返り咲いた層の多くがL～O氏であったため、カテゴリー面で多少のズレこそあるものの、民国期における西関村村民がリバイバルする方向に向かった。

こうしたアイデンティティ集団は、二〇〇二年の都市化によって、さらに自己のなわばりを確定することに成功する。二〇〇二年一月一八日、西関村は村落としての寿命を終え、都市として編入されることとなった。この行政的措置によって、村民戸籍所有者は、みな居民戸籍所有者に転換し、西関村の土地も都市（国有）のものとして没収されるはずであった。ところが、彼/彼女らは、居民戸籍を取得し社区に組み込まれてもなお、「村民」であることを放棄しようとはしなかった。なぜなら、戸籍制度に従って居民になることは、自らの土地権を喪失することにつながるからである。言うまでもなく、土地権の喪失は「村民」生活において大きな損失を被ることを意味していた。だから、「村民」たちは、かつてのX村の村民委員会を母体として、X公司と呼ばれる村落の企業をつくった。そうすることで、彼らは、X公司の社員兼株主となって、土地の権益を引き続き享受したのである。

ここで一つ注意すべきことは、西関村の場合、X村という上位単位を基盤にすることでしか土地権の存続が図れなかったことである。それゆえ、X公司の社員兼株主となる権利をもつ者は、二〇〇二年一月以前にX村の村民戸籍を有していた者に限られているということである。[16] 換言すれば、一九九〇年代に「村民」に返り咲いた市民たちは、X公司からの土地権を享受することができなかった。しかし、X公司の社員の大部分はL〜O氏であるため、その関係により引き続き「祖屋」を継承することは許されていた。それゆえ、彼／彼女らはX公司の下で「村民」になることを選び、その母体である「西関村」を心のなかで抱き続けた。「村民」たちは、そうすることによって、社区とは異なった〈場所〉に身を置くようになったのである。

興味深いのは、「居民」側では昔馴染みのネットワークが崩壊してきたのに対して、「村民」側ではそうでもなかったことである。すなわち、「村民」側は、都市化によっても、その対面的な社会的ネットワークを破綻させることはなかった。

その理由の第一は、X公司の社員とその家族はX公司の社宅に住むよう法律で義務付けられているので、彼／彼女らの多くが同じ建物内に住んでいる。また、X公司西関村分社の社宅はかつての村落内にあるので、他の「村民」とも、さして地理的に離れることはない。また、「村民」たちは、早朝や夕刻にY公園で共に余暇を過ごすなどして、常に顔を合わせている。

第二に、X公司の給料には土地の配当金（これを「分紅《ファンホン》」という）が加算されるので、労働が楽な割には給料が高い。Y公園では、暇そうに散歩しているX公司の社員を、日頃から見かけることができる。「居民」である場合、高校や大学を卒業した後、若者は西関村の外——たとえば、新興の天河区や黄埔区、もしくは東莞、深圳など別の都市——で仕事を探さねばならない。しかし、「村民」の場合、たとえ卒業後外で働いていても、X公司の労働条件の良さに惹かれて村内に戻ってくる事例が少なくない。こうした労働条件の良さは、若い「村民」たちの極端な流出を免れる結果をもたらしている。この「村民」の恵まれた条件は、しばしば「居民」から羨望の眼差しで見られている。

第三に、広州における「村落」全体の現象でもあるが、村落内婚の比率が増すようになっている［李培林二〇〇四：七三］。というのも、「村民」である男女同士が結婚すれば、土地の配当金である「分紅」も倍になるからである。西関村においては、女性は、婚出するとX公司の社員になり、株をもつ権利を失う。他方で、婚入してきた女性はX公司の社員になることはできるが、労働年数に応じた手当てしか受け取ることができない。

このように、「村民」は、昔馴染みの対面的な関係を維持することによって、「西関村」において慣習的に伝えられてきた神話や記憶を共有するようにもなっている。その記憶や神話の種々の内容は次章以下で述べられていくが、それらの「意味」は、大抵が他村落との過去の逸話にまつわるものであり、それは「村民」が共有すべきものと考えられている。例を挙げると、「西関村」には、南海村との「契爺《カイイエ》―契仔《カイザイ》」神話がある。西関村と南海村とは、前述の通り竜舟祭で結ばれる同盟関係にあるが、四六〇年前までは、近郊で最も早い竜舟を操るライバル同士であった。しかし、四六〇年前に勝利の行方を巡って互いに譲歩した結果、両者は義理の親子としての契りを交わし、同盟関係を結ぶようになったという。[17] 他村落との関係をめぐるこの種の神話は、「居民」には――部分的に知られることはあっても――共有されておらず、「村民」としてのアイデンティティを示す根拠となっている。いわば、かような記憶、説話および神話は、彼らが「村民」であることを示すコミュニケーション回路を形成しているのである。「村民」となるべき人々はこうした価値観とコミュニケーション様式に歩調を合わせることで、はじめて「西関村」における諸々の〈場〉の一員になることができる。逆に言えば、〈場〉において慣習的に付与されてきたこうした「意味」を感覚的に取得することなくしては、この想像された共同体に属する資格を得ることもできないのである。

おわりに

西関社区におけるアイデンティティ集団の形成過程を概観すると、「居民」と「村民」とでは、近代化・都市化の過程において異なった道を歩いてきたことが分かる。「居民」側は、近代化・都市化の過程で、もとからあった近隣ネットワークが崩壊し、新たな移住者が入居してきたことによって、さらに三つのアイデンティティ集団に分化していった。他方で、「村民」側は、近代化・都市化の波においても対面的な関係を維持することに成功し、「西関村」を心のなかに留めることで、社区制度に依拠しないオルターナティブな〈場所〉を築き上げてきた。

「村民」は、常に顔を合わせる関係の環を〈場所〉で築いているので、共通の価値観やコミュニケーション様式を共有する〈場〉をそこにおいて形成しやすい。すなわち、「西関村」では、〈場所〉と〈場〉はいくぶんか重なり合っており、同じ〈場所〉の内部でいくつかの〈場〉がつくりあげられうる。しかしながら、「居民」の〈場所〉においては、それぞれのアイデンティティ集団は、空間を超えて拡がりうる。たとえば、老西関人は、親戚や知人が必ずしも同じ〈場所〉にいるとは限らないので、電話などを通してコミュニケーションの環をつくっている。外地人も、商売人であれ学生であれ、親戚や知人が故郷におり、地理的に離れたところで価値観とコミュニケーション様式を共有している（ただし、程度の差こそあれ、こうした遠距離の〈場〉は「村民」側にも存在する）。

繰り返すと、〈場〉は価値やコミュニケーション様式を共有する「器」であるので、特定の民族や階層により固定的に捉えることはできない。個人は生まれながらにしていずれかの〈場〉に属してはいるが、個人は利害関係や好みに応じて、他の〈場〉の価値やコミュニケーション様式を選択することできる [Luhmann 1984; Lahire 1995]。しかしながら、他方で、個人がどの〈場〉や〈場所〉に参入するかは、ある程度パターン化されていることにも、同時に着目すべきである。たとえば、西関屋敷建築保護区では、社区やUクラブによってさまざまな社区活動がおこなわれている。しかし、本文中で論じたように、そこでは主に「居民」が参与しており、彼／彼女らによって〈場〉と〈場所〉が形成されている。そのため、別の〈場所〉に身をおき、別の記憶や社会関係やアイデンティティをもっている「村民」は、そこに滅多に参与しない。もし「村民」が社区やUクラブによって提供される〈場〉に参与したならば、それこそ「場違い」になってしまうからである。

以上、本章では〈場所〉と〈場〉の形成過程を明らかにしてきた。それでは、ローカルな特色をもつ西関の景観はどのように生産され、地域住民がそれにいかに対応してきたのだろうか。次章以下では、具体的に、西関の「居民」（第六章、第九章）と「村民」（第七章、第八章）の両面から、景観の理解と再解釈の問題を考察することにしたい。

注

（1）このような〈場〉の概念は、ポストモダニズムの始祖リオタールの、方法論的個人主義を思い起こさせる。リオタールは、権威者がつくりあげる知識を批判しつつも、個人と個人がつくりだす状況性の空間に着目してきた。なぜならば、個人は誰もがコミュニケーション回路の結び目におかれて［Lyotard 1979］おり、個々人は他者との共識なしには生きられないからである。もし個人がバラバラな思考体系や行動様式をもっていたならば、彼／女はコミュニケーションをとることも困難になるだろう。それゆえ、ドイツの社会学者ニコラス・ルーマンもまた、フッサールの現象学に依拠しつつ、個々人がコミュニケーションを成り立たせる状況性について探求してきた［Luhmann 1984］。ルーマンは、そのツールとして「意味」の重要性を強調するとともに、具体的には価値観や記憶の役割について論じてきたのであった［Luhmann 1989］。これらの主張は必ずしも〈場〉の概念を用いていないが、個人と個人がつくりあげる特定のコミュニケーション回路（リオタールはこれを「言語ゲーム」と呼ぶ）を重視している。筆者もまた、ポストモダニズムの始祖であるリオタールが、多様性や終焉だけではなく、個々人によって形成される状況性（システム）をも重視していた点を、見つめ直す必要があると考えている。

（2）国有企業の職員は、会社の同僚が同時に隣人でもあるような制度のもとに置かれてきた。居住区内には、仕事場や住居だけでなく、商店、娯楽施設などもあり、生活が充足できる仕組みになっている。この制度はしばしば一九四九年の中華人民共和国成立後に導入された社会主義の制度であると描かれがちであるが、資本主義体制下にあった香港のニュータウンでも類似の居住制度が敷かれていた［河合　二〇〇三：六七—六八］。

（3）　一九八〇年代初頭、広州は全国に先立って住宅制度改革に乗り出した。その後、一九八八年一月には、政策に規定されている公有のそれを除き、住宅はみな売却できるようになった。続いて、一九九〇年には公共住宅賃金の基準を全国に先立って統一し、一九九一年からその価格を上げ始めた。さらに一九九二年四月一日から、広州は、住宅公共積立金をめぐる制度を推進し、市、単位、個人の三つの異なるレベルにおいて、住宅基金をつくりあげることに成功した［李・周　二〇〇五：七七］。こうして広州市の住宅改革は、市場経済化以前より一定の基盤が整えられていった。

（4）　吉林省長春市を調査した陳立行［二〇〇〇］によれば、社区が地域住民の参与を求める経済的背景には、行政側の資金不足がある。

（5）　それゆえ、広州には、社区と居民委員会との違いが分からない地域住民も少なくない。西関の他の社区には社区の名称すら聞いたことがない地域住民すらいた。

（6）　ローテンベルクは、こうした都市により新たに形成される〈場〉の探求こそが、新しい都市人類学の出発点であると考えている［Rotenberg 1993a; cf. Low 1996, 1999］。

（7）　商売などを通して多額の資産をもつ人物で、時として長老を凌ぐ権力を有していたと言われる。

（8）　筆者が別稿［河合　二〇〇八ａ］で論じたように、竜舟祭などの村落儀礼では、大坦沙島もまた「西関村」の一部であるという考えが顕著に表れている。たとえば、「村民」たちは、竜舟を日頃は大坦沙島に埋めたり、大坦沙島でとれた「五秀」をホンモノ（すなわち自分の村でとれた）として持参したりと、大坦沙島を見えない西関村として含めてきた。一九五〇年代以降、西関村それ自体は公社制度の下に置かれてきたが、大坦沙島が西関村の一部に含めて行政管理されてきた史実はなかった。

（9）　「一八郷」のなかには、境界をもたない一〇〇以上の自然村があったと言われる。つまり、「四郷」「一八郷」などの清代の行政〈空間〉の内部には、雑多な〈場所〉としての自然村があり、それらは内部で抗争や提携の関係をつくりだしていた。類似の現象は広州、潮州一帯で偏在していたことは、筆者のフィールドワークによって、すでに明らかになっている。だが、梅州一帯では、すでにいくつもの村落をまわっているにもかかわらず、まだ「一八郷」に相当する存在は確認できていない。

（10）　特に、西関村の男性が三元里村の女性と結婚するパターンが最も多い。今でも「西関村」には、「生抬落、死抬上」という言い回しが残されている。山側にある三元里村から母の腹のなかで輿に乗って西関村に降りてきて、死んだら棺おけに乗って三元里村の付近にある墓に上がっていく、という意味である。六〇歳以上の高齢者の大多数が三元里村もしくは源頭村と何かしらの姻戚関係をもっていることから、これら三村の関係性は、少なくとも清末以前より形成されてきたと考えられる。

(11)　中国では、土地所有制度は大きく「全人民所有（国有）制」と「労働大衆集団所有（集団所有）制」とに分けられる。そのうち、都市は前者、村落は後者の土地制度をとる。中国では、都市は全て国有地となり没収されるが、村落は集団所有の土地として村民に委託される。この土地制度は、一九五三年一二月五日より実施された［陳立行　一九九四：三二―三四、高島　二〇〇五：八四］。

(12)　プライバシー保護のため情報源の記載は控える。

(13)　一般的に、広州で言われる「北方人」は、広東省より緯度の高いすべての省の出身者を指している。その指す範囲は個人差があり曖昧であるが、広東省、広西省、海南省を除く中国の全ての省の出身者を指すことが多い。人によっては、言語・習慣の異なる全ての省（但し広東省を除く）の出身者を「北方人」ということもある。

(14)　厳密には「新西関人」と「外地人」の境目は曖昧である。特に、広西省出身者は広東語を操ることができる者が少なくないので、もし「老西関人」との関係が良好なら、「新西関人」の枠組みに入れられることもある。また、同じ広東省出身者である客家人や潮州人は一般的には広東語を操ることができるので、「新西関人」の枠組みに入れられ易い。筆者のような外国人ですら、現地の言葉や文化を学ぼうとする姿勢がかわれ、「新西関人」として（半ば冗談であろうが）他人に紹介されたことがある。このように何を「新」とするかは、結局のところ土着民との関係性によって相対的に変化しうる。本章で設けた言語上・習慣上・移入時期のうえでの差異は、あくまで各アイデンティティ集団を区別する「目安」であることを断っておきたい。

(15)　建築物の高さは政府により三階半までと規定されており、もしその基準を超過したら罰金を払わねばならない。政府の規定では、一階超過すると一平方メートルあたりの罰金が一五〇元（約二二五〇円）、二階超過すると一平方メートルあたりの罰金が二〇〇元（約三〇〇〇円）、三階超過すると一平方メートルあたりの罰金三〇〇元（約四五〇〇円）、四階超過すると一平方メートルあたりの罰金五〇〇元（約七五〇〇円）であった［李培林　二〇〇四：二四］。しかし、この罰金の基準は、ビル建設がもたらす収益に比べれば取るに足らないものであったので、広州では、この罰金制度は村民たちにより進んで受け入れられ、時には九～一〇階建ての建築物が建てられることすらあった。

(16)　X公司は、日本でいう株式会社に転換することで、間接的に土地の利益を「村民」に与えるようになっている。X公司では、その株は二つに区分される。「人頭株」と「年資株」である。人頭株は、一九九三年の段階で西関村の農民戸籍を有していた「村民」だけに与えられる。他方、「年資株」は、X公司で働くことが許される者（一般的に「人頭株」をもつ「村民」の妻子）に対し、労働年数に応じて与えられる。婚出した女性は、X公司で働く権利をもたず、したがって「人頭株」も「年資株」も受けとることはできない。広州における他の村落企業制度については、李培林［二〇〇四：四五―四七］を参照のこと。

(17)　この神話の詳細については、拙論「広州市西関区域における龍舟祭の市場経済化」［河合二〇〇八ａ：一一二］を参照されたい。

第六章　西関屋敷と麻石道をめぐるシンボルの生成と選択

はじめに

さて、西関社区における〈場所〉と〈場〉の所在が明らかにされたので、いよいよローカルな特色をもつ景観に対する地域住民の諸反応について考察を加えていくとしたい。本章でまず扱うのは、西関地区の特色を最も具えた景観として表象される西関屋敷《さいかんやしき》、および麻石道《ませきみち》である。具体的には、「選択性」をテーマとして、西関屋敷および麻石道のシンボルを誰がなぜ選択し、また、誰がなぜ選択しないのかについて検討する。

筆者がかような考察を本章で展開する主な動機には、景観人類学の「領有」論への反省がある。第一章で論じたように、「領有」とは、表象によってつくられたローカルな景観のビジョンを、利害関係に応じて借用し自分のものにする行為を指す。しかし、ローテンバーグらによって展開されたこの議論は、庭師などの特定の〈場〉だけを恣意的にとりだして論じる傾向にあった。それにより、どの〈場〉に属する者がローカルな景観のビジョンを「領有」し、さらに、どの〈場〉に属す者がそうしないのかについての、地域ネットワークの多様性を考慮した研究が欠けていた。

こうした問題点を鑑みて、本章では、主に三つの視点から西関屋敷および麻石道の事例を考察する。まず、本章では具体的にシンボルの問題を取りあげ、西関屋敷と麻石道をめぐる記号と言説の生成を論じる。それにより、第四章でみてきたようなローカルな特色をもつ景観が、どのように生活の舞台において生産されてきたかを検討する。次に、西関屋敷と麻石道をめぐる異なった質をもつシンボルが、どの〈場〉によって利用されていくのかを論じる。ここでは、老西関人や外地人を軸とする複数の〈場〉から理解を深めるが、西関屋敷は主に外地人の〈場〉によって、麻石道は老西関人を中心とする〈場〉によって重視されていることが明らかにされるであろう。

一　西関屋敷と麻石道をめぐるシンボルの流布

1　西関屋敷と麻石道をめぐる学術表象

西関屋敷と麻石道は、西関文化ならびに嶺南文化を代表するシンボルとして表象される人工環境である。西関屋敷と麻石道の概要については第四章でも取りあげたが、それらの表象のされ方について、より詳細に検討することから始めよう。

まず、西関屋敷は、漢語で「西関大屋《○シーグアンダーウー》」と呼び、広州の民間では「古老大屋《●グーロウダイヴォッ》」と称されることもある。第二章でも触れたが、西関屋敷は、清末から民国初期（一九世紀から二〇世紀前半）にかけて富裕層が建ててきた伝統民居である。それは最も多い時には八〇〇件にも達したといわれ［陳彤　二〇〇五：三六］、現在でも一〇〇件前後、比較的保存のいい形で残されていると見積もられている［陳彤　二〇〇五：三六、広州日報　二〇〇四年八月二一日］。

西関屋敷は、何度も繰り返すように西関文化を最も体現している民居として考えられており、それゆえ学界においても早くから注目を集めてきた。早くも一九九三年には、西関屋敷の特色を都市政策に活用すべきと主張する論考が出されており［陳澤泓　一九九三］、特に一九九七年に「西関文化シンポジウム」が開催されてからは、この分野で最も注目されるテーマの一つとなった。なかでも一九九七年以降に着手された西関屋敷の研究で、最も着目されてきた手法が構造主義的な記号論アプローチである［陳澤泓　一九九九、朱伯強　二〇〇二、梁基永　二〇〇四、阮桂城　二〇〇四ほか］。すなわち、西関屋敷の諸パーツ（記号表現）と嶺南文化の特色（記号内容）とを西関という〈空間〉にて結びつける、イデオロギー的な作業が着手されてきた。これらの研究は記号論という言葉こそ使ってこなかったが、結果的には〈空間〉において記号を生成する政治学に貢献してきた［cf. Castells 1977: 215-221］。このことを事例を挙げて解題していくとしよう。

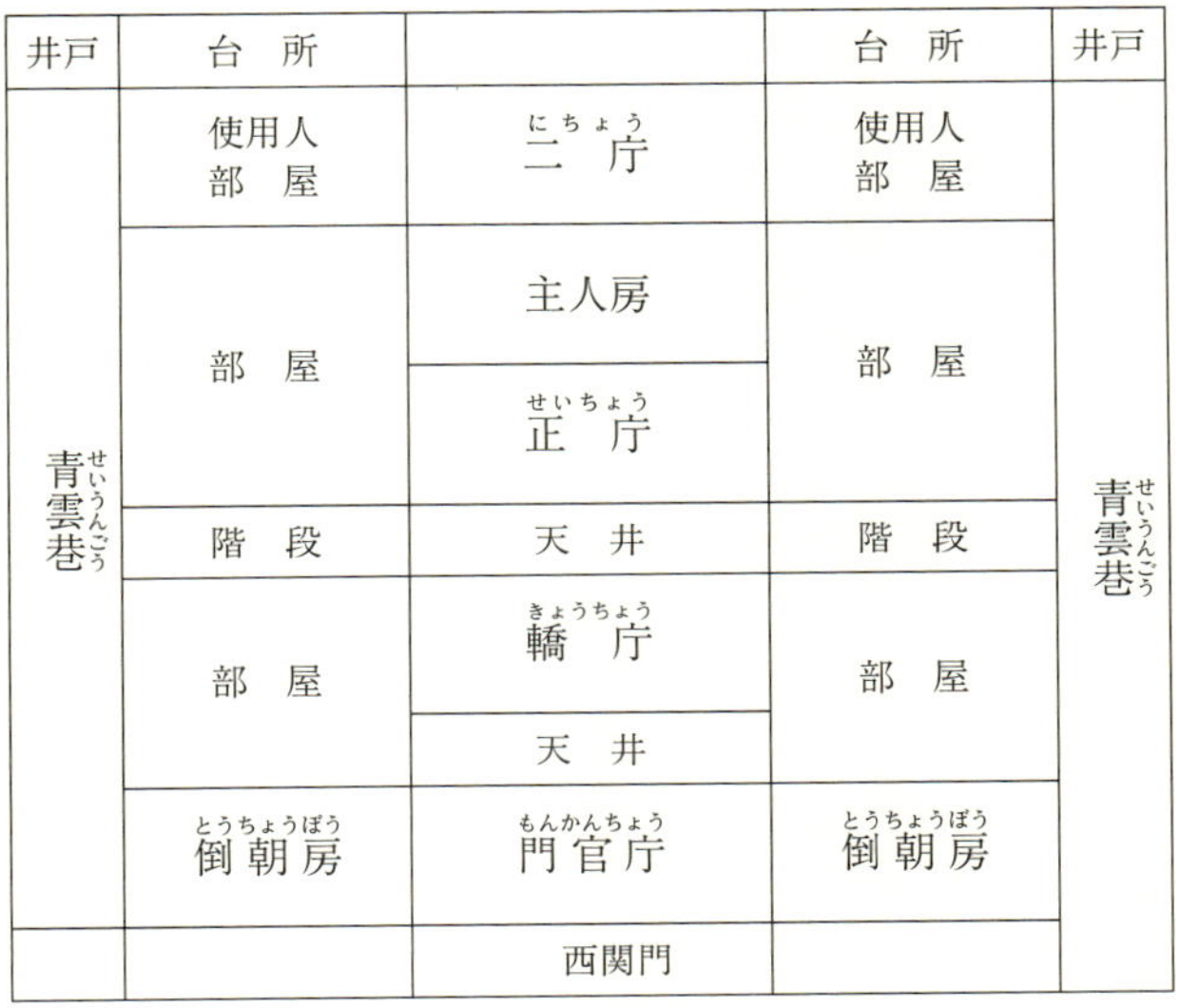

図10　西関屋敷の平面図

西関屋敷と一言で言っても、その規模や間取は決して一様ではない。だが、西関屋敷の研究においては、一般的に次のような建築構造をもつそれが議題に挙げられてきた。図10をご覧いただきたい。西関屋敷の記号論アプローチにおいて、その研究対象の一つとなってきたのが、この建築構造である。図10のように、西関屋敷は一般的に左右対称となっており、その中軸線上には、「二庁《にちょう》」（食事をとる部屋）→「主人房《しゅじんぼう》」（家主や老人の部屋）→「正庁《せいちょう》」（祖先の位牌や神像を置く部屋で「神庁《サンテン》」とも呼ばれる）→「天井《てんじょう》」（方形に窪んだ地面を指し、日本語とは用法が異なる）→「轎庁《きょうちょう》」（応接間）→「門官庁《もんかんちょう》」（屏風を置き外から見えないようにする部屋）

写真22　麻石道。（2006年12月、筆者撮影）

写真21　西関屋敷。（2007年1月、筆者撮影）

西関門といった、屋敷のなかでも比較的重要な部屋が配置される。それゆえ、この中軸線には、風水や「天人合一」などの伝統中華思想（中原の北方文化）が体現されていると表象されてきた(1)［李・周　二〇〇五：二二、cf. 陳澤泓　一九九九：四二一―四二二］。換言すれば、西関屋敷の各部屋はそれ自体がシンボルとして、嶺南文化の「意味①」と結びつけられてきた。

次に、同じく中軸線上に位置する西関門について、この門が西関に特有なシンボルであるとする説明がなされてきた。第四章でも述べてきたように、西関門は通常、三枚の門――脚門《きゃくもん》、趟櫳門《とうろうもん》(2)、大門《だいもん》から構成されている（写真6、21を参照）。この門は、西関特有の風土から形成されたということで、西関文化の「意味③」と結びつけられてきた。そして、西関屋敷の建築素材や装飾品として、青レンガの壁、満州窓、紅木の家具がシンボルとして発掘され、同様に西関文化の「意味」と結びつけられてきた（その詳細については第四章を振り返っていただきたい）。

西関屋敷はこのように、西関文化ひいては嶺南文化と結びつく多くのシンボルを建築物内部に抱えていると表象されてきた。つまり、西関屋敷そのものが記号の宝庫であると、学術的に考えられてきたのである。

他方で、麻石道もまた、西関文化の「意味」と結びつけて表象されている［広州市荔湾区逢源街道辦事処ほか編　二〇〇六：二七―二八、林維迪　一九九六：七七、

郭謙 二〇〇二〕。麻石道とは、花崗岩を用いて舗装した巷（街路）のことであり、その起源はヨーロッパにあると考えられている。それゆえ、麻石道は、西洋文化と中国文化の結合（西関文化の「意味①」）であるとみなされてきた。ただし、麻石道はそれ自体が一つのシンボルであるにすぎないので、西関屋敷と比べると研究の量は圧倒的に少ない。麻石道を主題にした論文は管見の限りなく、西関の生活文化を語るうえで部分的な記述や写真が掲載されるにとどまっている(3)。

2　茘湾区の都市改造計画と人工環境

かように表象されてきたシンボルは、それでは都市改造の過程で、どのように現実社会に投影されてきたのだろうか。シンボルの発掘と科学的な根拠づけこそ学界が中心になっておこなってきたが、それらを現実社会に投影してきたのは、主に政府であった。区政府は、往年の西関の景観を現在に再現させるため、歴史的に存在してきたと考えられるシンボルを、都市再生計画の一環として使おうと試みた。

その最も早い試みは、一九九六年に『茘湾商業・貿易・観光区建設計画要綱』が制定されて以降のことである。この計画は、前述の通り、はじめて「西関《サイグァン》」の名を都市計画に正式に登用し、特に四つの観光区域を西関文化の保護区として指定したものであった。そのなかで四つの観光区域では、西関屋敷とそのパーツである青レンガの壁、満州窓、西関門などが可能範囲内で保護するよう規定された。しかし、一九九〇年代後半の段階では、ローカルな特色をもつと科学的に規定された景観を、主に観光区域において保護することに重点が置かれただけであった。また、その際には保存の比較的良い西関屋敷を保護するよう努めただけで、人工環境のシンボルを修築したり増加したりすることは少なかった。それゆえに、西関社区のような居住区では、筆者が二〇〇〇年四月に訪れた段階でも、修築されない古びた西関屋敷が立ち並び、麻石道はデコボコな状態であった。

生活の舞台において、こうした老朽化した人工環境が徹底的に改造されたのは、二一世紀に入ってからである。特に、二〇〇二年九月に『開発計画要綱』が制定され、茘湾区全体がＣＲＤ（中央休息区）に指定されると、西関屋敷や民居、および麻石道の徹底的な改造がおこなわれるようになった。その背景には、『開発計画要綱』にて掲げられた「西聯」の方針があった。繰り返すと、「西聯」の方針では、隣接する佛山との提携だけでなく、「茘湾区内部の構造調整をなし、文化を保護し、人口と産業を空間的に隔離させること」が掲げられていた。すなわち、前年に制定された『概念計画要綱』の「二つの適宜」政策を基盤として、居住環境の快適さを提供することが政策目標として掲げられた。そのためにも茘湾区が抱える諸問題を解決し、良好な居住環境を提供する準備が進められた。

茘湾区は、歴史の古い下町であるが、それだけに下町に特有の問題を抱えてきた。その主要な問題は、人工環境の老朽化、治安の悪化、そして人口の高齢化の三点である［頼載華　二〇〇〇：二二］。すなわち、西関屋敷をはじめとする建築物や麻石道は一〇〇年以上の年月が経ってるものも少なくなく、激しい老朽化が進んでいた。区政府は、老朽化が進みすぎて人に危害が及ぶ可能性のある建築物を「危険《きけん》家屋《かおく》」と命名したが、茘湾区における「危険家屋」が占める割合は、全広州で五〇％を占めていたという［頼載華　二〇〇〇：二二］。さらに、家屋の老朽化が進んでいるがゆえに泥棒が侵入しやすく、治安も悪化の途を辿っていた[4]［徐耀勇　二〇〇五］。その他、一七・八九パーセントと、広州屈指の高齢者人口比率を誇っていた茘湾区では、老朽化してデコボコになった麻石道は、高齢者の歩行にも不自由なものであった。こうした理由から、いかに西関文化の特色である西関屋敷と麻石道を残しつつ都市改造を進めていくかが、区政府にとっての課題となっていったのである［崔　二〇〇七：一四三］。

この課題は具体的には、区政府と社区の二つのレベルを通して進められていった。そのうち区政府が担当したのは、大金をはたいて西関屋敷と麻石道の改造をおこなうことであり、荔湾区では本格的には二〇〇二年度より着手された。たとえば、区政府は二〇〇二年度に二〇〇万元（日本円で約三〇〇〇万円相当）を捻出して三〇件ほどの西関屋敷を修築した［金羊網　二〇〇五年七月一二日］。また、二〇〇二年度から二〇〇四年度の三年間に、一〇〇万元（日本円で約一五〇〇万円）余りをかけて麻石道の修築をおこなった［広州日報　二〇〇四年六月一日］。その他、修築が不可能なほど老朽化した西関屋敷は取り壊し、そこの住民を公共住宅に移転させるよう指示した[5]。なかでも荔湾区の「危険家屋」の四分の一が集中しているという逢源街道では、西関屋敷を含む一六九件のそれを取り壊し、三つの緑化公園をつくった［金羊網　二〇〇五年七月一二日］。

　こうして荔湾区では人工環境の大改造がおこなわれたが、それでも人工環境の老朽化や治安悪化の問題は解決されたわけではない。しかし、荔湾区文物管理局の責任者が述べるところでは、区政府は資金が欠乏しているため、それ以上の大がかりな改造が難しいのだという［張研　二〇〇六：二三―二四］。つまり、区政府が主体となって修築できる西関屋敷と麻石道の数量は、限られていた。それゆえ、より多くの西関屋敷と麻石道を修築する目標を達成するには、住民の自主的な参与に頼らざるを得なくなっているのである［張研　二〇〇六：四三―四四、崔二〇〇七：一四三］。そこで住民の自主的な出資による修築がなされるよう、政府と住民の架け橋たる社区の役割が求められるようになった。

　社区の任務は、第五章で言及した通り、住民の積極的な参与により地域社会をつくりあげることにある。当時の広州市長であった林森樹も述べていたように、特に都市改造計画においては住民の参与は必須であり［林ほか二〇〇六：九〇］、それだけに社区の役割も無視できない位置にある。こうした訳で、市政府は、西関屋敷および類似の建築構造をもつ小型民居（これを「竹筒屋《ちくとうおく》」[6]と呼ぶ）の修築を、社区を通して地域住民に促す方策を採択するに至った。

写真23　西関社区における改装中の民居。手前に積まれているレンガは青レンガである。（2007年3月、筆者撮影）

そうした方策のうち、西関社区において、西関屋敷と竹筒屋の居住民になされた提案は具体的には、以下のようなものであった。すなわち、もし青レンガの壁、満州窓、趟櫳門（より理想的には西関門）といったシンボルを用いて改装するのであれば、社区役場はその改装費用の半分を負担するというものである。加えて、社区役場は、改造資金が不足したり、居住民が改装に賛同しなかった際などには、青レンガの壁を模したビニールを貼ることで建築デザインの上での工夫をすることもあった。

こうした区政府と社区の試みを通して、西関社区の光景は、筆者が現地調査をおこなった期間中（二〇〇五年四月から二〇〇八年二月）だけを見ても、明らかに変化しはじめていた。筆者の観察の限りにおいては、二〇〇五年春の時点で、赤レンガの壁の住宅は少なからずあった[7]。また、その他にも、木造やコンクリートで造った住宅は、西関社区の大半を占めていた。しかし、二〇〇七年七月になるまでには、社区役場の指導による改装工事（写真23）、もしくは青レンガの壁を模したビニールの貼付によって、西関社区の光景は、次第に灰色（つまり青レンガの色）に染まっていったのである。こうした現象は、特に西関屋敷建築保護区に顕著であったが、西関社区の他の箇所、さらには西関社区の近隣の社区においても、多かれ少なかれ同様のシンボルの〈空間化〉がみられた。

3　西関屋敷と麻石道をめぐるマス・メディアの偏向性

以上のような政策的方針により、茘湾区の光景は変化することになったが、さらに、これらの人工環境には西関文化（嶺南文化圏の中心地）としての「意味」があると宣伝されることで、主観的かつイデオロギー的なまなざしが形成されるようになっている。このような宣伝は、単なる人工環境をローカルな特色を備えた景観へと変貌を遂げさせる役割をもつが、西関社区においては主に二つの方法が用いられている。

一つは、西関社区における宣伝であり、街中に人工環境をめぐる紹介文が掲示されている。もう一つは、西関社区を超えてなされている宣伝である。特にマス・メディア、なかでも新聞、テレビ、インターネットは、西関屋敷や麻石道をめぐる説明と宣伝をここ数年間盛んにおこなってきた。その一例として、二〇〇八年一〇月の時点で荔湾区政府ホームページに掲載されていた、西関屋敷についての宣伝文を一部引用するとしよう。

「荔湾区の下町の巷で見られる西関屋敷は、広州を代表する伝統的な建築物です。なかでも、石脚〔＊青レンガの壁の土台〕、高品質な青レンガの壁、光沢のある趟櫳門、色鮮やかな満州窓…（中略）…は、時代のトンネルを駆け抜け、さらに洗練され、和やかな生活の味わいを伴っています。それは、往年の西関における美しく、かつ重厚な市民生活を体現しています」。

この紹介文は二〇〇四年二月二〇日付けで掲載されている。それゆえ、足掛け四年以上、同じ内容がずっと区政府のホームページ上に掲載されている計算になる。他方で、麻石道についても、「麻石の巷にて鳴り響く下駄の音」と題した紹介文が、同じく二〇〇四年二月二〇日付けで西関文化として掲載されている。

ただし、西関屋敷と麻石道はいずれも、このように区政府により重視されてきたが、たとえば新聞においては、両者の扱いに差異がみられる。具体的に見ると、二〇〇六年七月から二〇〇七年六月の『広州日報』紙だけでも、西関屋敷を見出しとする記事が一八件もあったのに対し、麻石道を見出しとする記事は一件もなかった。この一年間、麻石道について部分的に言及した記事ですら、管見の限り二件しか見当たらなかった〔河合　二〇一〇a：一六七〕。それに対して、西関屋敷をめぐる記事は麻石道のそれよりも圧倒的に多く、ここ数十年間、各地方新聞により頻繁に報道され続けている[8]。こうしたシンボルをめぐる宣伝の差異は、第四章の議論を繰り返すと、マス・メディアという商業機構のあり方に左右されているものと考えられる。なぜならば、次節で改めて論じるように、西関屋敷は、売却問題などの「事件」の記載が、麻石道に比べて圧倒的に多く記載されている。その一方で、麻石道の記載は、区政府による麻石道の修築に関連したそれに、ほぼ限られている。

こうした宣伝の偏りが影響してか、西関屋敷と麻石道は、社会的な認知度に大きな差が見られるようになっている。茘湾区都市計画局の局長であり地理学博士である周軍が二〇〇四年に発表した統計によれば、広州全市における西関屋敷への認知度は一〇〇パーセントに近かった［周軍　二〇〇四a：一〇〇］。だが、麻石道については、一〇〇パーセントに近い認知度が広州にあるとは言いがたい。周軍の先の統計に麻石道のデーターは掲載されていないが、筆者が調査したところでは、麻石道の名称を聞いたこともない茘湾区外の住民や区内の外地人も少なからず存在した。たとえば、天河区で二〇数年間生まれ育ったある男性は、「茘湾区という西関屋敷や西関小姐の話は日頃よく聞くが、麻石道など聞いたこともない」と筆者に語ったことがある。統計データーが存在していないため、麻石道の認知度が具体的にどれくらいであるのか正確には把握できないが、少なくとも西関屋敷ほどの知名度はない。

こうして西関屋敷と麻石道をめぐる一連のシンボルは、西関社区における多数の地域住民にとって、ローカルな景観として一応のところは立ち現れている。ただし、麻石道の方は、特に一部の外地人にとってはその「意味」が理解されておらず、人によっては単なる道端の人工環境にすぎないこともある。このことについて、次に例証していくとしよう。

二　多様な〈場〉によるシンボルの選択性

1　西関屋敷改造への参与とシンボルの「領有」——外地人の〈場〉において

すでに述べたように、区政府と社区は特色ある景観をつくりだすため西関屋敷と麻石道の改造を進めてきたが、経済的な困難により、これらの改造に着手するには地域住民の協力を必要としていた。しかし、こうした改造工事による地域住民の反応はさまざまであり、「外観ばかりを整え、水漏れなどの問題に注意を払われなかったことから、時として地域住民が改装工事に猛烈に反対」［崔　二〇〇七：一四三］することもあった。確かに、筆者が調査していたときも、特に西関屋敷や竹筒屋の改装工事に対し、地域住民が「穿衣戴帽《チョンイーダイマウ》」（訳——外見ばかり取り繕って中身がない）と非難する声を常に聞いてきた。ところが、西関社区では、社区の推進する西関屋敷の改造に対し、自ら資金を捻出する層も確かに存在してきた。では、この者たちは一体誰で、どのような意図からローカルな特色をもつ景観づくりに参与してきたのだろうか。かような住民参与の意図は多岐に渡るが、そのうちでも、西関社区で最も大きな勢力となってきた二つの〈場〉を考察する。

その第一の〈場〉は、西関屋敷の投機売買をめぐる流れに属している。この流れはかつて、マス・メディアで採り上げられて話題を呼んだ。西関屋敷の投機売買は二一世紀に入ってから興隆しはじめたが、その発端人は自身が西関屋敷で生まれ育ったA教授であった［広州日報　二〇〇四年八月二一日］。『広州日報』紙の記載によれば、広州市の某大学を退職したA教授は、幼少期から慣れ親しんだ西関屋敷に特別な感情を抱いていたため、一九九九年に一五万元を払って古びた西関屋敷を買い取った。そして、満州窓や紅木の家具を買い揃えて、表象された西関屋敷を再現させた。ところが思いがけないことに、マレーシアから帰ってきた華僑がこの家を気に入り、二五万元で買い取ると言ってきた。それ以降、A教授は表象された西関屋敷に市場価値があることを知り、投機売買者《ブローカー》へと転身していったのだという［広州日報　二〇〇四年六月一〇日］。A教授の噂はたちまち西関中に広まり、広州では二〇〇四年の段階で、こうした西関屋敷の投機売買者が二〇～三〇名にまで増加したと報告されている［広州日報　二〇〇四年八月二一日］。

　西関屋敷の売買は、西関社区においても、特定の投機売買者によって着手されはじめた。彼らは全員が西関社区における地域住民ではなくプロの商売人であり、さらに西関屋敷をめぐる知識を備えることが求められている。というのも、買い手が求めているのは、青レンガの壁、西関門、満州窓、紅木の家具といった、表象された西関屋敷だったからである。つまり、彼らが形成する〈場〉では、商業利益のために西関屋敷のシンボルとその「意味」に関する知識を学習する必要がある。そのうえで、それぞれのシンボルの仕入れ値や仕入れ先を把握することが必要事項となっている。投機売買者の一人であるB氏が紹介するところでは、西関社区における西関屋敷の買い手は、その絶対的多数が広州の外の者、すなわち、香港人、マカオ人、海外から戻ってきた帰国華僑、もしくは外地人であるという。そのうち、香港人、マカオ人、帰国華僑の買い手は、一九四〇年代から一九六〇年代の期間に、日本軍の侵略や共産党の土地改革によって外に逃げた者たちである。それゆえ買い手は西関屋敷に郷愁の念をもっており、さらに国内外のマス・メディアを通して表象された西関屋敷のビジョンを頭に描いている[9]。だから、こうした外部の者たちは、表象通りの西関屋敷を大金を叩いてでも買いたがるのだと、B氏は語る。つまり、西関屋敷の買い手たちにとって、西関屋敷は単なる道端の民居ではなく特別な景観となっているのである。投機売買者たちは、こうした外部からのまなざしを見据えて、関連するシンボルを「領有」し、金儲けに励んでいる[10]。

　もう一つの〈場〉は、西関屋敷の投機売買者ではなく、地域住民が自ら資金を捻出して西関屋敷の改造に協力するものである。この動きは、西関社区においても決して珍しくはなく、それによってローカルな特色のある景観を生産しようとする区政府および社区の試みに、結果的に貢献する層を形成している。ただし、西関社区において、この層は老西関人ではなく、外地人と新西関人によって担われている。このことについて、西関屋敷建築保護区内にある一角の例を挙げてみるとしよう。

西関社区にあるこの一角には三〇件余りの西関屋敷が集中しているが、そこの九〇パーセント以上の居住者は、外地人および新西関人で占められている。この一角で幼少期から西関屋敷に住む少数派の老西関人の話を聞くと、昔馴染みの隣人は、一九九〇年代になるまでにはほとんどが外に引越していったのだという。その要因の第一は、一九四〇年代から一九六〇年代の間に日本軍の侵略、土地改革、文化大革命と続いたため、西関屋敷の居住者が香港、マカオ、東南アジアなどに逃げていったことにある。第二は、改革・開放政策の採択後、息子夫婦や近隣の若者もまた、天河区などの新興都心、または住宅価格の低い他区などに越していったことにある。他方で、九〇パーセント以上を占める新西関人と外地人のうち、前者は、一九八〇年代から一九九〇年代初頭にかけて「単位」制度の崩壊とともに街に出てきた元工場労働者たちである。そして、後者は、市場経済化の煽りを受けて茘湾区に商売をするために来た人たちである。新西関人は、まだ土地価格や住宅価格が安かった西関屋敷建築保護区成立以前の時期に、この地に越してきた。それゆえ、経済的にもさして豊かではなく、その大半が退職して細々とした生活を送っている。だが、この一角に住む外地人は、西関屋敷建築保護区が成立して土地価格が高騰した後に越してきた層で、商売で儲けた少なからずの資金がある。そのうち外地人は、古びた西関屋敷を購入し、それを修築することでこの一角に住み着きはじめている。

特筆すべきは、外地人により修築された西関屋敷には、青レンガの壁、満州窓、西関門といったシンボルが保留される傾向にあることである。彼／彼女らは、さらに紅木の家具や満州窓を自費で購入し、表象された景観のシンボルを現代社会に再現している。それでは、なぜ外地人は西関屋敷を買い求め、そのシンボルにこだわるのだろうか。まず、西関社区の近郊にて茶壺の商売を営む、河南省出身の商人C氏の事例を取りあげてみることにしよう。

C氏は、一九九〇年代前半に荔湾区に来て茶壺の商売をはじめたが、二一世紀突入後に「西関屋敷を買い西関人になろうとした」のだと振り返る。そこで、彼は八〇年の歴史をもつ西関屋敷を一〇〇万元（日本円で約一五〇〇万円相当）余りで買い取り、満州窓、趟櫳門を保留して、残りの全ての部屋を改造した。彼はまた、屋内を徹底的に内装した後で、紅木の家具を買い揃え、表象された西関屋敷のビジョンを再現してきたのであった。さらに、西関屋敷を改造しただけでなく、飲茶《ヤムチャ》[11]をとる広州人の習慣も身につけ、西関社区に居住することになった。というのも、C氏は、広州に住むうちに他の外地人仲間から、西関屋敷や飲茶《ヤムチャ》が西関人の文化であることを聞いて知っていたからである。

同様の事例は、西関社区で茶の販売を営む、福建省出身のD氏にも該当する。D氏はあと一〇年もすれば「危険家屋」のリストに入ると推定されていた西関屋敷を、やはり二〇〇〇年以降に購入した。D氏は、西関屋敷を購入した後、C氏と同じくその内装を徹底的に変え、クーラー、冷蔵庫、暖房など現代的な施設を取り付けた。また、図10に示されている「門官庁《もんかんちょう》」を取り払って室内の見晴らしを良くし、「倒朝房《とうちょうぼう》」や「正庁《せいちょう》」をはじめとする各部屋の壁を壊して、一つに繋げた。他方で、それまでなかった青レンガの壁と西関門を装飾品として追加した。D氏は、C氏と同じく広東語こそ流暢ではないものの、広東料理を食し、飲茶《ヤムチャ》の習慣を取り入れるなどの工夫をしてきた。それにより、生活上、商売上のコミュニケーションをとろうと図ってきたのである。

また、西関社区の外で美容関係の店舗を経営している湖南省出身のE氏は、大がかりに改造してはいないが、やはり室内を改装して西関屋敷を一つにつなげ、青レンガの壁や西関門を残している。彼女の場合、経営する店舗にも、青レンガの壁とスライドしない趟櫳門を装飾として取り付けている。こうした改装をする理由について、E氏は、「郷に入っては郷に従う」ことであると答えており、さらに「広州で経営する商売人は現地の客を招くために、みなそうやっている」と語っていた。

では、どうして商売を営む外地人はこうしたシンボルを重視するのかというと、そこには商売目的が隠されていることが分かるだろう。C～E氏はいずれも、西関で商売を営んでおり、当然のことながら彼／彼女らの顧客には少なからずの西関人がいる。それだから、外地人は、顧客とより良いコミュニケーションをとるため、西関の風俗習慣に適応する手段として、ローカルな特色と考えられる景観のシンボルを「領有」してきたのである。さらに、E氏の話にあったように、このような適応戦略は、同じ外地から来た商売人からの見聞で、何となく身につけているものでもある。たとえば、E氏は、D氏や別の商売人仲間から聞いて、どのシンボルを「領有」すべきかという知識を感覚的に身につけていた。こうして彼／彼女ら外地人の間では、「西関人は、青レンガの壁や西関門のある家屋に住み、飲茶《ヤムチャ》などの広東料理をとる」といった知識が対話を通して日常的に伝達されており、その〈場〉に参入する者はかような言説を感覚的に身につけるのである。同様の言説は、同じく商売を営む一部の新西関人にも伝わっている。そのため、彼／彼女もまた自分で資金を捻出して青レンガの壁や西関門をとりつけた民居に改造し、結果的に社区の意向と歩調を合わせてきた。

さて、ここで注意を払いたいのは、以上の〈場〉に属する商売人たちは、自費で西関屋敷を改造しているにもかかわらず、麻石道の方には目もくれてこなかったことである。彼／彼女らは、自らの住居の青レンガや西関門は自慢げに語るのに、麻石道となると途端に無関心となり、祝日の際に麻石道の掃除をする地域住民の活動にも参加してこなかった。なぜなら、西関社区の外地人たちが属する〈場〉では、西関屋敷、西関小姐、ヤムチャなどといった知名度の高いシンボルは西関文化として語られてきているが、麻石道はその言説のなかに現れてこないからである。換言すれば、この〈場〉に属する地域住民にとって、西関屋敷は、ローカルな特色をもった景観として立ち現れてはいるけれども、麻石道は、価値のない、単なる人工環境にすぎないのである。

ところが、外地人たちが西関屋敷のシンボルに着目しはじめた反面、一九九〇年代半ば以降の政策的影響を受けて老西関人たちが愛着を抱き始めたのは、むしろ麻石道の方であった。老西関人たちは、彼／彼女らが属する〈場〉の刺激を受けて、麻石道がいかに近代的なコンクリートよりも優れているかを説き、祝祭日には愛着を込めて麻石道を掃除するようになっている。それでは、老西関人を中心とする地域住民は、西関屋敷と麻石道をどのように見て、語り、名づけてきたのだろうか。

2　西関屋敷をめぐるシンボルの脱構築——本地人の〈場〉において

以上、自己の利害関係に合わせて特色ある景観の諸シンボルを「領有」する〈場〉が、西関社区にも確かに存在することを指摘してきた。ところが、筆者はそれと同時に、マス・メディアが宣伝してきたかような景観のビジョンとは異なる角度から人工環境を眺めている〈場〉も、フィールドワークの過程で目の当たりにしてきた。この〈場〉において人々は、外地人らによって再現された西関屋敷のデザインが、いかに慣習的なあり方と異なっているか、具体例をもって説明してくれた。それは、水漏れなどの問題を解決せず外見ばかりを取り繕っているという、「●穿衣戴帽《チョンイーダイマウ》」の批判に示されているだけではない。特に幼少期から西関社区に住む老西関人にとって、それは、慣習的な人工環境へのまなざし（イマージュ）と合致しなかったのである。ここで、老西関人を中心とする〈場〉における聞き書きを記すことにしたい。この〈場〉は、便宜的に site α と称す。

site α は、西関社区の西関屋敷建築保護区を中心に結成される、一定のコミュニケーション様式と価値観を共有する〈場〉である。表4は、その主要メンバーを便宜上掲載したが、もちろん表4以外にもメンバーは存在す

表4　site α の主要メンバー

氏名	年齢	性別	身分	備考
α1氏	60代	男	老西関人	幼少期より西関社区にて生活してきた
α2氏	70代	男	老西関人	α1氏の数少ない幼なじみ
α3氏	60代	男	老西関人	α1氏の幼なじみだが今は他区に住んでいる
α4氏	60代	女	老西関人	α1氏の幼なじみでUクラブの会員でもある
α5氏	60代	女	老西関人	α4氏の幼なじみ
α6氏	30代	女	老西関人	α5氏の親戚／荔湾区生まれだが他区居住
α7氏	30代	女	新西関人	α6氏の友人で海珠区出身者
α8氏	60代	男	新西関人	浙江省出身で80年代に定住した

る。また、α1氏からα5氏までは西関社区で生まれ育ったが、α3氏のように〈空間〉を超えて離散している成員もいる。site α は、友人の友人、もしくは近隣関係をつたって形成されており、時折、西関社区や近くの酒楼（レストラン）で飲茶《ヤムチャ》をとりながら対話がなされてきた。site α に参入する者は老西関人が中心となっており、表4に見るように新西関人が参入することはあるが、外地人は参入しない。たとえば、site α の数名は前出のD氏と知い合いではあるが、店主と顧客の関係にとどまっている。つまり、両者には距離感があるのだが、その要因の一つとして、site α で話されている言語が広東語であることが考えられる。

それでは、西関屋敷の改造についてsite α ではどのような対話がなされてきたのだろうか。site α のメンバーは、青レンガの壁、西関門、満州窓をとりつけて改装するのは時代錯誤であり、また、そうして改装された外地人の西関屋敷はニセモノなのだと口をそろえて言う。彼／彼女らによると、西関社区において西関屋敷の名で宣伝されている建築物は、本当の意味での「西関屋敷」ではなく、「西関民居《サイグァンマンゴイ》」と呼ぶべきものだという。つまり、ホンモノの「西関屋敷」を見てきたα1～α5氏にとって、いま保護され宣伝されている西関屋敷は竹筒屋と同じ「西関民居《サイグァンマンゴイ》」のカテゴリーに属すものであり、規模が相対的に大きいものが西関屋敷と呼ばれているにすぎないのだという。

写真24　騎楼建築。騎楼建築とは、1階がアーケードとなり、雨天の日も雨に濡れない構造となっている建築スタイルを指す。（2010年8月、筆者撮影）

このことについてα2氏はさらに解説を加える。α2氏の説明によれば、西関屋敷とは海外貿易で儲けたかつての大商人——たとえば広州四大家族と呼ばれた潘氏、盧氏、伍氏、葉氏——たちが構えた大邸宅を指しており、その敷地内には庭、池、倉庫などがあった。α2氏が続けて語るところでは、「私が子供の頃、西関には確かに立派な『西関屋敷』がいくつかあった。しかし、西関社区のあたりは比較的階層の低い者たちが民居を構えていただけであった。だが、ホンモノの『西関屋敷』は資金家の象徴ということで、共産党によって一九五〇年代から一九七〇年代の間に取り壊された。こうして『西関屋敷』の跡地にできた不肖の息子こそが騎楼（写真24）である。[12] 反面、このあたりの民居は倉庫などに使われたので、文化大革命の時代においても破壊を免れることができた。一九九〇年代後半、皮肉なことに、それが西関屋敷として生まれ変わった」とのことである。このような語りは、対話を通して、『西関屋敷』を見たこともないα6氏やα7氏にも「記憶」されている。そうして、彼女たちは、日頃から西関屋敷を西関民居と呼称するとともに、同年代の若者とは異なった目でもって西関屋敷や騎楼建築をながめるようになっている。

site α では、西関屋敷と西関民居の区別が強調されているだけでなく、最近になって外地人らにより改造された西関屋敷が、いかにニセモノであるかが語られている。それをニセモノだと判断する根拠の一つは、「西関民居」の建築構造である。前述のように、外地人たちは西関屋敷を改造する際に、青レンガの壁や西関門をとりつけただけでなく、室内も大改装していた。たとえば、D氏は、「門官庁」を取り払い、「倒朝房」や「正庁」をはじめ

写真25　西関地区におけるある店舗の門。門はスライドしない趟櫳門を採用し、門の上方は青レンガを模したデザインを採用している。（2006年12月。筆者撮影）

とする各部屋の壁を壊して、一つに繋げていた。というのも、外地人らの〈場〉においては、まさにマス・メディアが宣伝するように、青レンガの壁や西関門や満州窓こそがこの地の特色ある景観であり、また、西関人が愛好する建築装飾であると語られてきたからである。外地人にとって、西関屋敷のその他の部分はどうでもよかった。ところが、土着の西関人（老西関人）は、「門官庁」や「倒朝房」こそが「西関民居」に欠かすことのできない重要な部分であると考えてきた。筆者は、何もこの事例が全ての老西関人に該当すると言っているのではない。しかしながら、少なくとも site α の人々は、別の角度から西関屋敷を見てきたのである。

α1〜α5氏が語るところでは、「西関民居」には「門官庁」と「倒朝房」と「正庁」が不可欠で、もしこれらの部屋がなければ、それは西関屋敷であるどころか、「西関民居」ですらなくなる。さらに、彼／彼女が主張するところによれば、青レンガの壁や西関門や満州窓がなくても、それは「西関民居」と呼ぶことができる。なぜならば、「西関民居」には本来、青レンガの壁、西関門、満州窓は必ずしもあるとは限らなかったからである。加えて、site α のメンバー全員が語るところでは、西関門の一枚としてある横木の門（趟櫳門）はスライドされなければならない。近年の西関地区では、写真25に見るようなスライドしない趟櫳門がとりつけられることが、一種の流行となってきた（第四章を参照されたい）。だが、この種の趟櫳門は、site α ではニセモノであると一蹴されている。[13]

さらに、最近になって外地人らが装飾にとりつけている趟櫳門について、たとえスライドするものであってもニセモノが多いと主張していたのはα3氏であった。風水や建築装飾に関心をもつというα3氏が着目するのは、趟櫳門の数である。α3氏によれば、「趟櫳門の横木は慣習的には奇数にするのがしきたりであった。昔の広州〔＊老城四区〕では、奇数は出発を意味しており、また財や幸運を招くというので建築によく使われていた。逆に偶数は、財や幸運を送るという意味があったから、土産物を他人に贈る時は、必ず偶数分だけ渡さねばならなかった」という。たとえば、E氏が経営する店舗の趟櫳門も偶数が採用されているが、その理由についてE氏は「湖南省では偶数は喜びを意味するから故意に横木を偶数分つけた[14]」のだという。しかし、西関の趟櫳門を注意深く見てみれば分かるように、古びた民居の趟櫳門の絶対的多数は奇数である。筆者が二〇〇七年五月にこの説明を聞くまでは、site α の他のメンバーも、伝統的な「西関民居」の趟櫳門が奇数であることを知らなかった。しかし、筆者の聞き取り調査の影響で、この語りは site α 内で広まっていき、それは彼／彼女らの「西関民居」をめぐる記憶のなかに組み込まれるようになっている。

以上のような「西関民居」をめぐる site α での語りは、老西関人だけでなく、新西関人であるα8氏にも共有されている。site α は対話を通して「西関民居」に対する記憶を共有しており、それゆえ地域住民の間で同じ内的景観を共有し、それを構築している。外地人がマス・メディアの影響を受け、社区の推奨するローカルな特色ある景観をつくりあげている最中、site α に属すメンバーとその家族たちが選択したのは、自身の民居を改造しないことであった。より正確に言えば、何も改造せず、「門官庁」や「倒朝房」や「正庁」といった各部屋を残すことであった。また、スライドする奇数の趟櫳門は、ホンモノの門であると見なされてはいたが、site α のメンバーは、それを取り付けることを好まなかった。というのも、この門は現代の技術をもってすれば簡単にこじ開けることができるので、時代に適合しないと考えられたからである。同様に、青レンガの壁を現在に再現する意味も理解できなかったし、満州窓は掃除に面倒だから、やはり時代に合っていないと考えられた。要するに、西関屋敷の改造は、時代錯誤であるとして、site α では受け入れられなかったのである。[15]

3　麻石道をめぐる景観の想起

このように、西関屋敷のシンボルは、外地人にとっては適応の戦略として魅力をもちえたが、老西関人たちは、むしろ別の建築要素を重視していた。だから結局、社区による西関屋敷の改造計画は、ごく一部の地域住民（外地人と一部の新西関人）の協力しか得ることしかできず、政府側が改造資金を補充するしかなかった。[16]

ところが興味深いのは、西関屋敷の改造に協力的でなかった老西関人たちが、時代に適合しているとして、むしろ麻石道に愛着をもちはじめたことである。前述の通り、麻石道は西関文化のシンボルの一部として位置づけられてはきたが、学術やマス・メディアによってとりあげられることは少なかった。しかし、麻石道は、往年の景観の記憶を想起するものとして、むしろ老西関人によって重視されるシンボルへと化している。

麻石道は、site α でも愛着をもって語られるが、それが site α だけの動きではないことを示すために、次の統計資料を提示することからはじめよう。この統計資料は、前出の周軍［二〇〇四a：九六］により発表されたもので、西関社区の西関屋敷建築保護区に居住する一〇〇名の地域住民（すべて「居民」）を対象したアンケートに基づいている。[17] 統計の内容は、西関の特色として何を重視するかについてである。

そのアンケート結果によると、西関社区の住民が最も重視していたのが、麻石の敷き詰められた巷（小道）であった。数字のうえでは、実に三五％の地域住民がそれを西関の特色として重視していたのに対し、西関屋敷を含む民居は二〇％と注目度が高くなかった。西関屋敷が一〇〇％近い知名度をもつことを考えれば、このコントラストには興味深いものがある。アンケート施行者である周軍は、なぜ地域住民が麻石の巷に着目するのかについて、全く関心を払ってはいない。だが、現地調査の期間中、筆者は、麻石道に対しての高い評価をしばしば耳にしてきた。その一例として、再び site α における対話を検討してみるとしよう。

まず、西関社区では、民国期には麻石道が存在してきたが、一九五〇年代以降の下水道工事によりデコボコになっていた。ある老西関人が語るところでは、一九九〇年代には麻石道はデコボコであったけれども、誰も気にかけなかったのだという。しかし、一九九〇年代末期になると、区政府は麻石道の整備に関心を払うようになり、特に西関屋敷建築保護区の麻石道は、西関の他のところに先駆けて修築がなされてきた。当時の様子についてα1氏とα2氏は、二〇〇七年五月、「麻石道の整備が本格的に始まった当時、私たち地域住民はこれを歓迎し、無償に近い給料で手伝ったのだよ」と語っていた。彼らのこの語りは別の「居民」の口述とは異なることもあるので、それが事実であったか否かは定かではない。ただし、ここで重要であるのは、二〇〇七年当時の site α では、このような記憶が語られるほど、麻石道に愛着がもたれていたということである。彼らはここ数年間、年越しになると、麻石道を掃除するなど、特別な感情を込めるようになっている。では、なぜ彼／彼女らが麻石道を好むのであるかについて、site α では主に次の二種類の語りがなされている。

その一つの語りでは、コンクリートの道よりも水はけが良く夏は涼しいという、麻石道の実利的な面が強調されている。site α では、コンクリートの道がいかに都市の温度を高め、非効率であるかがしばしば語られている。さらに、近年の環境問題をめぐる言説を受けて、コンクリートは温暖化をもたらすので、麻石道の方が環境に優しいのだと、この〈場〉では主張されてきた。この主張は、特に若いα6氏、α7氏によってたびたび語られるが、他の熟年層もまた、それを好意的に受け止め、環境問題の観点から麻石道を語っている。ただし、それ以前に、α1～α5氏にとって麻石道は、往年の生活を思い起こす説話や物語が込められた巻となっている。

もう一つの語りは、そのすべてを紹介することは困難であるが、比較的よく話題となる次の二つの事例に集約される。

その第一は、第四章でもとりあげた鶏公欖《けいこうらん》についてである。鶏公欖は、いまでこそ上下九路西関商店街に一羽（人）しかいないが、α1〜α5氏の話によると、彼／彼女らが幼少期だった頃（少なくとも一九六〇年初頭まで）には、麻石道にたくさんいた。鶏公欖はオリーブを売っていたが、二階から降りて買いにいくのが面倒だったので、二階から商品を投げてもらったり、籠を吊るして置いてもらったりしていたという。site α の高齢者たちは、鶏公欖を西関以外のところで見たことがないと対話しており、そうした観察によって、これを西関の特色ある景観だと考えている。

第二は、音の景観《サウンドスケープ》にかかわるものである。α1〜α5氏の話では、西関の人々は一九六〇年代まで、靴ではなく下駄を履いて生活していた。[18] その時、麻石道を歩く時に「カタンコトン」と音がし、その音には独特のものがあったという。また、男性の履く下駄、女性の履く下駄、子供の履く下駄はそれぞれ異なり、どういう人が歩いてくるか、音を聞いただけで分かったと、彼／彼女は懐かしがる。[19] そして、こうした思い出話に花を咲かせながら、α4氏は常に「こうした往年の記憶と説話が詰まっているからこそ、麻石道だけは守らねばならないのです」と筆者に強調して語った。

ところで、site α を含む西関社区の「居民」が麻石道にそのように愛着を抱くのに対して、同社区の「村民」がそれに無関心なのは注目に値する。図8に示したように、「西関村」にも麻石道が存在する。「西関村」の麻石道は、少なくとも民国期にはあったといわれるが、まだデコボコなままで修築なされていない。しかし、「村民」はこれを早急に修築する必要はないと考えている。この態度は、麻石道の整備に積極的に協力した過去を語る「居民」とは対照的である。「村民」は鶏公欖は街区のものであったから接触がなかったとは言うが、確かに下駄で麻石道を歩いてきたとは語るのである。

では、なぜ「村民」にとって、麻石道の記憶は重要でないのか。それは、「村民」の関心が、麻石道よりもむしろ、

「村民」としてのアイデンティティを重視していることに関連があると考えられる。つまり、次章以下で論じていくように、「村民」たちは、同盟村落との関係性に重きを置いてきた。たとえば、「村民」はかつて自分たちで資金を集めて道路の修築を試みたが、その資金を用いて修築したのは麻石道ではなく、X公司の社宅の通りと広場であった。なぜならば、「村民」にとってこの地は、北帝誕生祭をめぐる彼／彼らの景観を想起するための、重要なスポットとなっているからである（第八章を参照）。他方、「居民」はといえば、この麻石道の巷こそが彼／彼女の景観を想起し構築する重要なスポットの一つとなってきた（第九章を参照）。要するに、麻石道への記憶は、現在の必要性に応じて構築されているのである。

α４氏がかつて筆者に語った次の言葉は、印象的である。彼女は麻石道の記憶を懐かしげに仲間と語った後で、筆者にこう言うのである。「私たちは麻石道が好きだけど、でもちょっと前まではそれほど注意してこなかったのよ。政府が麻石道を整備して鶏公欖を再現しはじめてから、今言った昔話を思い出したのよ」と。つまり、site αの老西関人たちが麻石道を単なる人工環境から景観に変えた背景には、政治経済的な刺激が働いていたといえる。西関社区における麻石道の愛着、すなわち〈場所〉における慣習的な景観は、無批判に持続しているのではなくて、政治経済的な条件のもとで構築されているのである。

おわりに

本章では、西関屋敷と麻石道という二つの質の異なるシンボルを例に挙げ、それらが西関社区の地域住民によって、どのように「領有」されているかについて論じてきた。その結果、明らかにされた結論は、次の三点に要約することができる。

第一に、西関屋敷と麻石道は、西関文化としての「意味」づけが同じようになされていたが、マス・メディアによる宣伝には大きな差があった。それゆえ、両者は、認知の程度が異なるシンボルとして生成されるようになった。すなわち、西関屋敷が西関という〈空間〉を代表する景観として捉えられていったのに対し、麻石道は外地人とって「領有」するに値しないシンボルとなった。

第二に、西関の特色を備えた景観として表象される西関屋敷は、外地人を中心とする〈場〉によって、適応の戦略として「領有」されてきた。それにより、こうした外地人による西関屋敷の修築は、地域住民が西関屋敷に愛着をもってきたことを示す格好の材料として、マス・メディアでとりあげられていった。言うまでもなく、マス・メディアは、部分的な事実しか報道しないのであるが、こうした報道は結果的に、西関屋敷とその諸シンボルが西関〈空間〉の特色ある景観であるという、認知度を高める貢献をすることになった。

しかし、第三に、そうしてローカルな特色として提示された西関屋敷は、老西関人を中心とする〈場〉では冷ややかに眺められていた。というのも、彼／彼女らはホンモノの「西関屋敷」をかつて見聞きしており、そうして蓄積された記憶を通した特有のまなざしをもってきたからである。そうであるから、老西関人たちは、区政府や社区や外地人によって再生された西関屋敷の景観像に対し、違和感をもちはじめている。逆に、外地人は、かつての西関屋敷をめぐる記憶をもたないからこそ、政策的に押し付けられた特色としての景観像を、素直に継承することができるのだとも考えられよう。

他方で、老西関人にとって、麻石道の表象は、彼／彼女らにとって、往年の記憶とかけ離れていることはなかった。site α の高齢者たちにより語られる麻石道と鶏公欖は、やはり政治経済的な目的から政策的に通して提示されたシンボルである。文中でも引用したように、麻石道の下駄をめぐる説話は区政府のホームページにも掲載されているし、それを記した概説書もある［cf. 黄愛東西　一九九九］。また、鶏公欖は、第四章で述べたように、ストリートの景観の特色を醸成するシンボルとして、都市計画により再現された。site α のメンバーもまた、こうした光景を街頭にて見ることで、往年の景観の記憶を想起させられている。

しかし、同時に考慮すべきなのは、もし政治経済的な条件が地域住民の記憶を絶対的に左右するならば、なぜ西関屋敷は西関社区で生まれ育った者たち（老西関人）に受容されなかったのか、という問題である。本章の事例によれば、麻石道が西関屋敷と明らかに違うところは、表象された麻石道の景観像が、site α に蓄積された記憶と、それほど乖離していないことにあった。つまり、そうしたローカルな景観像を受け入れられるだけの余地が、site α に存在したのではないかと考えることもできる。

ここから、次のような仮説が浮上してくる。つまり、ローカルな特色をもつ景観像の受容は、生活の舞台における〈場〉のあり方に左右されるのではないか、という問題設定である。別様に言うなら、仮に〈場〉に蓄積された内的景観の記憶が、もし政策的に生産された外的景観のビジョンとそれほど乖離していないならば、両者は整合する可能性をもつのではないか。こうした仮説は、〈場〉をめぐるいまの社会状況を考慮に入れながら、さらに検討していく価値があるだろう。そこで、次章では、西関における歴史的景観再生プロジェクトの目玉の一つである西関風情園建設の事例を記述分析することで、以上の仮説を検討してみることにしたい。

注

（1）伝統民居の中軸線をめぐる表象は、客家囲龍屋でもなされている［河合　二〇〇七b：七三］。

（2）趟櫳は、「燙櫳（●タンロン）」と呼ばれることもある。「燙」は「燙頭（アイロン）」の「燙」であり、門が滑るように動くことからこの名が付けられた。民間の言い伝えでは、趟櫳の出現は明代の中期であり、雀のカゴにインスピレーションを得たともいわれる［林維迪　一九九六：七七］。

（3）西関の概説書である『城西旧事』［梁儼然　二〇〇〇］や『西関小姐』［譚白薇　二〇〇三］の表紙に掲載されているカバー

写真には、いずれも麻石道がある。このように、麻石道は、文字での記述こそ少ないが、写真や図などで、西関を彩る景観としてしばしば使用されている。

（4）ある警察官が二〇〇六年一一月に語ったところによると、茘湾区は古民居（木の門をした一戸建て住宅）が多いから泥棒が侵入しやすく、治安が特別悪いという。

（5）この政策は、人口を郊外に移転させる「二つの適宜」の方針と関係している。西関社区の住民は、白雲区の同徳囲や芳村区などの郊外に移転させられるケースが多かった。

（6）竹筒屋とは、街に面しているが横幅が狭く、縦長で（つまり奥が深く）、竹筒状になっている家屋を指す［梁基永　二〇〇四：四五］。

（7）正確な数値はとっていないが、二〇〇四年の時点で、西関社区の約三割は赤レンガの壁をした住居であった。また、木造はすでに少なかったが、コンクリート造りの民居やアパートも約半数あり、青レンガの壁をした住宅はむしろ少数派であった。しかし、二〇一〇年一二月現在、すでに七割以上の住居は、青レンガの壁かそれに相当した外観をもつ建築になっている。

（8）テレビの放映においても、西関を舞台描写する際には、西関屋敷、および西関屋敷と関連する各種装飾品――青レンガの壁、趟櫳門、満州窓などは、必ずといっていいほど映し出されている。たとえば、西関を舞台とした人気番組『外地媳婦、本地郎』（訳――『外地人の妻と土着の夫』）では、舞台描写として青レンガの壁や満州窓が用いられている。この番組は、広州人に一定の年数住んだことがある者ならば誰でも知っているほど有名である。また、西関を舞台とした連続ドラマ『西関大少』（香港）、『風雨西関』（中国）でも、青レンガの壁、趟櫳門、満州窓は舞台背景に用いられている。

（9）なぜ外地の買い手が表象された西関屋敷を思い描いているのか、移民社会の状況、および外地での宣伝と表象のあり方については、さらに検討する余地が残されている。本書ではさしあたり、西関屋敷のシンボルをめぐる表象と宣伝が、上海［南方日報　二〇〇五年九月一五日］、福岡［黄旭波　二〇〇六：一二二］、韓国［羊城晩報　二〇〇五年一一月四日］などでおこなわれてきた事実を指摘するにとどめておきたい。

（10）B氏の紹介によれば、西関屋敷で使用されていた青レンガの壁、満州窓、紅木の家具などの装飾品を現在、入手することは容易ではない。満州窓は一つ数千元（日本円で約数万円）、紅木の高級家具に至っては数万元（日本円で数十万円）するものもざらだという。また、かつて東莞で採れていた良質の青レンガは、いま入手が非常に困難となっている。だが、それでも、これらの高価な装飾品を用いて改装した西関屋敷は、外地の買い手に高く売れるのだという。それゆえ、投機売買者の〈場〉に属する者は、西関屋敷をめぐる知識を入手して、それに関連するシンボルを商売道具としなければならない。

（11）飲茶（ヤムチャ）とは、早朝や午後に茶館にてお茶や「点心」（おやつ）をとり、余暇を過ごす習俗を指す。広東式のティー・

タイムに相当する。

(12)　ただし、西関にある騎楼の全てが、「西関屋敷」の跡地にできたものだというわけではない。騎楼のいくつかは、民国期にはすでに存在している。一部の騎楼がそうなのだと考えられる。

(13)　スライドしない趟櫳門がニセモノであるとする語りは、site α に限らず、西関のあらゆる〈場〉で耳にしてきた。

(14)　しかし、湖南省でどれくらいこうした観念が普及について、筆者はまだ湖南省において確認をとっていない。あくまでE氏自身の見聞に基づく発言であることを断っておく。

(15)　時代錯誤であるという判断のほかに、土地権問題が住民参与を妨げている。荔湾区国土資源・房屋管理局が述べるところでは、西関では、「公房」の方が「私房」の数よりもはるかに多い。「私房」は財産権争いなどの理由により、修築されない傾向にある［広州日報　二〇〇六年一二月五日、一三面］。

(16)　site α では、「西関社区では、通りに面した西関民居に住む世帯はみな、青レンガの壁や趟櫳門を使って改装するよう、社区により提言されました。でも、私たちの近隣では誰も金をかけてそのような無駄な改修をすることを好みませんでした。ですから、改装費用は結局、社区がその大部分を捻出したのです」と語られていた。

(17)　通常、中国では特別なコネがない限り、外国人研究者がアンケート調査をすることは困難である。こうした理由から、本書では、アンケート調査による数的データーは、中国人研究者による研究成果を一貫して借用している。

(18)　α4氏によると、下駄を履く習慣は一九六〇年代になくなったと言う。

(19)　西関人が当時履いていた下駄にはいろいろ種類があり、男性用、女性用、子供用があったという。子供用の下駄はその形状から「冬瓜履」（●ドングアケッ）、男性用と女性用の下駄はそれぞれ「男装履」（●ナムゾンケッ）、「女装履」（●ノイゾンケッ）と呼ばれていた。ちなみに、同様の話は、西関以外の区でも語られている。たとえば、番禺区沙湾鎮では、「昔、私たちは下駄を履いて麻石道を歩いていた。性別により、職業により、履いていた下駄の音が異なるので、音を聞いただけでどういう人がやってくるか分かったものだ。たとえば、女性の下駄の音は、か細く、牛肉売りの下駄の音は太い特別な音がしたのだよ」という高齢者男性の語りを聞いたことがある（二〇〇七年一二月二六日、鳥取環境大学・浅川滋男教授、同大学・張漢賢准教授と筆者との共同調査による）。

第七章　詩的景観のつくられ方と読まれ方

はじめに

本章は、区政府の指導により建設されてきた西関風情園（仮称）を事例とし、それが地域住民によっていかに解読されてきたのかについて考察することを目的としている。

すでに述べたように、地方政府による景観の建設は、そのローカルな特色を示す作業において学界の文化表象に依存してきた。西関風情園の建設においても、学者たちは史料を参照することで、往年の景観を再現する青写真を描きはじめている。そこでは、西関という〈空間〉に特有であるとされるシンボルが選定されており、そのシンボルに基づいた物理的環境の建造がおこなわれてきた。つまり、行政機構がそのシンボルを用いて物理的環境をつくりあげることで、西関風情園の景観は可視的に再現されてきたのである。

本来、西関風情園のシンボルは、西関文化としての「意味」を付与されることで、ローカルな特色をもつ景観として立ち現れていた。ところが、第四章でも論じたように、こうした記号の生成は恣意的であり、第三者によって突き崩される不安定さがある。西関風情園においても、このことはある程度該当する。西関風情園の近郊に住む地域住民、特にこの地で生活を営んできた「村民」は、彼／彼女らが慣習的に培ってきた別の「意味」（記憶、説話、価値観など）によって、別の角度からこれらのシンボルを解読している。それによって、「村民」は、西関風情園という行政的に建設された景観のなかで、別の内的景観を抱いてきたのである。

さて、西関風情園を再解読する際、「村民」がしばしば否定的に使ってきた言葉がニセモノであった。前章で言及した西関屋敷の事例と同様、ここには、〈場〉において慣習的に蓄積されてきた記憶から脱構築する意図が込められている。しかし、それと同時に、西関風情園のいくつかのシンボルを、「村民」がホンモノとみなしてきたことには着目すべきである。後述するように、その理由には、過去の記憶だけでなく、いまを生きる社会状況が関与している。それゆえ、本章では、前章で保留しておいた問題、つまりいまの社会状況を考慮しつつ、地域住民が景観をどのように解読し、再構築してきたかについて考察を進める。

一　西関風情園の建設——シンボルの散布による特色ある景観の生産

1　ライチ湾の歴史文化的表象

二〇〇二年九月に発布された『開発計画要綱』により、茘湾区全体が中央休息区（ＣＲＤ）に指定されたのは、すでに見た通りである。この頃より茘湾区では、「西聯」の方針に則って文化を保護し、西関文化の雰囲気に満ちた景観をつくりあげる政策的努力をおこなってきた。そうすることで、買い物客、観光客、その他の来訪者にとって、快適な休息エリアへと変貌を遂げることが、都市計画の目標に掲げられたのである。二〇〇二年四月より区政府の指導で建設されてきた西関風情園は、こうした政策的動きの先駆けであった。

西関風情園が建設された地は、ライチ湾の畔である。ライチ（茘枝）湾は、度々ふれたように茘湾区の語源ともなった川で、西関社区にも流れている。地勢的にみて海抜の低い荔湾区では、改革・開放政策がはじまる以前まで、区内の至るところに広がって流れていた。だが、市場経済化政策がはじまるにつれ、ライチ湾のほとんどが埋め立てられ、西関社区を含む限られた一帯を流れる川にすぎなくなった。ライチ湾は、かつてはライチの実る綺麗な川であったといわれるが、今では汚染された汚い川になっている。ライチ湾の整備は一九九〇年代後半より始まっているが、西関風情園の建設では、ライチ湾の往年の景観を取り戻す目的で取り組まれてきた。

　第二章でも論じたように、西関文化をめぐる研究は一九九七年より本格化しているが、ライチ湾に関しては――西関屋敷と同様に――一九九〇年代半ばにも研究がある。たとえば、一九九三年に広州市長の同席で開催された「広州名城保護と国際都市建設をめぐる討論会」（第二章を参照）では、ライチ湾の景観を再生すべきとする論考がすでに提示されている。その論考では、ライチ湾は歴史的に特色のある川であるから、それを開発資源として活用すべきであると主張されていた［藩広慶　一九九三］。その後、一九九七年に「西関文化シンポジウム」が開催されると、ライチ湾とその畔における建築物への研究は急増した。ライチ湾一帯の研究は多岐に渡るが、その大半に共通しているのは、そこが往年の美しいリゾート地であったという主張である。それらの研究を整理すると、次の四つの方向に大きく分けることが可能であろう。

（A）考証によると、ライチ湾は、紀元前二〇〇年にはすでに存在していた。その名のもとになったライチの樹が植えられたのは、史料に基づけば八世紀（晋代）であったという［楊宝霖　一九九八：二二］。また、史料によると、一〇世紀には南漢国(1)の王族がライチ湾の畔を避暑地としており、ここで「紅雲宴《こううんえん》」（ライチを食すパーティ）が開かれていた［文史組　一九九六c：四九―五〇］。そして、それ以降、数多くの詩人が来ては、ライチ湾の美しさを褒め称えていったという［楊宝霖　一九九八：二一、馬楠　二〇〇二：一七、cf. 黄佛頤・仇江編

写真26　民国期におけるライチ湾の光景。（出典：『広州旧影』、p. 82）

一九九四：一一〇ほか〕。なかでも「竹枝詩《ちくぎし》」(2)に書き残されたという「一湾春水緑、両岸茘枝紅」〔訳――小川の水が緑色に輝き、その両岸にはライチが赤々となっている〕という詩は、ライチ湾の景観を代表する詩として、政府により、近年宣伝されている〔阮桂城　二〇〇四：一六〕。

（B）そのライチ湾をめぐる詩的景観の畔には、数多くの避暑地や庭園が建設されてきたことが、歴史研究により明らかにされてきた。その代表としてしばしば例に挙げられるのは、唐代の茘園、南漢国の昌華苑、清代の唐茘園、清代末期のR館などである。とりわけR館は、嶺南建築の代表として建築学者や歴史学者らに注目されており、「西関文化シンポジウム」でも討論の対象となっていた(3)。こうした歴代の避暑地や名園を発掘し研究することは、茘湾区が歴史的に悠久なリゾート地であったことを示す根拠を与えている。

（C）ライチ湾は、歴史的には水上生活者の居住地であったと、歴史学者により主張されている。その最大の根拠となっているのは、ここが明代に羊城八景(4)の一つ――「茘湾漁歌《○リーワンユィーグー》」に選出されていたことである。すなわち、ライチ湾の一帯で歌われていた水上生活者たちの歌が、当時の最も美しい光景に選ばれていたのである。こうした名誉から、歴史研究においては、しばしばライチ湾と水上生活者とがを結びつけて論じられるようになった〔葉曙明　一九九九：三―四〕。ちなみに、この水上生活者によって歌われる歌は、現在、「咸水《かんすい》歌《か》」(5)として宣伝されている。

（D）民国期、特に一九二〇年代から一九三〇年代のライチ湾は、地域住民が楽しむ公共のリゾート地であったと、歴史研究で明らかにされている。なかでも特に注目されてきたのが、「遊河《ゆうが》」である。「遊河《ゆうが》」とは、夏になると各地から住民がライチ湾にやってきて船に乗り、川を遊覧する娯楽を指す。この「遊河」をめぐる歴史研究では、人々が船に乗ってライチを食したり、あるいは水上生活者が売る艇仔粥《ていしがゆ》（雑炊に似たお粥）を食べたりする光景が切り取られ、民国期のライチ湾をめぐる景観の一つのビジョンが示された。加えて、民国期の富裕層がライチ湾に浮かぶ豪華客船――「紫洞艇《しどうてい》」に乗って遊覧する姿も、当時の西関の豊かさを描き出す技法として写真や文章で提示されてきた。

写真27　民国期におけるライチ湾の「遊河」。（出典：『広州旧影』、p. 85）

以上、ライチ湾をめぐる光景は、詩などの文字に書かれた史料を中心として提示されてきている。つまり、文字に依拠することで、言い換えれば、文字に書かれなかった無数の歴史的事実を排除することで、ライチ湾のかつての光景の一部を切り取り、それをローカルな景観像として現在に提示してきたのである。

ジャック・デリダは、彼のエクリチュール論において、「数々ある歴史的事実のなかでテクストとして残されたものが、その地域の真実となる」[Derrida 1971: 15] と主張したことがある。この指摘は、西関風情園の建設においても決して誇張ではない。というのも、以上の史料の学術研究を通した発掘と利用は、西関風情園の景観を政府がつくりだす原動力となってきたからである。区政府は、とりわけ「一湾春水緑、両岸茘枝紅」という詩をスローガンに掲げ、八世紀から民国期に至るまでの「美しく資源が豊富で特色あるリゾート地」としてのライチ湾の再現を、西関風情園の建築において目指してきた。それでは、このようなライチ湾の詩的景観が現代にどのようにして再現されてきたのだろうか。次に、行政側による建設の動きに着目するとしよう。

2　西関風情園建設プロジェクトの概要

西関風情園は、西関文化に溢れるテーマ・パークとして二〇〇二年に建設された。その敷地は、西関社区を含む、いくつかの社区に跨っている。図11に示した通り、V酒家、Y公園、Z廟など、西関風情園のメイン施設のいくつかは、「西関村」に位置している。西関風情園は、二〇〇二年四月に建設に着手して以来、五年計画で、物理的環境の整備と建設をおこなってきた。

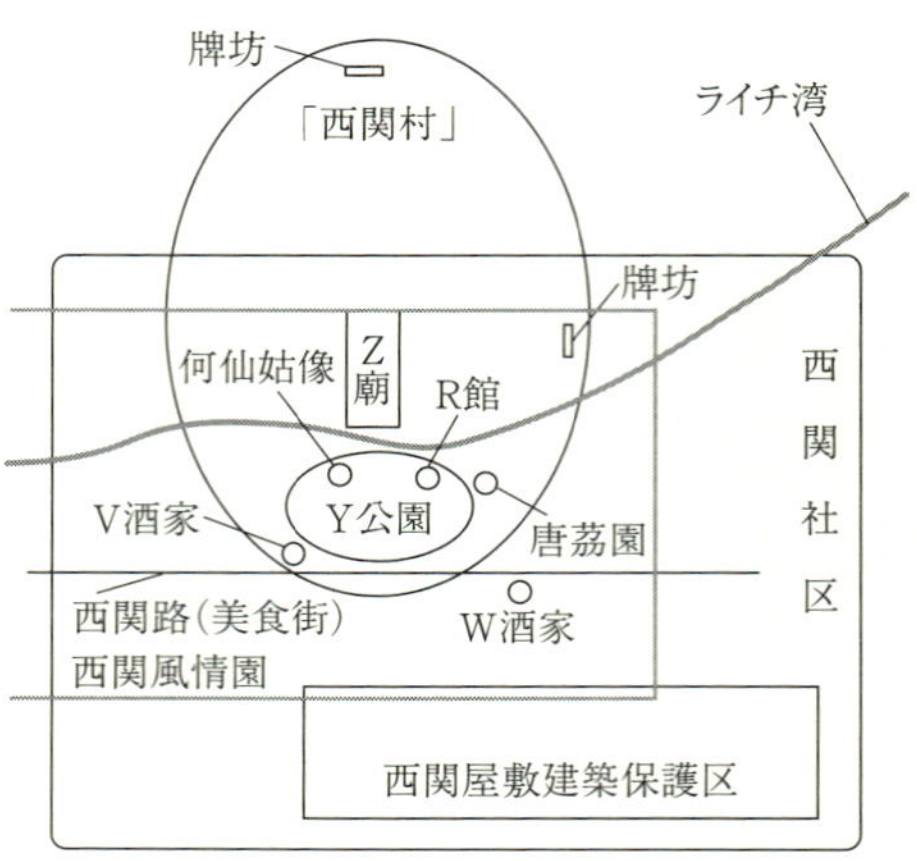

図11　西関風情園の想像図

図11は、計画と建設が一応の終了をみせた、二〇〇七年四月段階のものである。

西関風情園の建設プロジェクトは、二〇〇二年四月一三日、『開発計画要綱』に半年近く先立って計画された。このプロジェクトの提案者は区政府であり、前述した史料と研究に基づいて、区政府の出資により建設が推進された。二〇〇二年四月一四日付けで『広州日報』紙が報道したところによると、西関風情園の建設は、ライチ湾の水郷景観を再現することにあり、建設の対象として、自然環境、人工環境、年中行事などが挙げられている。そのうち西関社区にある施設だけを取りあげると、R館、V酒家、Y公園、Z廟の整備と建設が提唱されていた。

ただし、二〇〇二年四月に西関建設園の建設が提唱される以前、R館、V酒家、Y公園、Z廟などはすでに建立済みであり、整備もなされてきた。たとえば、民国期に「村民」の連合組織が結成されていたZ廟は、一一世紀にすでに建立されている。Z廟については、市政府が早くから文化財として注目しており、一九八三年には市の指定保護財となっている。それ以降、Z廟は、市政府により二〇〇二年までに何度か修築がなされてきた（詳細は第八章を参照）。

その他、Y公園とその近辺も二〇〇二年以前より市政府によって整備がおこなわれてきており、たとえば一九九〇年代からはライチ湾の整備とライチの植樹を、一九九八年には先述のR館を、政府の出資によって再現していた。また、Y公園の付近にあるV酒家は、一九四七年に西関村の村民が設立した飲食店であるが、一九四九年に中華人民共和国が成立すると、市政府が来訪した要人を接待する食事処として使用されるようになった。一九五〇年代から一九八〇年代にかけて、V酒家には、海外からはアメリカのブッシュ大統領、ベトナムのホーチミン主席、シンガポールのリー・クアンユー総理、国内からは朱徳副主席、鄧小平主席らが来訪した。

二〇〇二年四月に掲げられた西関風情園の建設プロジェクトは、こうした基盤のもとで推進されてきた。それゆえ、二〇〇二年四月以降に掲げられてきたプロジェクトは、主に三つとなっている。すなわち、二〇〇三年四月に提唱されたライチ湾の再整備、二〇〇三年五月に提唱されたZ廟広場の建設工事、そして、二〇〇四年八月に提唱された美食街の建設工事である。そのうち、Z廟広場の建設工事については次章に譲り、ここでは、この工事に「西関村」の牌坊（入口のアーチ）の設立が関与していることのみ、さしあたり言及しておきたい。ライチ湾の再整備、および美食街の建設は次の通りである。

まず、ライチ湾の再整備について、区政府が一九九〇年代から試みてきたのは、ライチの植樹であった。ライチ湾は、ライチの実のなる美しい川であると歴史表象されてきたが、一九五〇年代になると次第になくなっていった。Y公園の管理局が示した情報によると、ここのライチ樹は、一九六一年には二〇〇本余りしか残されておらず、一九七〇年代には完全に消滅した[6]。そこで、区政府は、往年の景観を再生させようと一九九〇年代後半よりライチの植樹をおこなったが、地質が変わったため何の効果も得られなかった[7]。しかし、二〇〇二年より西関風情園の建設が始まり、「一湾春水緑、両岸茘枝紅」の詩的景観を再現する方針が立てられると、「茘枝紅」、つまり赤々と繁るライチの樹がどうしても必要となってきた。それゆえ、二〇〇三年九月一七日、茘湾区科学技術局はライチ樹の植樹をめぐる諮問会を開き、品種改良を通してライチの植樹を改めて実施する方針を立てた。

また同時に、二〇〇三年四月には、ライチ湾の景観を再現する計画の一環として、「遊河」をはじめとする民国期の景観を再生させる方針が立てられた。そのためにまず、異臭の漂う水質を改善し、紫洞艇など各種の船を浮かべる計画を立案した。それに加え、その船上で艇仔粥を売り、少女が咸水歌を歌ったりするという、水上生活者のライフ・スタイルを復元するプランも同時に立案された[8]。

3　西関風情園におけるシンボルの集中

二〇〇三年四月に提唱された、このようなライチ湾の整備計画は、二〇〇六年までの三年間を目安として、一〇一万元(日本円で約一一五〇万円相当)を投資して推進された。その結果、ライチ湾の水質は多少ながら改善され、二〇〇六年四月になる頃には、わずか数本ではあるが、ライチの樹が成長するようになった。しかし、ライチ湾に船を浮かべ、水上生活者の生活スタイルを再現させる試みは、二〇一二年一二月の時点でも一部しか成就されていない。しかし、筆者がここで注目したいのは、歴史研究を通して発掘してきた西関文化のシンボルが、計画の段階で重視されていたこと、すなわち、ライチ、「遊河」、艇仔粥、咸水歌などのシンボルが、史料の検証を通して、ローカルな特色をもつ景観の生産に有効だとみなされていたそのプロセスについてである。

繰り返せば、区政府の立案による往年の景観の再生は、資金や資源などの制約があって必ずしも実を結ばなかったが、二〇〇四年八月に美食街が建設され、飲食店が林立するようになると、経営者によって景観の再生が試みられていた。たとえば、区政府はライチ湾に船を浮かべる計画を実現できていないが、こうした構想は、美食街のある飲食店経営者によって「領有」されてきた。写真28にみるように、これらの船は装飾品ではあるが、ローカルな特色を醸成する象徴資本として使われている。

　美食園は、二〇〇三年四月に開通した西関路（仮名）を中心に、西関風情園の敷地内につくられた。二〇〇五年一一月に完工する頃には、もともとあったV酒家、新しく建てたW酒家など、一〇数件の飲食店が立ち並ぶようになった。そして、これらの大部分の飲食店では、前章で見てきた青レンガの壁、スライドしない趟櫳門、満州窓のいずれかが取り付けられてきた（写真29）。特に、V酒家とW酒家では、青レンガの壁、スライドしない趟櫳門、満州窓のすべてが装飾品として用いられているほか、艇仔粥、五秀、ならびに西関の名のつく料理を出している。[9] 美食街のなかには、これらのシンボルを全く使わない店舗も存在しないわけではない。しかし、大部分の店舗の経営者は、西関人の客を招くため、もしくは西関文化に惹かれて来訪する観光客のため、ローカルな特色を醸成するこれらのシンボルを使っている。

写真28　美食街のある店舗における小船の装飾。（2007年5月、筆者撮影）

写真29　W酒家の入口の装飾。青レンガの壁と趟櫳門がデザインとして使われている。（2006年12月、筆者撮影）

　こうして、区政府と飲食店経営者との異なる利害が合わさることで、二〇〇七年四月に建設プロジェクトが終了する頃には、西関風情園に少なからずのシンボルが集中することになった。すなわち、ライチ、嶺南建築（R館、V酒家、W酒家、Z廟など）、小船、西関の食（艇仔粥、五秀、ならびに西関の名のつく料理など）といった、第四章でも挙げた諸シンボルが、西関風情園という五〇ヘクタールにも満たない敷地内に集中する結果となった。さらに言えば、これらのシンボルは、歴史文化の表象を通して生成されてきたのである。

西関風情園の建設を主導してきた区政府は、こうしたシンボルを西関風情園に散りばめることで、老人たちに懐かしい記憶を呼び起こさせ、若者や外地人にローカルな景観の「意味」を伝える試みをおこなってきた［美食導報　二〇〇五年八月一八日］。ところが、そこの居住者であり続けた「村民」はというと、西関風情園の景観像をそのまま受け止めてきたわけではなかった。彼／彼女らは、自己の蓄積してきた記憶に基づき、異なったまなざしから、これらの景観を解読してきたのである。このことを例証するために、以下では、「村民」がどのように西関風情園を眺めてきたのかについて、具体例をもって論じることにしたい。

二　地域住民による西関風情園の読まれ方——真偽意識の謎をめぐって

1　西関風情園のシンボルに対するニセモノ意識

学界の論理に従うならば、ライチ、青レンガの壁、西関門などは、西関のローカルな文化そのものであるはずである。なぜなら、学者たちは、史料やフィールドワークを通して、西関における事実を拾い上げているからである。だから、学界が研究を通してつくりあげてきた西関文化は、当然「彼ら地元民についての現実」を反映しているはずだった。しかし、そうした文化的な論理により生産されてきた景観像は、少なくともそれを最も体現しているはずの西関風情園では、地域住民が大手を広げて歓迎するものではなかった。特にそこの居住者である

表5：site β の主要メンバー

氏名	年齢	性別	履歴
β1氏	80代	男	「村民」；但し、土地改革後に市民戸籍を取得した
β2氏	60代	男	「村民」：但し、土地改革後に市民戸籍を取得した
β3氏	70代	男	「村民」：村民戸籍を取得していたX公司の社員
β4氏	70代	男	「村民」：村民戸籍を取得していたX公司の社員
β5氏	60代	男	「村民」：村民戸籍を取得していたX公司の社員
β6氏	60代	男	「村民」：村民戸籍を取得していたX公司の社員
β7氏	60代	男	「村民」：村民戸籍を取得していたX公司の社員
β8氏	60代	男	「村民」：村民戸籍を取得していたX公司の社員
β9氏	50代	女	「村民」：但し、土地改革後に市民戸籍を取得した
β10氏	40代	女	「村民」：村民戸籍を取得していたX公司の社員
β11氏	30代	男	「村民」：村民戸籍を取得していたX公司の社員

「村民」たちは、西関風情園にある複数のシンボルを指し、大半のものがニセモノであると筆者に語ってきたのであった。しかし、その反面、いくつかのシンボルについては、ホンモノであると好意的に受け止めてきた。

それでは、「村民」にとって、どのシンボルがニセモノで、どのシンボルがホンモノなのであろうか。その真偽意識を確かめることから、まずは始めたい。ここでは、西関社区における六つのシンボルに限定して、「村民」の真偽意識を検討する。すなわち、そのシンボルとは、R館、W酒家、V酒家、ライチ樹、牌坊、Z廟の六つである。また、「村民」と一言でいっても、西関社区に「村民」は一〇〇〇名を超えると推定され、その全員から聞き取り調査をすることは困難である。そこで筆者は、Y公園に調査対象地を限定し、そこで毎日のように会話や娯楽を楽しんでいる〈場〉——site βを中心に考察を進めることにする。site βは、表5に見るとおり「村民」を中心とするメンバーである。表5には一一名しか記載していないが、彼／彼女は、Y公園で常に顔を合わすメンバーであるだけで、他にも参入・離脱をするメンバーは多数存在する。

さて、site βはY公園で常に顔を合わせる対話集団から成り、特定のコミュニケーション様式と価値観を共有する〈場〉を構成している。site β のなかにもしばしば意見の不一致はみられるが、日頃の対話を通して共通の見解をもつ傾向にある。まず、西関風情園における六つのシンボルに関して、二〇〇七年度の時点で、site β においてニセモノであると主張される傾向が強かったのは四つであった。その四つとは、R館、W酒家、ライチ樹、牌坊である。他方で、ホンモノと site β で考えられたのは、V酒家とZ廟であった。ただし、牌坊については、後述の通り、「村民」は自ら資金を集めて建設に参与しており、二〇〇四年に完工するまでは、ホンモノだと考えられていた。その理由は後に述べるとして、まずは「一湾春水緑、両岸茘枝紅」の詩的景観再生においてメインとされたライチ樹がなぜニセモノと site β でみなされたのか解説することからはじめよう。

まず、β1氏～β11氏は全員、ライチ湾の両岸で再生されたライチ樹がニセモノであると考えていた。その理由は年齢層によって異なっていたが、共通していたのはライチ樹そのものがニセモノというのではなくて、いまの時代にライチ湾の畔に植樹されたものがニセモノなのだと言う。β1～β8の各氏が認めるように、一九五〇年代まではライチ湾にライチが確かに実っており、彼らは幼少期にそれを見た記憶がある。しかし、特にβ2～β7の各氏は農業やそれに準ずる仕事に従事していたので、ライチ湾の両岸の地質が変化し、ライチの植樹に適さないことはよく知っている。だから、ライチ湾の両岸に無理やりそれを植樹する区政府の行為は、時代錯誤だと考えていた。site β の「村民」たちは、時代に順応してライチ樹を植えるのが当然であるとし、ライチ樹は別の地点に植えるのが自然であると語る。これを受けてβ2氏は、「もし大坦沙島にライチ樹を植えれば、それはホンモノだ。そうすれば、昔の記憶も懐かしく思えるのに」と語っていた。

実は、このようにライチ湾に植樹することを嫌う発言の裏には、別の理由も隠されている。それは、site β のなかでは、ライチ湾は不吉な川として語られるようになっていることである。そこには、ライチ湾で溺死した者たちの説話がある。そのうち典型的な例として引き合いに出されるのが、Y公園のなかにある「何仙姑《ホーシングー》」の彫像である。弁財天と関連づけられることもある「何仙姑」は、広州生まれの何姓の女性が神となったのだと言われる。[10] だが、site β で囁かれる説話によれば、「何仙姑」の彫像を置いているのは名目上のことで、実際は、ある何姓の金持ちの娘がライチ湾で溺死したため、両親がそこに像を置いて祀ったのだという。その他にも、旧暦五月五日に毎年ライチ湾で催される竜舟祭でも溺死者が出たなど、ここは死を招くおぞましい川として語られている。

こうした説話は実際、site β だけでなく、「村民」が中心に結成する別の〈場〉でも度々聞くことができる。三〇歳代のβ11氏はさらに、ライチ湾一帯は、「西関村」で最も風水の悪いところだと強調していた。site β の高齢者たちは「ライチ湾の風水が悪いなどという話は聞いたことがない」と否定していたが、この語りは、むしろβ11氏の属す別の〈場〉―― site γ では、全員に共有されていた。site γ は、二〇～三〇代の若い「村民」で結成された〈場〉である。この〈場〉のメンバーは、多くが一九七〇年代以降に出生しているため、往年の美しいライチ湾を見たことがなく、それが悪臭の漂う汚い川であるというイマージュをもっている。加えて、彼／彼女らはライチ湾が不吉な川であるとする説話を聞き、政府側がライチの植樹に失敗してきたのを見て、風水が悪いと考えはじめたのだという。[11] ライチ湾の風水が悪いという考えは、site γ の友人関係を通して一部の若い「居民」にも広まりはじめている。

このような説話や風水思想を〈場〉を通して共有することで、地域住民の一部は、「一湾春水緑、両岸茘枝紅」と称された詩的景観とは別の角度から自然環境を知覚している。こうした景観をめぐる認知のズレが、地域住民にニセモノ意識を生じさせるのだと論じることも可能であろう。そもそも、西関風情園の建設側である区政府は、文字に残された過去の部分的な事実を切り取り、それをライチ湾の不変的かつ本質的なビジョンとして現代に押し付けることで、景観を生産してきた。ところが、「村民」は以上のように自然環境を流動的に捉えており、そこから自己の内的景観を構築している。また、前章でも論じたように、地域住民にとっては、青レンガの壁、西関門、満州窓、ライチのようなシンボルは、確かに過去に見てきたけれども、必ずしも重要視していたものではない。それだから、R館やW酒家のような嶺南建築にいくらシンボルを付与しても、それは、西関文化を嶺南文化の中心とする行政機構や学術機構の「意味」に適合するだけで、地域住民の「意味」には必ずしも適合しないのである。

ところが、ここで一点不可解に思われたのは、それではなぜ「村民」はV酒家をホンモノと見なしてきたかという問題である。というのも、W酒家とV酒家は、ともに同じように西関文化のシンボルを採用しており、両者には特に大きな違いがみられなかったからである。次に、この「謎」について検討してみよう。

2　「村民」によるホンモノ意識

ここで再びV酒家とW酒家について概観し、両者を比較してみよう。V酒家は一九四七年に設立された老舗で、その創立者はN氏の出身者であった。中華人民共和国の成立後は市政府が来客を接待する飲食店となり、国内外の要人を迎えたことが「村民」の誇りとなっていることは、すでに述べた。一九七四年からの数度にわたる改修を通して、V酒家には、多くの樹木と池を配置した嶺南仕様の庭園、満州窓、趟櫳門が装飾として使われている。また、二〇〇六年一二月の時点で確認したところでは「西関特色」と題するメニューもあり、なかには「五秀」を一緒くたに炒めた料理もあった。その他、ライチ湾の水上生活者が売っていたという艇仔粥（写真30参照）、地元の特産料理とされる馬蹄糕《ばていこう》なども提供されていた。他方で、W酒家は美食街の建設にともなって二〇〇五年に開店した新しいレストランであり、嶺南様式の庭園、満州窓、趟櫳門、さらには青レンガの壁などが装飾として使われている。料理も五秀、艇仔粥、馬蹄糕などが提供されており、V酒家と同じシンボルが使われている。

ところが、site β で調査していくうちに明らかになったのは、X公司の重役経験者であるβ3氏以外、みな「V酒家はホンモノであるがW酒家はニセモノである」と口述していたことである。さらに、β3氏も「V酒家とW酒家は両方とも西関の習俗を体現したホンモノである」と述べてはいたが、同時に「それでも、V酒家の方がより西関の特色を表している」と語っていた。つまりは、site β において、V酒家がホンモノでW酒家がニセモノであるという感覚は、共通していたといえる。

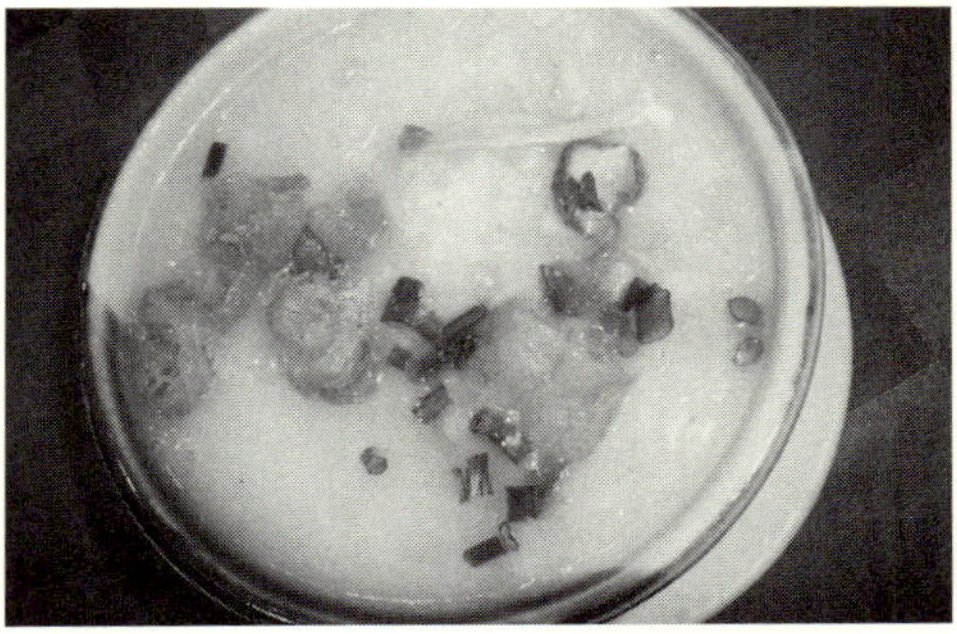
写真30　艇仔粥。（2007年5月、筆者撮影）

それでは、両者にはどのような違いがあるのか。なぜV酒家がホンモノになって、W酒家がニセモノになるのか。筆者は、site β で聞き取り調査を始めてから、半年近く理解に苦しんだ。そこで、両者の差異は歴史の長さにあるに違いないと考え、以下の質問を site β の「村民」たちに投げかけてみた。以下の対話は、二〇〇六年一一月付けで筆者のフィールドノート（調査手帳）に記載されたものである。

［筆者］あなた方は、なぜV酒家をホンモノと考え、W酒家をニセモノと考えているのですか。両者の外観は似通っていますが、料理に何か違いがあるのでしょうか。それともV酒家が五〇年以上の歴史をもっていることが問題なのでしょうか。

［β6］歴史の長さは関係ない。他にも歴史あるレストランは西関にいくらでもあるが、すべてをホンモノだと考えているわけではない。それに、今のV酒家とW酒家の料理はいずれもニセモノだ。V酒家には五秀の五つの水

生植物を一緒くたに炒めた料理があるだろう。我々はあんな食べ方はしない。艇仔粥にしても、蛋家族〔＊水上生活者の現地呼称〕が昔出していたものとは味が全く違う。

〔β5〕その通りだ。たとえば五秀は、西関村で採れたものがホンモノだが、いまは海珠区とか他で採れた五秀を使っている。だから、我々は竜舟祭の時、大坦沙島〔＊「西関村」の想像された領内〕[12]で採れたホンモノの五秀を持参するのだよ。

〔β4〕蛋家族の出していた艇仔粥は、本当に美味しかった。何か特別な素材で煮ていたようだ。アヒルや豚の肉なども入っていた[13]。

〔筆者〕それでは、V酒家とW酒家は、どの点が違うとお考えなのでしょうか。

〔β5〕庭園だよ。

〔β1〕そうそう。あそこの「羅傘樹《ローサンシュー》」は私が植えたんだ。

〔β3〕V酒家は、今まで国内外の数々の著名人を接客してきた、我々の誇りだ。それに、あそこのコックは凄かったんだ。昔、日本からの客人が来た時、半分蒸して半分焼いた魚を注文された。結局、彼はその料理をつくったんだ。作り方の秘訣も教えてくれた。

だが、筆者は、この対話における説明に納得がいかなかった。β5氏は、V酒家の嶺南仕様とも言える庭園がホンモノであるという。しかし、似たような庭園は、W酒家にもないことはない。また、羅傘樹と呼ばれる樹やコックが、ホンモノ意識とどう関係しているのか、話を聞いた当初、理解に苦しんだ。後に知ったことであるが、こうした説明には、彼／彼女らの想像する内的景観と深く関連していた。筆者が、シンボルに着目して質問をおこなっていたのに対し、site β の〈場〉には慣習的に培ってきた記憶、説話があり、全く別の角度から景観を眺めて語っていたのである。では、彼／彼女ら「村民」が共有する内的景観とはどのようなものなのだろうか。

図12をご覧ただきたい。これはY公園内外の見取り図であり、一重線で囲ったものが区政府および学者が提示する内的景観のシンボル、点線で示したものがsite βのメンバーが想い描く内的景観となっている。

まず、西関風情園の建設にあたって区政府は、ライチの樹、R館、V酒家、W酒家、Z廟を重視し、その保護と再生を図ってきた。同時に、これらの物理的環境には西関文化なる「意味」が付与され、西関地区の特色ある景観として生産されてきた。ところが、site βの高齢者にとって重要であったのは、こうした景観のシンボルではなく、彼／彼女の記憶や説話に基づいた部分、すなわち、Z廟と羅傘樹（ガジュマルの樹）であった。

site βのメンバー全員が語るところによれば、彼／彼女らの心の中心はZ廟である。というのも、「村民」の記憶において、Z廟は民国期における西関村の政治的、経済的、文化的な中心だったからである。また、今でも「西関村」を挙げておこなう年中行事——北帝誕生祭（次章にて詳述）と竜舟祭〔河合　二〇〇八aを参照〕——は、Z廟を基点にして施行されている。すでに述べた通り、二〇〇三年五月にZ廟の広場の拡張工事が施行されたが、「村民」が特に重視するのは、Z廟そのものと廟の御神体である北帝《ほくてい》（水神）である。そして、その北帝は常にV酒家にある羅傘樹を見つめているのだという。β2氏の話では、羅傘樹は御神木というほどではないが、北帝にとっては欠かせない樹である。つまり、site βの間では、北帝と羅傘樹こそが、彼／彼女らの内的景観の「意味」をなす、オルターナティヴなシンボルなのである。さらに、両者を取り結ぶ「北帝の視線」こそが、site βのメンバー

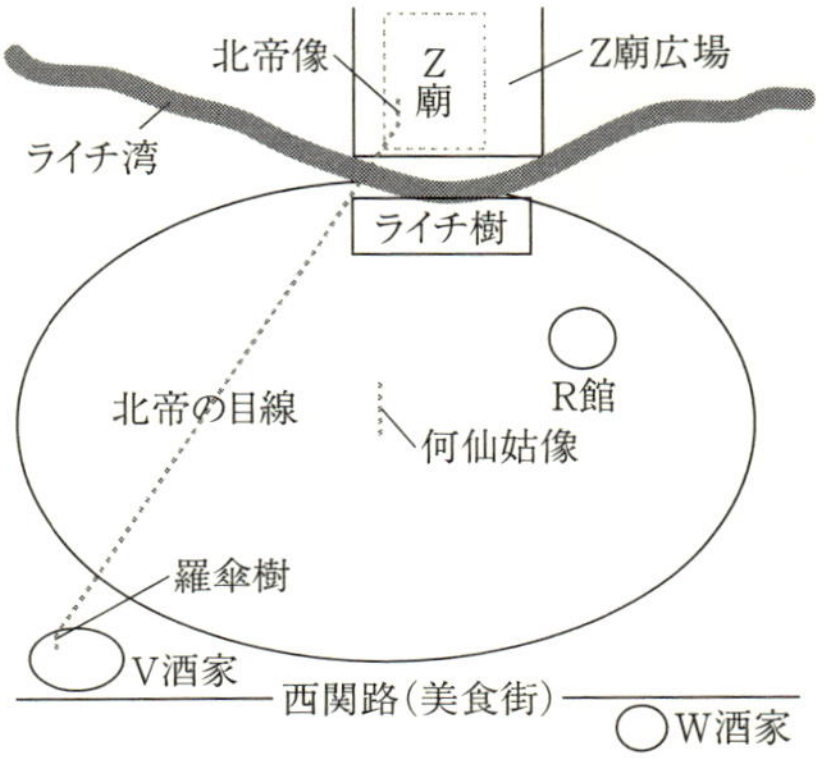

図12　北帝の視線をめぐる内的景観

が想い描く内的景観の中軸線となっている。さらに、「西関村」で指導的な立場にあるβ2氏によれば、羅傘樹や「北帝の目線」は、「村民」ならば誰でも知っているという[14]。

村民側が思い描くそのような内的景観の説明から、なぜV酒家だけがホンモノとみなされてきたのかが明らかになるだろう。つまり、site βのメンバーにとっては、満州窓や趟櫳門の装飾がどうであるのか、あるいは提供される食が西関文化を体現しているかどうかは、問題にされていない。彼／彼女らが眺めているのは、北帝と羅傘樹に付された物語にすぎない。事実、β5～8氏は口調を合わせて、「我々は、満州窓や趟櫳門が我々の文化的特色であることを、テレビを見てはじめて知ったんだ」と筆者に語ったことがある。ということは、これらの景観のシンボルは確かに記憶のなかにはあったけれども、最近になるまで重視されてはこなかったのである。それは、前章の麻石道の事例にみるように、現代生活の「意味」と結びつけば、彼／彼女らのなかに取り込まれうる。しかし、「満州窓は掃除が大変であるし、趟櫳門は治安面で問題がある」とsite βで語られるように（同様の語りはsite αにもあったことを思い出されたい）、それらは時代錯誤で必要ないものと考えられている。そうであるから、ただ単に西関文化の名のもとで装飾を施しただけのR館やW酒家は、「村民」たちの関心の外にあるのである。同様の理由から、すでに述べた通り、「村民」たちは西関風情園内にライチの樹を植える必要性を感じていない。site βにおいて、ニセモノとは、彼／彼女ら自身が構築する内的景観の「意味」の枠外にあるシンボルを指していることが、以上の考察から分かるであろう。

それでは、なぜ「村民」たちは、V酒家だけでなく、「西関村」の牌坊もホンモノとみなしていたのだろうか。また、牌坊はなぜ完工後、ニセモノに変わってしまったのだろうか。V酒家もまた、今まさにホンモノからニセモノに変わるかもしれない危機にさらされているが、それはなぜであるのか。これらの問題について、今現在の社会状況と、site βらの抱く「意味」との関係性から次に探求してみたい（Z廟については、次章にて詳述する）。

3　ホンモノからニセモノへ――地域住民の「意味」から

西関風情園の建設に伴って区政府により生産された内的景観の「意味」は、地域住民にそのまま受容されることはなく、ローカルな特色をもつ外的景観とは個別の、地域住民による内的景観があることをこれまで明らかにしてきた。しかし、他方で注目に値するのは、両者は必ずしも水と油のように対立するわけではない、ということである。西関風情園建設の事例においては、「西関村」の牌坊とV酒家がこのことを如実に物語っている。前述の通り、「西関村」の牌坊は、建設の過程において区政府と「村民」との景観に食い違いが生じるようになり、結果として「村民」によりニセモノと判断されることとなった。まずは、牌坊がホンモノからニセモノに変わっていくプロセスを見てみよう。

西関村は、行政上は二〇〇二年をもって消滅しており、それ以降は、「村民」自身によって想像上の「西関村」が形成されている（第五章を参照）。しかし、西関風情園の建設にあたって、この「西関村」に牌坊（入口のアーチ）を建設するよう先に提言したのは、むしろ区政府の方であった。広州では近年、市内に一三九村あるという村落および元村落（これらを「城中村《じょうちゅうそん》」と呼ぶ）の牌坊を建て、都市の特色を出す方針を打ち出している。区政府は、その一環として「村民」に一万元（日本円で約一五万元相当）を渡し、「西関村」に牌坊を建てるよう提案した。

区政府のこの提案に対して当初、「村民」側は快諾し、自分たちで約三〇万元（日本円で約四五〇万円相当）の資金を掻き集めて二つの牌坊を建設しはじめた。区政府が渡した一万元のなかには北帝誕生祭の活動費用も含まれていたというから、「村民」はほとんど自腹を切って牌坊の建設に取りかかったといえるだろう。β2氏が主張するに、もともと「村民」のなかでは牌坊を建設したいという声が高まっていた。なぜなら、西関村は行政的にこそなくなったが、「村民」の心の中では続いており、それを証明する物的な証拠を〈場所〉に刻みたかったたか

写真31　西関村の牌坊。青レンガと同じ灰色に色彩が統一されている。（2008年1月、筆者撮影）

らである。もともと西関村には牌坊は存在してこなかった。だが、「西関村」の同盟村落がその村落の所在を証明する牌坊を次々と立てるにつれて、「西関村」にも、想像された彼／彼女らの村落境界を示す牌坊を望むようになったのだ、とβ2氏は後に振り返る。だから、区政府によって牌坊を立てることを許可されたことに逆に喜びを感じ、積極的に牌坊の建設に協力した。

ところが、牌坊の建設において、そのデザインや位置は、区政府が決めることになった。その結果、牌坊の位置は、西関村の村落境界であった位置から、少し奥まったところに建設された。また、牌坊のデザインにおいても灰色のそれが採用された。区政府が前者の位置を選択した理由は、西関村の村落境界を良く把握していなかったことに関係し、後者のデザインを選択した理由は、西関風情園の建設とかかわっている。西関風情園では、繰り返し論じるように、西関文化としての「意味」をその景観創造において重視しており、青レンガの壁など灰色の色調を嶺南建築だと規定していた。だから、Z廟との景観統制も兼ねて、灰色のデザインが採用されたのであった。結果的に、「西関村」の牌坊は、写真31にみるような、亭がない灰色のそれが建造されたのである。

しかし、この位置とデザインは、「村民」の不満と反感を買うようになった。site βでは、全員が牌坊に不満を抱いており、もともとホンモノの牌坊をつくる予定だったのが、ニセモノになってしまったと嘆いている。それでは、写真31にみる灰色の牌坊の何が問題だったのか。まず、牌坊の位置について、「村民」がもともと牌坊の建設に積極的であったのは、それが「西関村」の村落境界を記すことであった。「村民」にとって牌坊とは、村落の境界に置かれるべき門の入口であって、そうではないと牌坊としての意味をなさない。つまり、現在の牌坊の位置は、site β のメンバーが「西関村」として想定していたそれとは異なっていた。次に、デザインも同様に、彼／彼女らが想定していたものと異なっていた。筆者はかつて、ホンモノの牌坊とは何かと質問したことがある。site β の全員が答えるところによると、それは、上方に屋根があり、龍などの装飾がなされたベージュ色の牌坊であるという。ちょうど写真32にみるような、三元里村（「西関村」の同盟村落）の牌坊がそのイメージに該当する。

写真32　三元里村の牌坊。ベージュ色を基本色とし、両側が反り返った上方の亭には、龍の彫刻がある。（2006年12月、筆者撮影）

ただし、注意すべきは、site β のメンバーが自らの牌坊をニセモノであると否定する理由は、それが彼／彼女らの記憶と異なることにとどまらないということである。β2～6氏が語るところでは、二〇〇四年に牌坊が完工した当初、想像していた牌坊と大きく異なるので違和感はあったが、それをニセモノと否定するほどには至らなかった。しかし、同盟村落の友人たちが訪問しに来たとき、「西関村」の牌坊の位置とデザインのおかしさを指摘するにつれ、「村民」は自らの牌坊を恥だと感じるようになったとのことである。第五章での議論をここで繰り返すと、二〇〇二年四月以降に、「村民」となった人々は、土地権などの問題から、「西関村」の一員になることを選択した。だから、「西関村」としての歴史、記憶、説話、物語などを主張することは、現在の「村民」において生活を支える根本的な「意味」を形成するようになっている。同盟村落との関係性を取り結ぶこともまた、彼／彼女らが「西関村」の一部としてのアイデンティティを確立する有効な手段としてある。そのために、同盟村落とある程度の歴史、記憶、説話、物語、価値観、そしてコミュニケーション様式を共有することは、〈村民の場〉においては必要となってきた(15)。だから、他の〈場〉と同じでない牌坊はニセモノとなるのである。

こうした「意味」に基づき、西関風情園の大半のシンボル――ライチ樹、R館、W酒家および牌坊――は、site βのオルターナティブなシンボルのなかに取り込むことが不可能となっている。ただし、V酒家はその限りではなかった。というのも、V酒家に込められたいくつかの歴史――「村民」による設立、羅傘樹の物語、凄腕のコックの説話、そして「北帝の視線」をめぐる慣習的な価値観――は、みな「村民」として存在する「意味」に関連しているからである。site βのメンバーをめぐる景観は、こうしたいまの社会的状況に関わる「意味」から構築されている。

しかしながら、site βによるV酒家の景観は近年、危機に立たされている。V酒家は二〇〇六年になって経営者が変わり、二〇〇七年より改装工事がなされている。それにより、羅傘樹が切り倒される可能性も生じたのである。羅傘樹がどうなるか、site βの「村民」たちは、その行方について気にかけるようになり、彼／彼女らは次のように筆者に語ったのである。「V酒家の経営者が誰になろうと構わない。我々によって最も重要なのかは、羅傘樹が残るか否か、V酒家という名前が残るか否かだ。羅傘樹が残れば我々の昔の記憶も壊れずに済むし、『北帝の視線』もなくならない。また、V酒家の名前さえ変わらなければそれは我々の村落のものであり続ける。でも、羅傘樹がなくなり、V酒家の名前が変われば、それはニセモノとなるであろう」と。[16]

site βという〈場〉における真偽意識は、あくまでいまの社会状況における「意味」によって、流動的に変わりうる。それは、しばしば慣習的に培ってきた歴史、記憶、説話、物語に基づくが、「村民」たちの心のなかで同じ景観がずっとア・プリオリに保たれるわけではない。

おわりに

本章では、西関風情園を例にとり、ローカルな特色をもつ景観の生産、およびその景観をめぐる「村民」の諸反応を論じてきた。そこから明らかになったのは、「村民」は、行政的に建設・再生された西関風情園の景観を、彼／彼女らの記憶、説話、風水の観念などでもって、異なる角度から眺めていたことである。

まず、西関風情園にて再生された景観は、歴史文化的な表象を拠り所としていた。学界は、西関風情園が西関という〈空間〉に属すという理由から、そこが西関文化の「意味」に満ちていると考えてきた。だから、そうした前提を基に文字に残された史料を集め、過去の「真実」を一枚の青写真に切り取り、ライチ湾をめぐる景観のビジョンを描いてきた。そして、このビジョンは、学界と同じ西関文化の「意味」を活用する区政府によって、物理的に、可視的に再生されてきた。ところが、site β を中心として検討してきたように、〈場〉は、かようなローカルな特色をもつ景観とは別の内的景観をもちうる。換言すれば、地域社会における〈場〉にもそれぞれの社会状況に応じた「意味」があり、そこからシンボルを再解読しうるのである。この点で、景観人類学の構築論が主張してきたように、内的景観は、確かにローカルな特色のある外的景観とは別の構築原理をもっている。

しかし、本章では、両者が完全に乖離することはなく、整合する可能性があることも示唆した。たとえば、V酒家は、西関の特色ある外的景観として生産されていたが、それは同時に、「村民」にとっての内的景観であった。同じV酒家といっても、経営者や区政府が重視してきたのは青レンガの壁や満州窓のようなシンボルであり、「村民」が重視しているのは別の羅傘樹である。けれども、ここでは異なる「意味」が偶然一致することによって、構造色としての景観を形成するようになっている。他方で、牌坊の事例は、むしろ外的景観と内的景観が整合できなかった失敗例ではある。しかし、ここではさらに次の二点に着目できるであろう。

第一に、「村民」は、牌坊をながめる際、目の当たりにしてきた記憶に依存している。それゆえ、西関風情園の建設によって生産された牌坊の景観は、彼／彼女らによって受け入れがたいものとなっている。彼／彼女らは、「西関村の村民」としての「意味」に基づいて景観を見ており、それに関連した記憶、説話、物語、価値観を取り入れている。しかし、それらはいずれも過去に経験した慣習的な見方から選定している。他方で、「村民」たちのもつ記憶や価値観などは、同盟村落など別の〈場〉と共有することができ、西関村にはかつて牌坊はなかったけれども、他の〈場〉から景観のビジョンを借用することができる。

第二に、「村民」は、慣習的に伝えられてきた一つの内的景観に固執するのではなく、むしろ臨機応変に時代にあった景観を選択することを選んでいる（こうした時代に合わせた景観の可変性を、「変易《へんえき》」と呼び、終章で再び議論する）。西関村にはかつて牌坊は存在しておらず、それは往年の景観を直接的に再現するものではなかった。これは、学界や行政界が、過去の景観をそのまま再現しようと試みていた態度とは大きく異なる。site β の事例から明らかであるように、〈場〉では、時代に合わせた景観を彼／彼女らの「意味」に合わせて転換させていくことが求められている。もしライチ樹のように時代に合わない景観を現代に押し付けられたならば、それはニセモノとして拒否される。逆に、もし「西関村の村民」としての「意味」を保てるならば、政策的要求に歩調を合わせることもできる。

牌坊の事例に関して言えば、区政府がその位置とデザインを勝手に取り決め、「村民」は自らの「意味」をそこに反映することができなかった。しかし、もし「村民」が牌坊の位置や色彩に部分的にでも手を加えることができたら、ローカルな特色をもつ外的景観を生産しつつ、地域住民の内的景観を連続させる、そうした整合が可能であったかもしれない。

本章で検討の対象としてきたのは主に区政府が建造した人工環境についてであり、そこに居住する一般人たちが容易に改造できないものであった。それだけに、「村民」は自らの許容範囲を超えた場合に不満と反駁という態度に出ざるを得なかったが、これが変更の利きやすい民俗行事がかかわる場合、彼らは区政府のやり方に歩調を合わせつつも、微妙なズラしをおこない、彼らの「核」を保つという戦術に出ることもありうる。次の章では、Z廟とその民俗行事である北帝誕生祭の事例をあげつつ、こうしたズラしについて考察を加えることにしたい。

注

（1）九〇九年から九七一年、唐滅亡後の五代十国時代に、広東省、広西省、ベトナム北部を支配した王朝。

（2）詩の一つのスタイルを指す。竹の多い四川一帯（巴蜀文化圏）の民歌に発している。

（3）広州市図書館ホームページの記載では、R館の関連書籍は一二〇冊ある。また、R館は、ヨーロッパの画家たちも描いてきたというので、典型的な嶺南建築として言及される。

（4）「羊城」とは広州の別称である。「羊城八景」は、広州で最も美しいとして選出された八つの景色を指すとしており、宋の時代より存在している。北京にも「燕京八景」がある。

（5）咸水歌（●ハムショイゴー）は水上生活者の歌を指す。ただし、水上生活者の歌すべてを咸水歌と呼ぶわけではなく、この名称は、とりわけ広州、中山をはじめとする珠江デルタで使われている。また、中山には、咸水歌と客家山歌とを混同する者もいたようである。横浜中華街でインタヴューをおこなった中山市出身の高齢者女性もまた、咸水歌と客家山歌とを混同していた（二〇〇八年一月、首都大学東京博士課程の横田浩一氏、修士課程の阿部朋恒氏、杉田研人氏との共同調査による）。

（6）一九七〇年代にライチ樹が消失した理由については諸説があり、村落人口の増大が原因であるとも、重工業による汚染が原因であるとも言われている。

（7）二〇〇〇年にはさらに一〇〇余りのライチを植樹したが、二〇〇三年の時点でライチの実は全く結ばなかった。

（8）この計画の原案は、二〇〇二年九月の段階で、地元紙である『信息時報』が報じている。同紙の記事によると、咸水歌は、一八世紀にイギリス人により「中国のラヴソング」と讃えられた史実が残されているのだという。それゆえ、水上生活者の娘が小船に乗り歌う姿は、ローカルな景観の魅力を備えており、それを現代に再生させるよう提言されていた。水上居民の生活スタイルを再現させようとする政策的な動きは、目下実現されていないが、珠江デルタの各地で着目されている。

（9）こうした食のシンボルは、美食街の多くの店舗で「領有」されている。たとえば、潮州料理店であっても、潮州料理にはない五秀の料理が提供されていた。

（10）日本の七福神は中国の「八仙」を起源としていると言われ、七福神の紅一点である弁財天と八仙の紅一点である「何仙姑」とは同一視されることがある。ただし、七福神の八仙起源説に対しては否定的な見解もあり、弁財天はインドの女神（サラスヴァティー神）に起源するという見方もある。ちなみに、何仙姑の出生地には諸説があり、広州であるとするのは地元の見方にすぎない。広州では、何仙姑（本名は何秀姑）は増城市小楼鎮仙桂村の出身であるとされ、何仙姑の廟も建設されている。近年、増城市では、何仙姑の誕生日に「文化観光節」を実施し、民間信仰を活用した経済収入を得ている。

（11）広州の若者が言う「風水」の範疇は、かなり広範であることに注意する必要がある。たとえば、広州で最も高いビルである中信ビルは、地元の若者により「風水が悪い」と言われることがあるが、そう判断する根拠は中信ビルで幾人かの自殺者が出たことにすぎない。また、西関で最も風水が悪いと言われるのが茘湾広場（上下九西関商店街に位置する）であるが、ここの風水が悪いという都市伝説も、飛び降り自殺が続けて生じたこと、店舗が倒産しやすいことに起因している。これらの事例で言われる「風水」は、不吉であることとほぼ同意義で使われており、「気」の論理や羅盤などを使う風水とはカテゴリーが異なるものと考えられる。「風水」の指す範疇とその変動性については、筆者が第一六回国際人類学民族学大会（ＩＵＡＥＳ）で発表したプロシーディングス［Kawai 2009］に掲載されている。

（12）第五章で述べたように、西関村は、二〇〇二年までに農地が完全になくなった。それゆえ、大坦沙島にて引き続き五秀を植えるようになっている。「西関村」では、大坦沙島も「村落」の一部だと考えられてきた。つまり、一九四九年に西関村が行政村の一部に加えられた後もなお、西関村の成員たちは、大坦沙島を含めた想像上の「西関村」を心のなかに抱いてきた。換言すれば、「西関村」はずっと境界づけられない〈場所〉として存在してきたのである。西関村と大坦沙村の歴史的な関係については別稿［河合　二〇〇八ａ：一三〇］をご覧いただきたい。

（13）それゆえ、site β の成員は現在の艇仔粥に不満をいだいており、ホンモノのそれを求めて食べ歩くこともある。彼／彼女らが言うに、最もホンモノに近い艇仔粥は、芳村区の陸居路近くに店を構える「満記」のそれだという。ここの艇仔粥には確かにアヒルの肉など多くの食材が入っていた。

（14）確かに羅傘樹や「北帝の視線」に関する説話は、site β 以外の「村民」による〈場〉でもよく耳にする。

（15）たとえば、「西関村」は「一八郷」の同盟村落と年中行事をともにすることで、価値観、神話、コミュニケーション様式の共有を図っている。具体的には、旧暦一月一五日の元宵節（男児の出産を祝う）、旧暦一月二六日の「生菜会」（観音の誕生日を祝う）、旧暦五月五日の竜舟祭［河合　二〇〇八ａ］などにおいて各村落の代表者が一堂に集い、「意味」の共有がなされている。

(16)　二〇一二年現在、営業再開したV酒家において羅傘樹はまだ切り倒されず残されている。「村民」はこのことに安堵するとともに、「北帝の視線」など本章で論じた内的景観をまだ保持し続けている。

第八章　廟会景観の生産・構築・相律

はじめに

　前章でも論じたように、二〇〇二年度より区政府は「一湾春水緑、両岸茘枝紅」と詠われた詩的景観の再生を目指し、自然環境や人工環境を整備してきた。しかし、この景観再生プロジェクトの対象となってきたのは、こうした物理的環境だけではない。物理的環境に付随する民俗や生活スタイルまでもが、その視野に入れられてきた。そのうち、本章で着目するのは、「村民」の精神的支柱となってきたZ廟と、その年中行事である北帝誕生祭（「北帝誕《バッダイダン》」と地元で称される）である。この章では、「村民」の聖地であるZ廟と、その年中行事にまつわる歴史的景観再生のプロジェクトを考察する。

　第五章で触れたように、北帝誕生祭は、少なくとも民国期より、西関村の村民の手によって自発的に開催されてきた。それが次第に、ローカルな特色をもつ景観として区政府に利用されるようになったのが二〇〇〇年である。西関では、すでに一九九〇年代に歴史的景観を再生させる試みに着手していたが、それは主に観光地における物理的環境の整備と保護に当てられていた。しかし、一九九九年六月二三日に『北京憲章』が発布され、物理的環境に付随する生活スタイルまでもが重視されるようになると、次第に北帝誕生祭は、区政府の景観政策にとり込まれていくことになる。特に、西関風情園の建設が始まってからは、ローカルな特色をもつ景観として区政府の注目を浴びるに至り、政策的な介入を受けるようになった。

本章で記述考察するのは、こうした区政府による景観政策に対して、北帝誕生祭の主催者であり続けた「村民」がいかように対応してきたかについてである。結論を一部先取りするならば、「村民」は、区政府の提示した廟会景観の演出に表面上は従っており、自らの慣習的な歩き方を区政府の意向に合わせて変えている。しかし、他方で、核心的なしきたりは保持するよう努めており、そうすることで「村民」としてのアイデンティティを保つよう試みてきた。本章では、「村民」のこうした景観行為を考察することを目的としているが、その前に、区政府がいかにZ廟と廟会に介入してきたのかを検討しておきたい。

一　廟会景観の表象と再生——北帝誕生祭をめぐるポリティクス

1　Z廟と北帝誕生祭の概況

「村民」に伝わる口頭伝承によると、Z廟は、西関村の成立当初から存在していた。歴史文献と廟内の石碑には、Z廟は一〇五二年（宋代）に建立したと書かれており、それに従って「村民」は、西関村の開村もまた一〇五二年であると考えている。村落の誕生が本当に一〇五二年であったのかどうかは定かでないが、いずれにせよZ廟が「西関村」にとってどれほど大切であるかを、それは如実に物語っている。

Z廟は、二〇一二年現在に至るまで、その廟内に六体の神像を祀っている。そのなかで主神として崇められているのは、北帝《ほくてい》という神である。北帝はその別称を「真武」もしくは「玄武」という。『楚辞・遠遊補注』という古典書によると、玄武とは亀と蛇のことで、身が鱗と甲羅で固められているために「玄」と呼ばれるのだという〔鐘肇鵬編　二〇〇一：一六一〕。歴史学の研究によれば、北帝信仰は古代の星信仰に由来しており、明代になるまでには、国家の祭典に登場するほど地位が高まった。[1] こうして北帝廟は宋代から明代にかけて広東省で増加しており、現在では、特に珠江デルタの各地では至るところで北帝廟を目にすることができる。珠江デルタ地帯の民間伝承によると北帝は水の神であり、第四章で述べたように、嶺南水郷を代表する西関文化のシンボルとして、学術的に表象されることがある〔朱光文　二〇〇五：一一二〕。

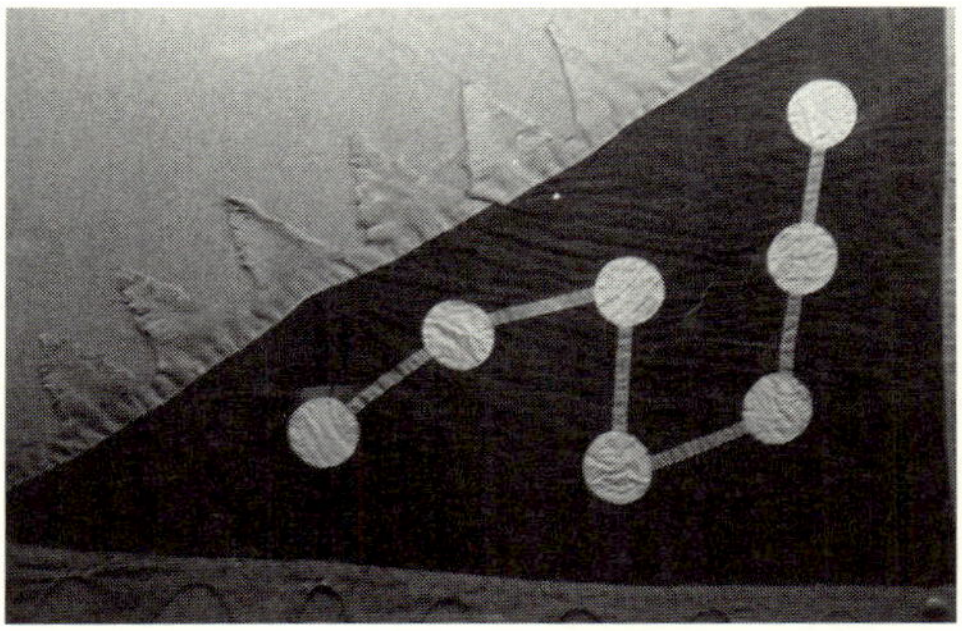
写真33　七星旗。写真は、東莞虎門博物館の展示品を撮影したもの。（2007年3月、筆者撮影）

　北帝は、その名の通り北方を祭る神で、二八宿のうち北方の七宿を統治すると他方では考えられている。それゆえ、広州の北帝廟には、一般的に「七星旗《しちせいき》」と呼ばれる北斗七星が刻まれた旗がある（写真33参照）。Z廟にも同様に七星旗があり、筆者の聞いた「西関村」に伝わる話によると、かつて外敵と戦うときには、常にこの北斗七星が刻まれた旗を掲げてきた。特に、アヘン戦争前の一八四一年にイギリス軍が広州に攻めてきた時に、この村が三元里村などの同盟村落と共に七星旗を掲げて抗戦したという説話は、「西関村」の武勇伝ともなっている（この一戦は、三元里抗英戦争[2]と呼ばれ、中国の教科書にも出てくる）。

　さて、Z廟は一〇五二年に建設されてから現在に至るまで、数次にわたって修築がなされてきたことが史料から明らかになっている。清代に書かれた『広州城坊志』の記載によれば、Z廟は一六二二年（明代の天啓二年）に一度修築したが、破損がひどかったので、一七八〇〜一七八五年（清代乾隆年間）に地元の村民により修築されたという〔黄・仇編　一九九四〕。この記載から、一八世紀には、西関村民とZ廟の間に接触があったと推定できる。だが、西関村民とZ廟との相互の関係がどのようなものであったのかについては、民国期に入るまでの文字史料からは明らかでない。また、Z廟の廟会である北帝誕生祭の詳細については、一九九〇年代まで新聞記事にもほとんど取りあげられていない。北帝誕生祭は、ここ一〇年近くこそ大がかりに宣伝されているが、文字史料のうえでは、区政府が西関文化に着目する一九九七年までの活動内容は空白になっている。それゆえ、一九九七年以前の北帝誕生祭の活動の仔細については、「村民」の記憶に頼るしかない。

「村民」の口頭伝承によると、北帝誕生祭は、Z廟の年に一度の祭りとして、一〇五二年の開村以来ずっと催されてきた。北帝の誕生日は旧暦の三月三日であるが、「村民」は、この日が北帝の誕生日であるだけでなく、「西関村」の誕生日でもあるとも考えている。そういうわけで、「村民」たちは、毎年旧暦三月三日になると北帝の誕生祭を催し、同時に西関村の成立も祝うようになったのだという。その後、確認できる範囲内でいえば、少なくとも一九三〇年代より現在に至るまで、北帝誕生祭は、村落の誕生祭を兼ねて旧暦三月三日に催されてきた。その活動内容について、「西関村」の高齢者たちは、一九三〇年代（民国期）にはいくつかの同盟村落を招いて北帝誕生祭を催していたと口述している。その記憶の詳細については次節に譲るとして、とりあえずは、二〇〇〇年以降の区政府による北帝誕生祭の介入がどのようなものであったかについて、次に言及しておきたい。

2　Z廟と北帝誕生祭をめぐる歴史的景観の再生計画（一九九七年以降）

第二章で詳述したように、一九八二年、広州は歴史文化名城に指定され、本格的には一九八四年から文化財の保護に取り組んできた。千年近い歴史をもつZ廟は、それに先駆けて一九八三年八月一三日付けで「広州市重点文物保護単位」に認定され、それ以降は市政府の保護を受けてきた。だが、市政府は、一九九六年に『荔湾商業・

貿易・観光区建設計画要綱』を制定するまでの一〇年余り、破損した箇所を部分的に修築していただけで、Z廟の大がかりな工事には取り込んでこなかった。ところが、一九九〇年代後半になると、Z廟の光景は、いくつかの段階を経て大きく変化していった。

まず、一九九六年に『茘湾商業・貿易・観光区建設計画要綱』が制定されると、Z廟は対外開放され、観光地としての役割を担うようになる。それ以降、市政府は、Z廟の修築と拡張に、本格的に乗り出した。

次に、一九九九年に『北京憲章』が制定されると、その翌年に区政府は、すぐさまZ廟の年中行事である北帝誕生祭に介入しはじめた。すなわち、二〇〇〇年より、区政府は北帝誕生祭を「北帝誕生祭民俗文化節」と銘打ち、それをローカルな特色をもつ廟会景観として宣伝しはじめたのであった。ここに、物理的環境だけではなく、その生活スタイルまでも加味して景観を生産する、区政府の新たな戦略を垣間見ることができる。ただし、二〇〇〇年度から二〇〇四年度までの五回の北帝誕生祭においては、区政府は従来通り「村民」の自発性に任せ、その祭祀のやり方に口を出すことはなかった。ところが、西関風情園の建設が進むにつれ、二〇〇五年度より区政府は、北帝誕生祭の活動内容に指示を与えるようになった。換言すれば、二〇〇五年は、北帝誕生祭が「民」の主催から「官」の主催に大転換した年であった。

写真34　Z廟と北帝誕生祭の景観。（2007年4月、筆者撮影）

北帝誕生祭を「官」の主催とする下準備は、二〇〇三年五月より、Z廟広場の拡張工事を手がけたことから始まる。前章で述べた通り、このZ廟の拡張工事は西関風情園建設の一環としておこなわれており、そこに西関文化のシンボルを集中させることに目標が置かれていた［南方都市

報　二〇〇三年五月四日］。具体的に言えば、区政府は、周囲の家屋を取り壊してZ廟の前方に広場を建設し、その入口に牌坊を建設した。また、広場には嶺南建築のデザインを取り入れ、地面には麻石を敷き、樹木を配置し、ハスで満面に彩られた池を整備した［南方都市報　二〇〇三年五月四日、新快報　二〇〇四年一月一四日］。そのうえで、区政府の意向に沿う民俗方面のシンボル（北帝誕生祭）を誕生させる下準備を整えたのであった。この拡張工事は二〇〇三年一二月に完工し、二〇〇五年四月一一日には、西関特有の景観として、北帝誕生祭を区政府の指導で実施した。

それでは、かような西関文化（嶺南文化）の特色を彩る廟会景観は、一体どのように施行されてきたのだろうか。二〇〇五年度から二〇〇八年度の事例を次に提示したい(3)。

3　区政府の指導による北帝誕生祭の実施内容（二〇〇五年～二〇〇八年）

「二〇〇五年から我々の北帝誕生祭は大きく変わってしまった。それまでは仲のよい諸村を招いて北帝や西関村の誕生日を祝うだけだったのに、かつての廟会の雰囲気は、今やなくなってしまっている。政府の介入によって北帝誕生祭の規模が大きくなったこと自体は、歓迎すべきことなのだが」。筆者が西関社区にてフィールドワークをしていた際、site β の高齢者たちは、複雑な心境を抱きつつ、しばしばこのように語っていた。

彼／彼女らが主張する通り、二〇〇四年度と二〇〇五年度の北帝誕生祭を比較すると、大きな転換があったことは明らかである。その主要なものをいくつか挙げると、まず第一に、二〇〇五年度より区政府は、X公司を仲介役にして活動資金の一部を提供するようになった。第二に、二〇〇四年度には、第五章で挙げた村落同盟――「一八郷」の同盟関係、竜舟祭の同盟関係、血族に基づく諸村の同盟関係――のうち、特に仲の良い八村が参加しただけであった。だが、二〇〇五年度からは、かつて敵対関係にあった茘湾村、西村を含めた二〇余りの村落が、区政府の指示によって招待されるようになった。第三に、その段取りについても区政府が指示を与えるようになり、祭祀にいくつかのプログラムが追加された。とりわけ、民国期に施行されていたという「村民」の話に基づき、獅子舞のパレード(4)をプログラムに追加したことで、北帝誕生祭は大きく変わった。

それでは、区政府に指示を与えられることにより、二〇〇五年以降の北帝誕生祭は、一体どのような段取りで催されるようになったのだろうか。筆者は二〇〇五年度から二〇〇八年度にかけて四度、北帝誕生祭の参与観察をおこなう機会を得たが、この四年間の活動内容は、ほぼ一致していた。紙幅の都合もあるので、それらの内容をまとめて、簡潔に報告する。

まず、北帝誕生祭は旧暦三月三日に催されるが、二〇〇五年以降は、その前日にも区政府指導のイベントが開催されるようになっている。そのイベントの内容は年度によって異なっていたが、広東音楽、南派拳法の演技、「飄色《ピウセッ》」(5)など、いずれも嶺南文化のシンボルが採用されている。

その他、二〇〇五年度より、北帝誕生祭の前日、あるいは数日前に「派米《パイミー》」というイベントも新たに登場している。これは、「西関村」に限らず、西関社区の貧困者や身寄りのない老人に対し、社区が米を支給するプログラムである。「派米」は北帝誕生祭の名目でもって実施されているが、北帝誕生祭が単に「村落」の祭祀ではなく、社区活動の一環ともなっていることは、注目に値する。

旧暦三月三日当日になると、いよいよ北帝誕生祭の祭祀活動が開始される。繰り返し論じると、区政府が介入する二〇〇四年度まで、北帝誕生祭に結集した村落は、「西関村」と特に関係の良い八村——三元里村、王聖堂村、源渓村、南海村、芳南村、芳北村、大埔村、棠渓村（後二者は白雲区にある血縁村落）——に限られていた。また、その際に重視すべきしきたりは、特に三つだけであった。すなわち、一つ目は七星旗を持参して参拝すること、二つ目は訪問する同盟村落から「西関村」に特産品を贈呈すること(6)、そして三つ目は、「村民」の社宅の広場に招

写真35　北帝誕生祭における「祈福」の儀式。（2007年4月、筆者撮影）

写真36　北帝誕生祭における「巡遊」。（2007年4月、筆者撮影）

待して一緒に獅子舞を楽しむことであった。ところが、二〇〇五年以降は、区政府の指示に従い、以下の三つのプログラムを順におこなうようになっている。

（A）「祈福《チーフー》」：西関村の「村民」が獅子舞に使う獅子を被り、先にZ廟にやって来る。そして、区政府の命により招待した二〇余りの諸村を迎え入れる。到着した諸村は、獅子を被りZ廟の六体の神を全て拝む。拝み終わったらZ廟の前で列をなして並び、政府関係者によって北帝誕生祭の開始の辞が述べられる。その後、Z廟の前で四～五体ずつ各参加村が獅子舞をおこなう（写真35）。獅子を舞っている最中には、X公司から「採青《ツァイツェン》」(7)が与えられる。この一連の活動を通して、北帝などの諸神を参拝する。

（B）「巡遊《シュンヨウ》」：午前九時頃から一時間ほど「祈福」をおこなった後、一〇時頃から、各村落の獅子は、決められたルートに従って「西関村」の内外を巡回する（写真36を参照）。これをマス・メディアは「巡遊」と呼んでいる。巡回するルートは区政府によって指示されており、ある区政府関係者が語るところによれば、西関村の「村民」が語る記憶に基づいてルートを再現したという。また、『広州日報』［二〇〇五年四月一二日］誌によれば、「巡遊」のルートは往年の西関村の輪郭を辿るよう試みられた。ただし、後述するように、その巡回のルートは往年の西関村の境界を辿ってはおらず、むしろより多くの者に見せるため、大通りを通るよう工夫がなされている。「巡遊」の時間は約一時間半で、それが終わるとZ廟に戻って解散する。
（C）「盆菜《ボンツァイ》」(8) の宴：Z廟にて解散後、北帝誕生祭に参加した諸村は共食をとる。メニューには、毎年、「盆菜」が入っている。「盆菜」とは、大きな皿にいろいろな食べ物を盛るものであり、通常は鶏、鴨、豚の丸焼きを含めた八、九種類の料理が含まれている。共食の場所は、二〇〇五年度と二〇〇六年度はV酒家が選定されていたが、二〇〇七年度になるとV酒家が改装工事に入ったので、Y公園内にあるY酒家が選定された。二〇余りの村落やX公司を招待するので、共食の人数は毎年一〇〇〇名を超えている。(9)

この共食が終了すると、午後より佛山市の黄飛鴻(10)獅子舞集団による獅子舞の演技が催される。数多くの観客がこれを見物するために訪れるが、前日とこのイベントに「村民」は関与しない。「村民」たちが関与するのは、午前に催される上述の三つのプログラムであり、その他は区政府の手に完全に委ねられている。ちなみに、二〇〇五年度からは佛山の有名な観光地である祖廟(11)でも、旧暦三月三日に北帝誕生祭が催されるようになっているが、その祭祀の手順はZ廟のそれと酷似している。

4　マス・メディアによる廟会景観の宣伝

さて、以上にみる北帝誕生祭の祭祀活動は、二〇〇五年以降、新聞やテレビをはじめとするマス・メディアにより大々的に宣伝されるようになっており、Z廟を見る集合的な眼差しが生産されるに至っている。殊に新聞に至っては、一九九〇年代前半まで、ほとんど北帝誕生祭の報道をしなかったのに、二〇〇五年以降になると、どの地方新聞も報道するようになっている。それでは、二〇〇〇年度から二〇〇八年度までの九年間、北帝誕生祭がどのように報道されてきたのか、広州における四つの代表的な地方新聞――『広州日報』『南方都市報』『新快報』『信息時報』――を検討することにしよう。[12] ミシェル・フーコーは、人間の「書く」能力は言語の文法法則からすれば非常に限られ偏っていると述べ、「書く」ことの社会政治的な制約を指摘したことがある［Foucault 1994: 65-66］。地元新聞における北帝誕生祭の記述内容も同様に一定の制約がみられるが、その偏りについて、以下三点を指摘しておきたい。

その偏向の第一は、北帝誕生祭が千年間続いてきた伝統的な民間行事であることを強調するようになったことである。その説明の際、北帝誕生祭は、文化大革命の影響などで数一〇年間停止したが、区政府の貢献によって復活したと、繰り返し主張されるようになった。その具体的な事例として、各新聞紙は、「派米」「祈福」「巡遊」「盆菜」の共食習俗のすべてが民国期以前に存在しており、伝統に従って復活したと記されている。次節で指摘するように、「村民」たちの記憶では、これらの習俗のすべてが過去に実施されていたわけではない。その意味で、マス・メディアのこうした報道は、新たに「伝統を創造」する［Hodsbawm and Ranger 1983］役目を担っていると言えなくもない。

第二に、Z廟の北帝誕生祭は、「西関村」の年中行事であるだけでなく、近隣の諸村と交流する行事でもあることが強調されている。ただし、各新聞紙は、Z廟に集結した村落の総数、およびそれらの名称こそ記載しているものの、それらが「西関村」とどのような関係にあるのか――同盟村落であったのか、それとも敵対村落であったのか――については、三元里村と南海村を除き、報じられていない。三元里村については、三元里抗英戦争以来の同士であったことを報じることで、読者に愛国主義思想を鼓舞している。他方で、南海村については、第五章で挙げた「契爺―契仔」の故事を取材に基づいて報じ、両者が広佛文化圏という〈空間〉の架け橋であることが宣伝されている［河合　二〇〇八a：一二四］。

最後に、第三の偏向として挙げられるのは、前日に催される飄色、広東音楽、南派拳法の演技だけでなく、当日に催される獅子舞、その獅子の由来とパレード（すなわち「巡遊」）の光景の記載がなされるようになったことである。これらのシンボルは毎回同じであるとは限らず、新たなシンボルが取材を通して付け加えられることもあるが、いずれにせよ西関文化の「意味」に適合したものが選ばれる。つまり、第四章で言及したカッシーラーが主張するように、「意味」さえ共通していれば、シンボルは可変的に提示されうるのである。逆に言えば、マス・メディアは、こうして新たなシンボルを生み出す仕事をしているが、同時に、その一環として、Ｚ廟がいかに嶺南建築の特色を体現しているかを、取材を通して報道してきた。たとえば、「Ｚ廟には青レンガの壁でできている他、屋根の黒い部分は五行の水を表しているため、廟そのものが嶺南水郷の景観を表しているのだ」と報じられることもあった。ただし、「村民」によって最も重要な「シンボル」（七星旗）や他村からの土産物については、ほとんど言及されていない。

以上のように、マス・メディアの報道は、Ｚ廟とそれに付随する民俗活動が、西関文化および嶺南文化を体現していると繰り返し報じており、それらに主観的な眼差しを提供してきた。そうすることで、ローカルな特色をもつ外的景観を現出してきただけでなく、各種のシンボルを政策的意図に仕える象徴資本としてきたのである。

しかし、西関社区のフィールドワークを進める過程で明らかになってきたのは、「村民」たちが、マス・メディアの宣伝とは別の角度からＺ廟を眺め、また北帝誕生祭に関与していたことである。特に高齢の「村民」たちは、彼／彼女らのいまを生きる「意味」から北帝誕生祭の過去の記憶を想起し、その記憶によって内的景観を再構築する努力をおこなってきたのである。記憶は、現在の関心事からしか想起されえないので、過去の出来事を正確に把握しているとは限らない［川田　二〇〇四、片桐　二〇〇三：一三―一四］。だが、景観人類学の議論にとって重要であるのは、現在の社会状況に応じて想起され共有される記憶が、地域住民自身の手による内的景観をつくる原動力となり、現実になりうることである。それゆえ、次に、過去の北帝誕生祭をめぐる「村民」の記憶について、まず探求してみることにしたい。

二　地域住民による廟会景観の「歩き方」――〈場所〉の記憶と再生

1　「村民」の記憶のなかのZ廟景観

フィールドワークの駆け出しの頃、先人の書いた民族誌を手がかりにインタヴューをおこなうことは、人類学ではオーソドックスな調査法である。しかし、西関は人類学的調査に乏しい「空白地帯」であったため、筆者は、他分野のいくつかの研究、およびマス・メディアの報道内容に基づいて調査を開始した。しかし、そうして書かれた知識に基づき、西関社区を調査するにつれて気づくようになったのは、地域住民がマス・メディアの報道内容に対して、一種の不信感をもっていることであった。なぜなら、マス・メディアは、地域住民から取材をおこなってはいるが、自分たちの都合の良い部分的事実だけを拾い上げて報道する傾向があったからである。ポスト・ブルデューの論者に従って言い換えるならば、「メディアはまずい民族誌を行って」[Schroer 2004: 247]きたのである。それゆえ、少なからずの地域住民は、マス・メディアの報道が自分たちの世界を正確に反映しているとは考えていなかったし、それらは「嘘つき」だと発言してきた。筆者が調査を実施してきたsite βのメンバーも、その例外ではなかった。それでは、「村民」が記憶する往年の北帝誕生祭は、マス・メディアの報道とどのように異なるのだろうか。site βを中心に検証してみよう。

まず、site βの全員は過去を回顧し、Z廟と北帝誕生祭の光景は、一九九六年の前後と比べると大きな差がみられると筆者に語った。彼／彼女らの話によると、一九九五年以前のZ廟は、規模こそ小さかったが、「村民」

がことあるごとに参拝できる、霊験あらたかな廟であった。建築の布置としては、Z廟が最も高く、前方には池があり、周囲の家屋はZ廟より高く建ててはならなかった[13]。さらに、Z廟の前にある二本の石柱、および廟内にある南海村から寄贈された額はその当時からあり、北帝の眼前には羅傘樹があった。「規模こそ小さかったが、こうしたZ廟の環境は独特な雰囲気を醸し出していた」と、site β のメンバーは語る。

前述の通り、北帝誕生祭では一九九五年以前から同盟村落を招待してきたが、それは関係の良い一〇にも足らない村落に限られていた。また、その時のしきたりは、ここで再度繰り返し強調すると、①七星旗を持参して参拝すること、②訪問する同盟村落から「西関村」に特産品を贈呈すること、③「村民」の社宅の広場に招待して一緒に獅子舞を楽しむこと、の三点であった。β1～β6氏の記憶では、そのうち①と②のしきたりは、一九三〇年代から一九五〇年代までも基本的に同じであった。前節にみたその他のプログラムは、往年の北帝誕生祭では、なされなかったか、あるいは時折するに限られていた程度のもとであったという。こうした記憶に基づき、二〇〇五年以降に伝統の名のもとでおこなわれているいくつかのプログラムは、過去には存在しなかったニセモノなのだと、site β ではよく言われる。主に二つの角度から、それを洗い直してみることにしよう。

彼／女らが見た一つ目の偏向は、マス・メディアの伝統認識に、誤認があることである[14]。β1氏～β8氏によれば、「派米」なる慣わしは過去に存在しなかったし、「祈福」の際にZ廟前で獅子舞により参拝することもなかった。また、一九九二年に市場経済化路線が採択されるまで、村民たちは裕福ではなかったので、北帝を拝んだ後、来訪した同盟村落を招いて共食することも滅多になかった。site β のほとんどのメンバーは、北帝祭が終了した後は、それぞれの祠堂に戻り、宗族ごとに食事をとったと記憶している。β2氏だけは一、二度だけZ廟の前で共食したことを記憶していたが、氏は同時に、「それは伝統とは呼ばない」と付け加えている。また、マス・メディアは「盆菜」を西関村の伝統的な食事だと宣伝してきたが、site β のメンバーは全員、一〇年前まで「盆菜」という名前すら聞いたことがなかったと口述している[15]。

二つ目は、二〇〇五年以降、北帝誕生祭のメイン・イベントとなっている「巡遊」の意味づけが、「村民」の慣習的なそれと異なっていることである。もともと「巡遊」とはマス・メディアが名づけた他称で、西関村の民間では、類似のイベントを「行郷《ハンヒョン》」と呼んでいたという。また、二〇〇五年に区政府の主導で催される「巡遊」と、彼／彼女らが民国期におこなっていたと記憶する「行郷」とは、まったく異なる「意味」をもっている。前者は、Z廟の行事に必ず付随する景観の一部であり、それゆえ毎年開催されなければならない。また、巡回するルートも村落の外を越えており（後述）、嶺南文化の特色をもつとされる獅子とそのパレードを外部の者に見せることが目的とされている。しかし、それに対して「行郷」は、確かに北帝誕生の時に実施されてはいたが、それは必ずしもZ廟と結びつく慣習ではなかった。というのも、「行郷」は村内に不幸が起きたときに獅子を舞いながら村内を歩く、いわば魔除けの儀式だったからである。だから、毎年行われていたわけでもないし、また、女性が参与することは禁じられていた。

以上は、site β で伝えられたZ廟と北帝誕生祭をめぐる記憶の一部である。この記憶は、若者グループであるsite γ の「村民」には部分的にしか共有されていないが、後述する高齢者を中心とする「村民の場」（site δ）でもほぼ同様の記憶を確認することができた。こうして「村民」間で共有される傾向のある記憶を検討してみると、マス・メディアの報道は、彼／彼女らの記憶を部分的に、そして時には捨象して歪めたものであることが分かるだろう。

だからといって、筆者は、マス・メディアの恣意性を、ここで批判したいわけではない。ここで注目したいのは、「村民」たちが、かような記憶を共有することでZ廟と北帝誕生祭の景観を別の角度から見ており、それにより自分たちの内的景観を別のかたちで構築してきたことである。北帝誕生祭は、文化大革命（一九六六～一九七六年）

が始まってからは「迷信」として禁止されたが、一九九二年に市場経済化路線が採択されると、祭祀活動への規制が緩み始めた。そこで、一九九二年以降、「村民」たちがまず試みたのは、以前のように同盟村落を北帝誕生祭に招待することであった。また、文化大革命前の記憶に従い、①七星旗を持参して参拝すること、②訪問する同盟村落から「西関村」に特産品を贈呈すること、の二つのしきたりを復活させることで、彼／彼女らの記憶に残る景観を甦らせた。さらに、③西関村の敷地内で獅子を舞って楽しむプログラムを追加するとともに、後にX公司の社宅と牌坊ができると、今度はそこで同盟村落と獅子舞を楽しむようになった。「村民」にとって北帝誕生祭を催す「意味」は、あくまで同盟村落とともにZ廟および西関村の誕生日を祝うことにあったのである。この「意味」はまた、「西関村の村民」としてアイデンティティを保つ助けにもなっていた。

ところが、二〇〇五年度に区政府が北帝誕生祭に介入すると、こうした慣習的な祭祀活動をそのまま催すことは困難になった。なぜなら、区政府は、西関文化としての「意味」をこの廟会景観に付与する目的で、その祭祀内容の段取りを逐一取り決めたからである。それにより、「村民」は、往年の記憶に沿った思い通りの景観を、北帝誕生祭に現出することはできなくなった。ただし、前章で論じた牌坊の事例と異なる点は、区政府は直接介入するのではなく、X公司を仲介役として北帝誕生祭の段取りを指示していたことであった。それにより、北帝誕生祭においては、「村民」の声を一部反映させることが可能になったのである。こうして、「村民」たちは、彼／彼女らが記憶するZ廟と北帝誕生祭の景観イメージを、区政府が主導する現在の祭祀活動に放り込むことに成功してきた。それでは、その景観行為について言及する前に、北帝誕生祭の経営方式と意思決定システムのあり方に触れていくとしたい。

2　経営と意思決定のシステム

繰り返し述べると、北帝誕生祭は、千年近い歴史をもつと考えられている廟会活動である。民国期には、西関村の各宗族と「太公《タイゴン》」が出資することでこの廟会を催し（第五章を参照）、その後も二〇〇四年度までは「村民」が自ら活動資金を寄付し合うことで賄ってきた。ところが、二〇〇五年度以降、区政府が北帝誕生祭に介入しはじめると、主催単位、活動資金の捻出方法、意識決定のシステムが根本的に変わることになった。その変化とは、第一に、主催者が「村民」から区政府に交替したことである。区政府は、X公司を通して活動資金の一部を提供するようになっただけでなく、前節でみた三つのプログラム——「祈福」「巡遊」「盆菜」の宴——を設定するよう指示した。そして、第二は、そのプログラムの詳細をX公司に委任するようになったことである。

X公司は、第五章でも概観したように、X村の「村民」が株主となって設立した会社である。二〇〇二年に設立して以降、子供服などの販売を手がけているが、他方で、X村の所有する土地を区政府に替わって管理している。それゆえ、区政府とのパイプも太く、「村民」と政府の意思疎通を図る、村民委員会の役割も引き継いできた[16]。また、X公司は、北帝誕生祭の開催についても、両者の仲介役としての役目を果たしてきている。それでは、こうした社会制度のもと、区政府、X公司、「村民」はそれぞれ、北帝誕生祭においていかなる立場にあるのであろうか。図13をご覧いただきたい。

まず、区政府は、北帝誕生祭をめぐる基本方針を定め、X公司に伝える。その基本方針とは、「祈福」「巡遊」「盆菜」の宴という三つのプログラムを実施すること、などであった。その基本方針を定めた後で、X公司に詳細な段取りを決めてもらう。また、二〇〇五年度から区政府は活動資金を出資しているが、名目上は、X公司が出資するという形にしている。なぜならば、北帝誕生祭は、あくまでも西関地区における伝統的な民間行事という位

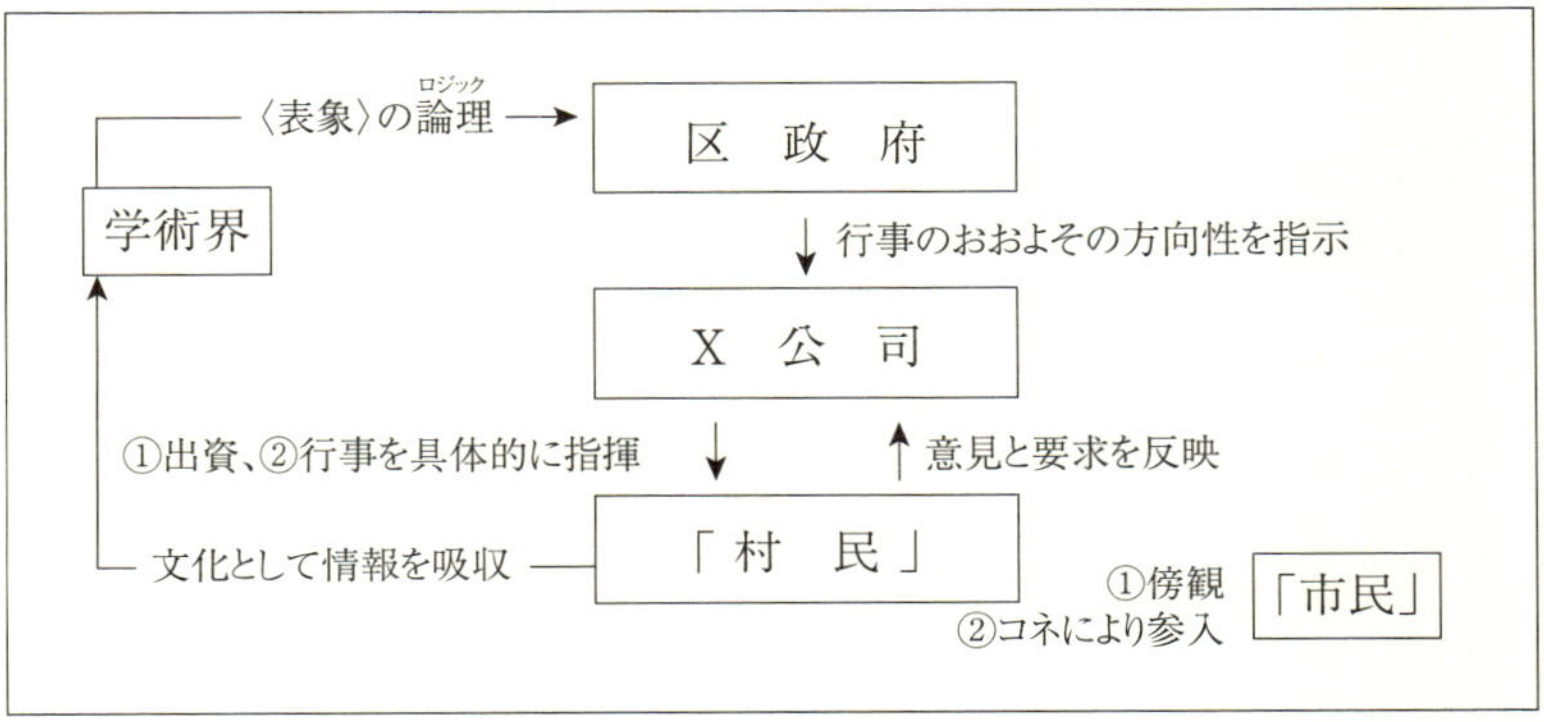

図13　北帝誕生祭における意志決定システム

置づけであり、「村民」による自主的な祭祀活動として現出される必要があるからである。

それでは、X公司は具体的には何を決定してきたのであろうか。まず第一に、北帝誕生祭のプログラムについて、X公司はその具体的な段取りを決めている。例を挙げると、「祈福」の手順、「巡遊」のルート、そして「盆菜」の宴の設置に至るまで、北帝誕生祭における一連の詳細な流れはすべて、X公司が区政府の指示を受けつつ決めてきた(17)。

第二に、区政府は、北帝誕生祭に招待する諸村落を取り決めている。前述の通り、二〇〇四年度の北帝誕生祭に来訪していた村落は、特に関係の良い八つのそれに限られていた。しかし、二〇〇五年以降は、区政府からの要請により、広州と佛山（すなわち「広佛都市圏」内部）より村落を招待して、北帝誕生祭の規模を大きくした。それに加えて、さらに大きな変化は、茘湾村と西村の二村をX公司が招待するようになったことである。第五章で言及したように、民国期までの西関村は茘湾村や西村と仲が悪く、特に茘湾村とは敵対関係にあった。中華人民共和国の成立後、西関村と茘湾村は敵対村落ではなくなったというが、それでも以前の感情を引きずっていないわけではない(18)。それゆえ、二〇〇四年以前の北帝誕生祭に、茘湾村と西村の人々が訪れたことは決してなかった。しかし、X公司が特定の村落のためだけにイベントを催し出資するのは不公平であるとして、企業内でのトラブルを避ける目的で、二〇〇五年度から茘湾村と西村の二村も招待することになった。

このように、X公司は区政府の指示と内部事情に基づき北帝誕生祭の詳細を取り決めてきたが、他方で、「村民」の意見を反映させる余地もつくった。X公司は「村民」が株主となっているので、インフォーマルな形でいくつかの細かな要求をおこなうことが可能であったのである。つまり、もし「村民」が変更を要求するならば、可能範囲内でそれを聞き入れる汲み上げのルートが、ここにつくりあげられた。

次に、「西関村」内部の出資状況と意志決定システムについて見ていきたい。二〇〇五年以降、X公司は、北帝誕生祭の主催者として活動資金を毎年援助している。しかし、それによって「村民」側が活動資金を出さなくなったかというとそうでもなく、「村民」が自ら集めて捻出する資金の方がむしろ多い。その一例として、二〇〇七年度の出資会計を見ると、X公司が一万元捻出したのに対して、「西関村」は自ら募金して約五万元の資金を捻出している。この約五万元のなかには、「居民」からの出資も含まれているが、その割合は一割にも満たない。また、この年、「村民」からの出資者は総計四三三名で、そのうち西関社区の「村民」は二三八名が出資していた。さらに、後者の「村民」を男女別に見ると、女性からの出資者は二〇パーセント弱で、男性の出資者が大多数を占めていた。

site β のメンバーの記憶によれば、一九五〇年代までの北帝誕生祭は、各宗族の長老によって主催されており、その参加者も男性村民が中心であった。西関村の居民は参加が不可能であったし、また、女性村民は参加できたが「行郷」を忌避せねばならないなど制限があった。しかし、二〇〇五年以降は、徐々に「村民」女性や「居民」も参加できるようになり、北帝誕生祭の参加をめぐる禁忌もなくなった。ただし、西関社区の「居民」のなかには、北帝誕生祭は「村民」の行事だという規範があり、それゆえ「居民」からの出資者は大方、次の二種類に分かれている。すなわち、一方は西関社区に店を構える店主で、家主に当たる「村民」に義理で少額の寄付をしている人々である。他の一つは、北帝誕生祭（特に獅子舞のパレード）に参加する若い「居民」である。彼らは若い「村民」たちの個人的な友人で、少額の寄付金を払って余興として参加している。(19)たとえば、site γ のメンバーの数名も北帝誕生祭に参加する際、元同級生や友人である「居民」を誘っていることがあった。

しかし、かように祭祀の参加者が変化しているにもかかわらず、北帝誕生祭をめぐる「西関村」内での決定権は、二〇〇五年以降も六〇歳以上の男性「村民」に委ねられている。site β の例を挙げると、この〈場〉では、女性である β9氏と β10氏、及び若い β11氏には、北帝誕生祭をめぐる決定権がない。また、すべての高齢者男性が意思決定の権限をもつこともなく、X公司の元重役であった β3氏、および北帝誕生祭の世話人を務めたこともある β2氏らが、「村民」のなかで発言権をもっている。また、別の〈村民の場〉である site δ を見てみるとしよう。site δ は、六〇歳～七〇歳代の「村民」男性を中心に構成されており、北帝誕生祭を含む「西関村」の決定事項において強い権限をもっている。また、β2氏や β3氏は、site β において記憶や説話を共有しながらも、site δ に出入りすることもある。つまり、「西関村」は、強い決定権をもつ site δ を中心に、複数の〈場〉が組み合わさることで運営されているといえよう。以上の「西関村」内の意思決定システムを念頭に置きつつ、区政府とX公司によって指示された北帝誕生祭の段取りに対し、「村民」がどのように自らの意志を反映させていったのかについて、次に検討していくことにしよう。

3　象徴資本としての外的景観、〈場所〉における内的景観

区政府は、二〇〇〇年より北帝誕生祭に着目こそしてきたが、その祭祀内容について直接介入しはじめたのは、二〇〇三年のことであった。前章でも触れた通り、この年に区政府は一万元を「西関村」に渡し、牌坊の建設、

および「巡遊」の復活を呼びかけた。「村民」は牌坊の建設こそ快諾したが、「巡遊」については、今それを実行する価値があるのかどうかについて議論があったという。なぜなら、彼らにとって類似の祭祀にあたる「行郷」は、不幸が出たときの魔除けの儀式であり、Z廟の祭祀とは無関係であったからである。換言すれば、「巡遊」は、彼らが慣習的に催してきた北帝誕生祭にはない、全く別のイベントであった。同様に、区政府が提供するその他のイベントについても、「村民」の記憶とは異なっていた。

しかし、ここで「村民」が選んだのは、彼らが記憶してきた昔ながらの景観イメージをそのまま再現させることではなかった。むしろ「村民」は、彼らの記憶する内的景観を、そのまま意固地に再生させることに何の意味も見出さなかった。なぜなら、「村民」は、時代の流れに合わせて自らのやり方を変えるのは当たり前だと思っていたからである。だから、北帝誕生祭においても、いくつかの基本的なしきたりさえ保持していれば、区政府やX公司の指示に従うことに、反対はしなかったのである。

ただし、区政府の北帝誕生祭への介入に対して、「村民」がみな同じ見解をもっていたかというと、そうではない。まず、site δの数名は、区政府による北帝誕生祭の介入を、むしろ自らの利権を守る絶好の機会だと考えていた。ここでもう一度、「西関村」が置かれていた社会状況を思い起こしてみるとしよう。第五章で述べたように、西関村は二〇〇二年一月一八日をもって都市に編入され、その村落としての土地も国家に没収されるはずであった。だが、市場経済化路線の採択後、ますます高騰する土地を手放したくなかった「村民」は、X公司を建設し、X公司を通して土地権を保持することに成功した。しかし、都市の土地は法律上は国家のものであるので、開発の波が今後押し寄せ、彼らの土地が完全に没収される可能性も残されていた。実際、ここ数年の広州では、大規模な都市開発の波に呑み込まれ、残されたすべての土地を没収された村落もある。[20] それゆえ、「西関村」は、その伝統文化をアピールし、自らの手で都市の景観的特色を醸成することで、現代都市における存在価値を主張する必要に迫られている。site δ の数名が主張するところによると、北帝誕生祭は、「西関村」とその土地権を守る武器となりうる。[21] すなわち、区政府にとってローカルな景観を演出する北帝誕生祭というシンボルは、「村民」にとっては、「西関村」とその土地権を守るための象徴資本でもある。

こうした訳で、少なくとも表面的には、北帝誕生祭でもって「西関の伝統文化」が強調されてきた。街中に貼られていた「村民」による北帝誕生祭の次の通知は、このことを如実に物語っている。

「三月三日の北帝誕生祭は西関の風情が具わった特色ある伝統行事です。…（中略）…友好関係にある諸村落と『巡遊』をし、友好的な社会を呈し、それを観光開発に活かしていきましょう」[22]。

しかし、ここで注意を払っておく必要があるのは、「村民」のすべてが北帝誕生祭を象徴資本と見なしてきたわけではないことである。「祖先から伝えられてきた廟会を続けるのは当然のことだ」と、一種の義務意識から北帝誕生祭の存続を強調する者もいた。たとえばβ5氏は、すでに多くの資産を抱えており暮らしも豊かであるので、それほど土地権にこだわりはない。また、β11氏も属す site γ では、それが伝統文化であるか否かよりも、年に一度の祭りの機会を利用して友人と楽しみたいという気持ちが先行している。このように、程度の差こそあれ、site β のメンバーの大部分は、そうした政策的な目的から北帝誕生祭に関与してきたわけではない。もし筆者が site β のメンバーとの対話において、「あなたが北帝誕生祭に参加するのは土地権を守りたいからですか」などと質問したら、たちまちバッシングを受けてしまうことだろう。

以上のように、「村民」の態度には不一致がみられるが、他方で、北帝誕生祭を「時代の流れに合わせた祭祀活動に変えていかねばならない」という共通認識も彼／彼女らにはあった。だから二〇〇五年度に区政府が介入する以前から、「居民」の介入を許し、女性の参加と寄付を受け付けるなどの工夫を新たにおこなってきた。さらに、二〇〇五年度に区政府が活動内容に指示を与えてきたときも、基本的にはそれに従った。繰り返し述べる

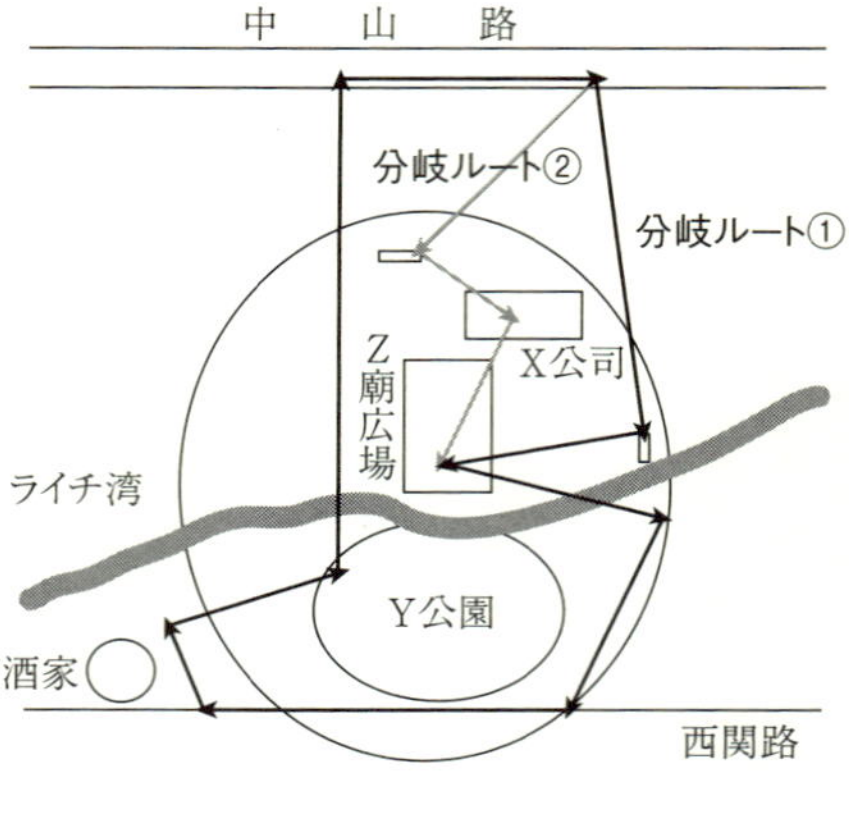

図14　「巡遊」における2つの巡回ルート

と、北帝誕生祭の段取りは、区政府がX公司を通して取り決めているが、「村民」にも自己の意見を反映させる余地が残されていた。ところが、「村民」は、そのような意志決定システムにより、彼／彼女らが記憶する昔日の景観をいくらでも現在に投影できるのに、X公司が提示した北帝誕生祭の段取りに対して、意見を述べることはほとんどなかった。彼らが特に要求したのはたった二つ、「巡遊」の際の獅子の並び順と、若干のルート変更のみであった。それ以外は、一方でZ廟をめぐる異なった内的景観の記憶をもっているのに、区政府の方針に歩調を合わせようとしていた。この「村民」側の態度は、一体何に由来しているのだろうか。また、「巡遊」の際の獅子の並び順、および若干のルート変更によって、「村民」はどのような内的景観を再構築しようとしていたのだろうか。「巡遊」を再度検討することで、その回答を得ることにしよう。

既述の、マス・メディアはここ数年間、北帝誕生祭を大がかりに宣伝してきており、新聞やテレビは「巡遊」のルートについても記載している[23]。それらの情報に従うと、「巡遊」のルートは図14で示した通りになっている。すなわち、Z廟広場を出発してから西関路とその奥道を通り、今度はY公園の敷地内を抜け、広州屈指の大通りである中山路を出てから再びZ廟に戻ると報じられている。

ところが、「村民」たちは、また別の角度から「巡遊」を見ており、決められたルートよりもわずかに寄り道をしていた。そうすることで、一時間余りの短い巡回のなかで、彼らは、区政府の提示したルートに沿って歩きながら、いくつかの慣習的な「意味」を投影させてきた。

まず、マス・メディアは、「巡遊」のルートについて報じてはきたが、獅子の並び順には全く言及していなかった。しかし、「村民」によって重要なのは、巡回するルートそのものではなく、巡回する時の獅子の、つまりは各村落の並び順であった。区政府により提示された「巡遊」は、そもそも「行郷」とは意味づけが異なるので、どこを歩こうが関係なかった。それよりも「村民」が新たに重視すべきと考えたのは、他村落との関係性であった。区政府とX公司が「巡遊」のルートを取り決めた後、「村民」がX公司に要求した事項の一つは、南海村の獅子を一番先に歩かせ、その後で芳南村、芳北村の順に並ばせることであった。そして、「村民」は、三元里村など「一八郷」の同盟村落を続いて並ばせるようX公司に要求した。というのも、第五章で述べたように、「西関村」にとって南海村は父、芳南村は次兄、芳北村は末弟のような関係にあるので、それを「巡遊」にて体現させねばならないと考えていたからである。さらに、「一八郷」の同盟村落が続き、七星旗を掲げることで、往年の廟会の雰囲気を醸し出すよう工夫がなされてきた。

次に、これもマス・メディアでは報じられていないが、図14に見るように、大通りを通過した後で、獅子の行列は二手に分岐している。そのうち、一つ（分岐ルート①）は、マス・メディアによっても報じられている、西関路により近い牌坊に向かう隊列である。そして、もう一つ（分岐ルート②）は、X公司の社宅に近い牌坊に向かう隊列である。獅子は、このように二手に分かれてから、牌坊の前で獅子舞の踊りを楽しむ。時間にして二〇～三〇分ほどである。

しかし、この二〇～三〇分の短い間に、「村民」たちは、彼らにとって重要な「意味」をそこに込める。ここで注目に値するには、獅子舞チームの分岐の仕方であり、分岐ルート②には「西関村」、および民国期から常に来訪していた同盟村落が赴く。他方で、分岐ルート①には、茘湾村や西村といった関係の悪かった村落、および

写真37　牌坊の前の獅子舞。X公司前の牌坊では、「同盟村落」のみが集まって獅子舞を楽しむ。(2007年4月、筆者撮影)

新参の村落の獅子が赴く。そして、この分岐ルート②の指定こそが、「村民」がX公司にした二つ目の要求であった。

「西関村」とその同盟村落は、区政府の指示に従って牌坊の前で獅子舞をした後（写真37参照）、今度は一〇分余りの隙を見計らってX公司に行き、そこで再び一緒に獅子舞をする。また、訪問した同盟村落は、各自の特産品を事前に「西関村」に渡しておく。ここで再び、site βやsite γのメンバーたちが想起していた北帝誕生祭の景観を思い出していただきたい。繰り返せば、彼／彼女らは北帝誕生祭の慣習的なしきたりとして、①七星旗を持参して参拝すること、②訪問する同盟村落から「西関村」に特産品を贈呈すること、③「村民」の社宅の広場に招待して一緒に獅子舞を楽しむこと、の三点が必須であると記憶していた。「村民」は、区政府によって指示された景観行為に「操られ」ながらも、かようなズラしを僅かに行うことで、同盟村落と廟会と村落の誕生日を祝うという、慣習的な「村落」景観をここに甦らせているのである。X公司の社宅で獅子舞を共に楽しんだ後、各同盟村落の獅子たちは、七星旗を掲げながら西関村の敷地内を通ってZ廟に戻る。

おわりに

二〇〇二年四月に西関風情園建設のプロジェクトを推進して以来、区政府は、ローカルな特色をもつ景観としてのZ廟に着目してきた。そこで区政府は、二〇〇三年にZ廟広場の拡張工事に着工しただけでなく、二〇〇五年からは、Z廟の重要な精神的要素である北帝誕生祭にも介入してきた。そして、その廟会の活動は、マス・メディアにより報道されることで、西関文化の「意味」を伴った外的景観として立ち現れている。しかし、マス・メディアは「村民」の活動を取材により採りあげてはきたけれども、それは「村民」の記憶する内的景観とは乖離したものとなっている。行政界やメディア界などにより提示された外的景観と、地域住民の描く内的景観との間に、隔たりがあることをここでも確認できる。

本文中で述べてきたように、「村民」側にとって北帝誕生祭を開催する目的は、あくまで同盟村落とともに北帝の誕生日を祝うことにあった。それは、「村民」が北帝誕生祭を催す「意味」をなしており、その「意味」と関連したいくつかの記憶が重視されていた。しかし、本章の事例から同時に明らかになったのは、「村民」たちは、記憶に残る内的景観のあり方をそのまま現在に再生させようとしているわけではなく、時代に合わせ、形を変えて再生しようとしていたことであった。その限りにおいて、北帝誕生祭は、彼/彼女らが「核心」であると考えるいくつかの慣習的なしきたりさえ守られていたならば、政策的な要求にも歩調を合わしうる柔軟性を備えていた。「村民」は、「巡遊」という彼/彼女らの記憶とは異なる歩き方を象徴資本として利用しつつ、他方で寄り道をさりげなく行うことで、北帝誕生祭をめぐる景観の記憶を持続させていたのである。それにより、「村民」は、ローカルな特色をもつ外的景観をつくる協力を草の根からおこなうとともに、自らの慣習的な内的景観を時代の流れに合わせて構築することに成功してきたといえる。こうした「村民」の行為によって、北帝誕生祭は、ローカルな特色をもつ「二次的」な景観(外的景観)であるとともに、地域住民の慣習的な「意味」を持続させた「一次的」な景観(内的景観)でもある、構造色の景観として立ち現れるようになっている。本書の序章で提起した関心に沿って言えば、Z廟の廟会たる北帝誕生祭は相律している。

ただし、「村民」が景観を慣習的に持続させてきたという上記の表現には、補足を加える必要があろう。フランスの社会学者であるモーリス・アルヴァックスは、記憶は、他者と共有されることでしか想起されえないと論じている［Halbwachs 1950: 15-17］。すなわち、人間の記憶において何を忘却し何を想起するかは、社会的状況に関係するというのである［cf. 片桐　二〇〇三］。こうした指摘に漏れることなく、「村民」が北帝誕生祭について重視している記憶は、すべて他村落との関係性にまつわるそれに偏っている。site βや site δのメンバーたちは長きにわたって北帝誕生祭を目の当たりにしているはずなのに、では、なぜ他村落と関係する記憶が強調されているのだろうか。そして、これらの記憶は、なぜいまの現実社会に投影されるほど重要なのであろうか。それは、他村落と関係を取り結ぶことで「西関村」という想像の共同体を際立たせる、現在の社会状況と少なからず関係していると考えられる。その意味で、「村民」の記憶は、外から観察すれば、やはり政治経済的に捏造されているのである。

だが、ここで注目すべき問題は、「村民」はそれでも、彼／女らの慣習的なやり方を持続していると自ら考えていることである。なぜならば、それは、忘却こそされてはきたけれども、確かに過去にあった事実を今続けていることには違いないからである。記憶は常に脳裏に眠っているが、同時に、常に社会的刺激によって喚起され、それにより慣習的な流儀が持続する。[24]その意味では、内から見れば記憶は、「村民」のなかでは慣習的に持続しているのである。西村正雄［二〇〇七ａ：四］は、景観人類学に記憶の議論は欠かすことができないと述べていたが、今後、真に注目していかなければならないのは、外側から見れば変化しているように見えるが、内側から見れば持続につながる、記憶のもつこうした二面性なのかもしれない。

注

（1）　中国歴史学華南学派の代表人物である劉志偉［一九九四、一九九五：一三六―一三七］は、番禺区沙湾鎮の北帝廟をめぐる事例より、明清期の北帝は現地社会にて権威を得る象徴資本として使われていたと考えている。

（2）三元里抗英戦争は、一八四一年五月二四日にイギリス軍が侵入した時にはじまる［cf. 広州市文史研究館編　二〇〇六：一一四―一一六］。中国の歴史教科書によれば、この抗戦では、三元里村を中心とする地元の村民が結集してイギリス軍を撃退したとある。しかし、「西関村」に残る口頭伝承に基づけば、三元里抗英戦争で中心的な役割を果たしたのは、三元里村と西関村の両村の村民なのだという。今のところ、三元里抗英戦争にて西関村の村民が集団で抗戦したという史料は見つかっていない。だが、「西関村」の村民の多くは、西関村と三元里村は昔から同盟関係・姻戚関係を結んできたから、この抗戦に西関村が参加しないはずはないとし、この口頭伝承の信憑性を強調している。

（3）なお、二〇一〇年度にも北帝誕生祭を観察したが、基本的に、変わっていなかったことを補足しておく。

（4）この「巡遊」と呼ばれる獅子舞のパレードは目下、「官」の開催した民俗活動の至るところで目にすることができる。

（5）「飄色」とは、番禺区沙湾鎮に起源する民間芸能で、三～五歳くらいの子供を空中に掲げてパレードする民間行事である。しかし、近年になって広府文化の代表的なシンボルとなり、広州各地の廟会などで催されるようになった（第四章を参照されたい）。「飄色」と類似の民間芸能は広東省のみならず中国各地に存在しており、二〇〇六年の国慶節では、浙江省、福建省、雲南省、内モンゴル自治区など中国各地から「飄色」に類する民間芸能が番禺広場に集結しパレード（巡遊）をおこなった。ただし、たとえば浙江省のそれが「迎会」（〇インホイ）と呼ばれるなど、名称や仔細は沙湾鎮の「飄色」と異なっていた（二〇〇六年一〇月三日、中山大学修士課程院生の唐煜氏との共同調査に基づく）。

（6）逆に、「西関村」のもう一つの大きな民俗活動である竜舟祭では、ホスト側がゲスト側に特産品を贈るしきたりとなっている。「西関村」の特産品は「五秀」である［河合　二〇〇八a：一一六］。

（7）「採青」とは、獅子舞をして回る獅子に与える野菜のこと。実質的には、報酬金を指す。二〇〇五年以降はX公司が各村に「採青」を与えている。

（8）香港の元朗では「盆菜」にまつわる伝説が残されている。それによると、南宋末期、皇帝が元の兵に追われて南下し、今日の香港新界地区に逃げた。現地の村民は彼を迎え入れ、大きな盆に山盛りの料理を出してもてなしたという。こうして「盆菜」は後に「落難皇帝菜」とも呼ばれるようになり、新界の客家地域では、年中行事や結婚式の時に客人を招いてもてなされる料理となった。ただし、「西関村」ではこれとは別の伝説が残されている。詳しくは、本章注15を参照。

（9）主要な会食場はY酒家だが、全員が入りきれないので、実際にはいくつかのレストランに分かれて食事をしている。

（10）黄飛鴻は、佛山出身の有名な武闘家。ジェット・リー（李連傑）が演じた映画『黄飛鴻』により、その名は世界的に知られるようになった。

(11) 祖廟は、佛山の都心部にある北帝廟で、観光名所にもなっている。北帝誕生祭は、祖廟でも政府の主導で催されており、「巡遊」の存在などそのプログラムはZ廟のそれと酷似している。二〇〇七年以降、海珠区の北帝廟でも政府の主導により北帝誕生祭が復活しているが、「巡遊」や「飄色」の重視など、同じくZ廟や祖廟のそれと酷似している。

(12) Z廟の名称を隠すために、記事の具体的な日付の記載は控える。

(13) この事例は、イギリスの人類学者であるモーリス・フリードマン［Freedman 1966: 138］が紹介した香港風水の事例と似ている。しかし、β2氏ら「村民」は、こうした建築上の配慮は「礼儀」であり「風水」ではないと断言していた。

(14) その他、「村民」たちによると、マス・メディアの歴史認識にも誤認がある。マス・メディアの報道によれば、千年近く続いてきた北帝誕生祭は、数十年の断絶を通して近年ようやく復活した。だが、「村民」によると、北帝誕生祭は文化大革命期のごく一部の時期を除き、水面下でずっと続けられてきたのだという。彼／彼女らによると、特に文化大革命期から市場経済化までの期間（一九六六〜一九九二年）、北帝誕生祭は確かに「迷信」として禁じられていた。しかし、「行郷」のような目立つ行事を控えていただけで、参拝自体はこっそり続けていたのだという。

(15) site βの成員が言う「盆菜」の伝説は次のようなものであった。「乾隆帝は皇帝の実の子ではなく、江南の平民の子であった。乾隆帝はある時、自分の祖先のルーツを捜し求めて江南に出かけた際、トラブルに会い、腹をひどくすかせていた。その時に発明されたのが盆菜であった」。site βの「村民」たちが言うに、この伝説を聞いたのはここ数年のことである。

(16) 「西関村」の「村民」たちは今でも、X公司のことを「村委」（村民委員会の略称）と呼んでいる。

(17) ただし、昼食のメニューは「村民」に決めさせていた。「盆菜」を選んだのは「村民」自身であるが、それは香港の伝説に由来するからであるとする理由ではない。「盆菜」が最近の流行であること、大人数で食す場合に最も安上がりなことが、選定理由として挙げられていた。

(18) 「西関村」には、民国期に子供の喧嘩が原因で茘湾村と械闘になりかけたこと、その際に南海村が武器をもって助けに来てくれたことが、説話として残されている。ちなみに、一九八四年に西関村と茘湾村は同じX公司の傘下に編入され、また二〇〇二年以降は同じX公司の社員となったが、両者は異なる子会社で働いているため、日頃は接触がない。

(19) 「居民」が北帝誕生祭に参加するためには、わずかでもいいから寄付をしなければならない規則になっている。筆者が別稿［河合　二〇〇八a］で述べた竜舟祭でも同様である。

(20) 最近の事例では、猟徳村がその好例であろう。猟徳村は二〇〇七年に全ての土地を没収されたが、伝統文化が豊富に残されていたこの村を開発することに世論の反対が高まっていた。それだけに、土地権を残す各村落は、都市の特色づくりに自主的に貢献することで土地の没収を免れようとしている。

(21)　このことは、竜舟祭の事例にも該当する。竜舟祭と土地権の関係性については、筆者の別稿を参照されたい［河合二〇〇八a：一二五―一二八］。

(22)　二〇〇七年度に貼りだされた通知を翻訳したが、内容は二〇〇五年から二〇〇八年まで基本的に変わりがない。

(23)　二〇〇五年の『信息時報』紙と広州テレビ局の報道による（その具体的な日時については省略する）。

(24)　このことについて、ニコラス・ルーマンの解読を通してドイツで近年展開されている記憶論は参考になる。ルーマンは、フッサール現象学の解読を通して、個々人が形成する〈場〉（システム）に着目してきた。ルーマンによれば、個々人が問題なくコミュニケーションを遂行するためには、何かしら暗黙の了解が必要となる。そこで、ルーマンとその後続の研究者たちが着目してきたのが、記憶の役割であった［Luhmann 1989; Esposito 2002; Saake 2004, etc.］。つまり、個人間がスムーズに対話するためには、記憶を共有し、相手の話を予期（ルーマンはこれを「期待」と呼ぶ）する必要があるというのだ。ドイツの社会学者エレナ・エポジトは、こうした記憶は普段は忘却されているが、それは何となく対話ができてしまう暗黙の土台を形成しているのだと指摘する。以上にみるように、記憶は、古典的な文化人類学が使ってきた〈文化〉概念に接近している。しかし、個の社会関係や政治経済状況をより重視することから、殊に景観人類学では、〈文化〉の代替概念として記憶が使用される傾向が強い。

第九章　創出される巷景観

はじめに

近年、西関社区において、巷における往年の生活スタイルを再生しようとする動きが高まっている。一九九九年に『北京憲章』が制定されて以降、物理的環境と密接に結びつく民俗や生活スタイルを再生させる動きが中国各地において興隆したが[1]、前章で論じた西関社区の北帝誕生祭の事例と同様、その動きは、西関風情園の建設範囲内を超えて拡がった。「居民」の生活の舞台である都市の入り組んだ小道（これを本章では巷と呼び表している）でさえも、伝統的な生活スタイルが目に見える形で再生されはじめたのである。

巷は、一九九〇年代まで、学界でもそれほど注目されなかった。せいぜい麻石道の説明に添えられるか、あるいは昔の生活を回顧する背景描写として書かれていた程度であった。しかし、二〇〇二年四月に西関で社区制度が完備されると、次第にそれは、ローカル色のある景観として、学者、地元政府およびマス・メディアの注目を集めるようになった。特に共産党一六回四中全会（二〇〇四年九月）が開催される前後になると、伝統的な西関地区の巷の景観は、「和諧《ホーシエ》」を体現している場所であると盛んに宣伝されはじめた。今では、それを北京の

「胡同《○フートン》」や上海の「里弄《○リーノン》」と並ぶ観光資源とする構想すらある［南方都市報　二〇〇六年九月一五日］。

西関社区において、往年の巷の生活スタイルを再生させる試みは、二〇〇四年度以降のことであり、西関における歴史的景観再生の動きのなかでは、相対的に遅れている。西関風情園の建設とは異なり、人工環境の面で、大がかりな改造がなされることはなく、特にマス・メディアの報道と学者の記述でもって巷の景観をめぐるまなざしが創出されてきた。とりわけマス・メディアは、一九九九年に西関社区に導入された福祉施設・Uクラブへの取材を通して、西関という〈空間〉に特有の景観像をつくりだしてきたのである。他方で、〈居民の場〉は、マス・メディアなどによる一連の表象を逆利用して、彼／彼女らの内的景観を別の角度から構築しようと動きはじめている。

以下では、こうした巷の生活スタイルの再生の動きのなかで、各々の〈場〉がどのように参与してきたかを論ずる。それにより、異なる目的をもつ〈場〉が、「競合」というよりは「並存」する様態を描出してみたい。

一　物理的環境から景観へ——巷をめぐる表象とまなざしの創出

1　社区制度と「和諧」言説

二〇〇二年四月以降、「村民」が「西関村」を形成していくなかで、「居民」は新たに敷かれた社区制度の傘下に置かれることとなった。第五章でも説明したように、社区とは、居民委員会に替わって設置された末端行政組織であり、社区党組織建設、社区治安建設、社区衛生建設、社区福祉建設、社区文化建設、和諧社区建設の六つの任務を背負っている。社区は、住民参与のコミュニティ管理を推進する機能をもつ点で新しいが、その目標を達成するために、社区の役員は国家試験によって採用されるようになった。西関社区の「居民」が述べるところでは、「居民委員会の役員は地元の退職した老人がそのまま就いていたが、それに比べて社区の役員は試験に通過した若い人が就くようになったので、地域の雰囲気がすっかり変わった」とのことである。

社区の六つの任務のうち、最後を除く五項目は、二〇〇二年四月に西関社区が成立したとき、すでに提唱されていた。それに対し、六つ目の和諧社区建設は、二〇〇四年九月に開催された共産党一六回四中全会で提起された新しい方針である。「和諧《○ホーシエ》」とは、協調や調和を指す言葉であり、儒教や道教に代表される古代中華思想の一部であるとみなされている［張顥瀚　二〇〇五：二］。つまり、中華思想では「和」を重んじており、そこから、人と人の和、人と自然の和、人と社会の和を重んじる社会をつくりあげていかねばならないというのである。

こうした「和諧」をテーマにする社会の建設の提唱には、それまで中央政府が唱えていた「小康《しょうこう》社会」建設の方針を転換する目的も込められていた。小康社会とは一九八一年四月に、時の鄧小平書記が打ち出した概念であり、一九八四年三月に中曽根康弘首相と対談した際に「中国式の近代化」と紹介したことで知られる［安・沈編　二〇〇五：八］。「小康」とは、早くには孔子の『詩経』「大雅・生民之計」に見られ、「いくらかゆとりのある生活」を指す。この理念でもって中国は、国民全員が生活に困らない程度の生活水準に達することを目標に、近代化を進めてきた。また、二〇〇二年になると「全面建設小康社会」（訳――小康社会を全面的に建設する）の目標が掲げられ、貧困な地域においても生活水準を向上させる政策が施行された。そのなかで、二〇〇四年九月に提示された「和諧社会」の理想は、物質面だけではなく、「精神的にもゆとりのある」生活を目標としたものである［安・沈編　二〇〇五：一二―一三］。具体的には、近隣との協調と助け合い、豊かな精神文化の創造などが重視されるようになり、それらは社区によって担われることが求められた。

荔湾区の各社区が二〇〇二年四月に成立したことは、すでに見てきた通りである。その後、西関社区においても社区の役場が置かれ、上記の六つの任務に従って政策が敷かれてきた。第五章で論じたように、社区制度は現実の施策において偏差がみられる。だが、少なくとも西関社区においては、社区の六つの方針は地域住民の参与を得て、確実に実を結んできた。その例をいくつか挙げると、西関社区では、多額の資金が投資されて福祉や医療サービスの機関が整えられただけでなく、[2] 地域住民が自ら見回りをして治安の維持を保つよう心がけるようになった。また、社区では、一人住まいの高齢者の自宅に救助ベルが設置され、急用時には近隣やボランティアが駆けつける制度が整えられた。[3] さらに、「居民」たちは歌、踊り、書画などのサークルを結成し、まさに「精神的にゆとりのある」娯楽生活を営むようになっている。

しかし、ここで注意する必要があるのは、これらの変化は、二〇〇二年四月に社区制度が敷かれたことによって一挙に生じたわけではないということである。既述のように、一九四〇年代以降、西関社区の少なからずの者が香港、マカオ、東南アジアなど、国外に越して行き、その結果、特に「居民」の近隣ネットワークは次第に崩壊していった。しかし、「居民」は、一九九〇年代になると、西関社区において新たな社会的ネットワークを構築するようになり、社区活動をスムーズにおこなうための土台を築いてきた。その仔細については次節で改めて論じるが、なかでも香港から導入された高齢者福祉施設であるUクラブは、西関社区における社会的ネットワークの再構築に最も大きな影響力を与えてきたと考えられる。また、Uクラブの活動内容は、ローカルな特色をもつ巷景観の創造に貢献する原動力ともなっていった。それではUクラブとは一体どのようなものだろうか。次に、その概要、導入契機、活動内容について触れることで、巷景観がつくられる前景を検討してみることにしよう。

2　高齢者福祉施設Uクラブの導入とその社会的背景

繰り返し述べると、Uクラブは香港から導入された高齢者福祉施設であり、一九九九年に設立された。当時は社区制度がまだ導入されていなかったが、Uクラブは、香港において地域を主体としたソーシャル・サポートを手がけてきたので、一九九〇年代末という早い時期から、実質的に社区の先駆的な活動をおこなってきた。

Uクラブが香港で誕生したのは、一九六八年のことである。イギリスの植民地であった香港では、一九六〇年代に入るまで、植民地政庁が中国人住民の福祉制度を重視してこなかった。それゆえ、一八四二年に植民地化されてから一〇〇年余りの間、中国人住民は民間で自発的に慈善団体を組織し、自ら教育、治安、医療、女性の保護、災害の救助などを手がけてきた[4]。そのなかでも、Uクラブは、比較的遅い一九六〇年代後半に組織され、近隣相互扶助団体として発展した。

ただし、Uクラブは、一九七〇年代より次第にその責務を変更した。その社会的背景には、一九七一年にマクレホース総督が着任して以降、イギリス植民地政庁が中国人住民の福祉援助を重視するようになったことがある[5]［Castells and Goh and Kwok 1990: 132-136、沢田 二〇〇二：一二―一三、河合 二〇〇三：四〇ほか］。特に植民地政庁は、一九七六年に、民間の福祉団体を「社区」建設と結びつける政策を推進しはじめた［黎・童・蒋 二〇〇六：八〇］。香港では、その流れを受けて「社区康復網絡」（Community Rehabilitation Network：通称ＣＲＮ）と呼ばれる地域密着型のソーシャル・サポートが形成されるに至り［佐藤 一九九九：七八］、Uクラブもまた、社区をベースとした高齢者福祉施設を一九九〇年代に成立させた。

他方、一九九〇年代の西関は高齢者人口の密度が高く、高齢化問題が深刻化していた（第五章を参照）。しかも西関社区には、国営企業を解雇されて年金を受領できない高齢者が少なからずいたので、高齢化問題は貧困問題とも結びついていた。それだけに、区政府にとって高齢化問題は、早急に解決しなければならない問題となっていた。そこで、西関社区の上部単位である街道のG主任は、香港まで偵察に出かけ、高齢者福祉施設を西関社区にも設立するよう香港Uクラブの幹部にもちかけたのであった。香港Uクラブの幹部であるH氏が説明するには、G主任が提案する前から、中国でのUクラブ設立を検討していたのだという。香港の民間福祉団体は一九九五年以降、香港政府の審査に応じて予算を受け取る制度が導入されており、中国でも経営している成果をアピールしたかったからである。(6)

H氏の話によると、G主任による提案と呼びかけは、香港のUクラブにおいても絶好の商機であった。そこで、西関社区に「祖屋《ゾウンゴッ》」（先祖代々の家）をもつある香港人がその民居を無償でUクラブに譲ったことから、西関社区にUクラブの施設が建てられることになった。西関社区のUクラブは、高齢者福祉施設として一九九九年にオープンしたが、最初の一年は、香港Uクラブが主導して福祉サービスを提供した。

Uクラブは一九九九年に成立して以来、香港の手法に基づき、地域密着型の高齢者福祉サービスをおこなってきた。換言すれば、香港で施行されてきた「社区」型の福祉サービスを、西関社区で、他に先駆けておこなってきた。西関社区とその付近に住む六〇歳以上の高齢者は、一二元の年会費を払えば会員となりUクラブからサービスを受けることができたが、(7)そのサービスの内容は大きく二つに分けられている。その一つは、家庭福祉サービスであり、一人では生活が困難な高齢者に対し、食事、掃除、洗濯、入浴、買い物などを手伝うサービスである。もう一つは、公共福祉サービスであり、主にUクラブの会館において、娯楽、習い事、誕生会、血圧測定などを受けることができる。

後者はさらに、Uクラブの会館を中心とする、高齢者間の交流を目的としている。それにより親交の希薄化している近隣間の和睦を深め、互いに助け合い、高齢者に生き甲斐を与えることが、目標として掲げられている。これらのサービスを提供しているのは、専門の福祉士の他、大学生ボランティアや近隣の人々である。(8)また、Uクラブには高齢者ボランティアも存在しており、会員の一部が有志のボランティアとなって、福祉サービスをおこなっている。二〇〇七年七月に、Uクラブの主任が筆者に語ったところによると、当時のUクラブの会員は三〇〇名余りで、そのうち三分の一が高齢者ボランティアであった。

3　Uクラブの活動と社区活動の結合――巷景観の前景

Uクラブによる以上のサービス内容は、二〇〇二年四年に導入された社区制度の方針――なかでも社区衛生建設、社区福祉建設、社区文化建設、和諧社区建設の四項目――と少なからず一致していることが分かるだろう。それだけに、二〇〇二年に社区制度が導入されると、区政府と社区の役人は、すぐさまUクラブに目をつけ、それを社区活動の重要な部分の一つに採り入れようとした。そのため、Uクラブの活動にも、徐々にではあるが、社区の政策的意図がそれとなく盛り込まれるようになった。

このことについて、Uクラブに残されている当時の資料を見るとしよう。Uクラブの活動内容を翻すと、二〇〇一年度のUクラブでは、社区教育にかかわるプログラムが数回組まれるようになり、二〇〇二年四月二九日には、区政府の役人によって社区サービス講座が開かれている。この講座は、早くも、社区制度が敷かれたその年に開催されており、社区のUクラブへの関心の強さの一端を窺い知ることができる。同講座では、社区に関する基本知識がUクラブの高齢者に伝えられただけでなく、「社区が自分で自分を世話する」目標を、そこに確認できる。この目標は、社区における近隣ネットワークを強化することで、地域住民が相互に助け合いをするというものである。その他、Uクラブでは、各講座を通して医療、保健や環境保全にまつわる知識を教えるとともに、自分で自分を守る治安に関する教育もおこなってきた。その結果、西関社区では、Uクラブの高齢者ボランティアが治安維持チームを結成し、地域住民が自らの手で治安を管理する（社区治安建設の方針と関連する）ようになった。

このように、Uクラブは社区の任務を請け負っているが、とりわけ社区文化建設に関連する項目では、豊富なプログラムを提供してきた。そして、これらのプログラムは、福祉士のすべてが必ずしも意識的にそう考えてきたわけではないものの、西関文化とも少なからずの関わりがあった。それでは、Uクラブのどのような活

表6　Uクラブの公共福祉サービス一覧（1999〜2008年）

プログラム	1999	2000	2001	2002	2003	2004	2005	2006	2007	2008
英語班	○	○	○	○	○	○	○	○	○	○
中国語班	×	×	○	×	×	×	×	×	×	×
手工芸班	○	×	△	△	△	△	△	△	△	△
卓球班	○	△	△	×	×	×	×	×	×	×
社交ダンス班	○	○	○	○	○	○	○	○	○	○
書画・詩句班	○	○	○	○	○	○	○	○	○	○
広東音楽班	×	×	×	△	○	○	○	○	○	○
討論班	×	×	○	○	○	○	○	○	○	○
誕生会	○	○	○	○	○	○	○	○	○	○
近隣食事会	×	○	○	○	○	○	○	○	○	○

○…定期的に実施、△…時として実施、×…実施しない、下線…西関文化として報道

動が、西関文化と直接・間接の関連性をもってきたのであろうか。Uクラブに残るプログラム一覧を基に、一九九九年度から二〇〇八年度にかけて実施された関連の活動を整理してみよう。繰り返すと、Uクラブが提供するサービスには家庭福祉サービスと公共福祉サービスとがあるが、そのうち西関文化と関係する後者のものをリスト・アップすれば、表6のようになる。

表6は、Uクラブにおける一〇年間の活動を一覧表にしてまとめたものである。一〇年間、Uクラブではさまざまなプログラムが組まれてきたが、そのうちUクラブの施設内で一貫して続けられてきたのは、英語、社交ダンス、書画と詩句の学習、および誕生パーティの四項目であった。その反面、卓球と中国語（共通語）の学習は、一時的にプログラムに組み込まれはしたが、長続きしなかった。また、手工芸は長く続けられてはいるが、途切れ途切れで、その内容も変わっている。たとえば、二〇〇一年度には、嶺南文化の一つとして表象される切り紙も取り入れられたことがあるが、会員の趣味に合わないという理由から中止されている。表6のうち、興味深いのは広東音楽で、二〇〇二年一〇月に区政府が専門の指導員を無償で派遣して以降[9]、現在に至るまでUクラブの主要プログラムになっている。

同様に、近隣食事会も、二〇〇五年一一月から区政府や社区の主導でおこなわれるようになっている（近隣食事会については次節で詳しく検討する）。さらに、二〇〇一年度から討論班ができており、ニュースや身近な生活の出来事がUクラブの高齢者によって意見交換されている。

ここで言及しておく必要があるのは、表6の各プログラムには、性別によって参加者に偏りがみられることである。表では、Uクラブで実施されてきた代表的なプログラムが一〇項目挙げられているが、それぞれの項目に、会員の全員が参加しているわけではない。プログラムにもよるが、自分の好みに合わせて班を選ぶことができ、一つの班にはおおよそ一〇～三〇名の会員が参加する。そのうち、英語班、誕生会、近隣食事会には男女とも参加するが、手工芸班、社交ダンス班、広東音楽班では、女性の参加者が圧倒的に多い。その反面、書画・詩句班の参加者は、ほとんど全員、男性となっている。

さて、これらの活動を概観してみると、西関文化のシンボルと関係のある項目が、いくつかあることに注目されたい。第四章であげたシンボル一覧と対照させてみると、書画（嶺南書画）・詩句と広東音楽がそれに該当する。そのうち書画・詩句は、Uクラブの会員がその成立初期に自分たちで要求して追加したプログラムであった。ただし、彼らは、それが自分たちの文化のシンボルであるから選定したというわけではない。会員のなかに書道の好きな男性が数名いたため、リクエストされたものである。しかしながら、こうした会員の意図とは別に、書画・詩句や広東音楽は、特に二〇〇四年以降、西関文化のシンボルとしてマス・メディアや学者たちにより、とりあげられるようになっている。そして、マス・メディア界や学者の表象を通して、それはローカルな特色をもつ巷景観として仕立て上げられている。それでは、Uクラブにおける諸活動がどのように表象されていったのか、次に検討してみるとしよう。

4　部分的事実の捨象と主観的まなざしの提供――巷景観の再生

　筆者がUクラブで参与観察をしていた頃、地元のマス・メディアが何度かここを訪れたことがあった。なかでも特に印象に残っているのは、広州のテレビ局がカメラを回しながら、Uクラブの会員たちの姿を映し出していた情景である。その場にいた女性会員たちはUクラブの施設内でおしゃべりを楽しんでいただけであったのだが、若い美人アナウンサーが、中国語（普通語）でカメラに向かって次のように言った。「みなさん。見てください。これが有名な西関屋敷ですよ。西関屋敷のなかには、ほら西関小姐たちがいます。それでは西関小姐に広東音楽を少し歌ってもらいましょう」と。しかし、これを聞いたある会員（老西関人）がそのとき筆者に囁いたのである。「いや。彼女たちは別に西関小姐でも何でもないんだけどね。それに、ここは西関屋敷じゃなくて●『西関民居《サイグァンマンゴイ》』だ」。筆者にはこのギャップが奇妙に思われた。

　実際、カメラに映し出された女性たちは、少なくとも二〇年以上の間、西関に住んでいるが、すべて西関の外から嫁いできた人たちであった。なかには、広東省の外からやってきた元労働者もいた。すでに述べたように、西関小姐とは西関で生まれ育った金持ち商人の娘を指す。だから、西関の外からやってきた彼女たち会員は、「西関小姐」ではないと自他ともに認めている。ところが、彼女たちはカメラの間では西関小姐と呼ばれていることを否定せず、メディア側が欲しがっている言葉を、いつもの通り淡々と語っていた。そして、こうした和気藹々とした光景だけが、裏舞台を知らないお茶の間の人々に伝わっていくのである。ここが伝統的な西関文化を残す、「和諧」の巷であるという説明を添えて。

　筆者の調査当時の二〇〇四年度から二〇一〇年までの七年間にわたり、マス・メディアは、同様の手段により、主に次のような二通りの報道をしてきた。

まず、繰り返せば、巷とは、人々が生活を営む小道（時として横丁）を指している。広州の巷に相当するものとして、北京には「胡同《フートン》」、上海には「里弄《リーノン》」と呼ばれるものがある。北京の下町で「胡同」が整備されて観光に活かされているように、広州の地元政府は、麻石の敷き詰められた巷を、特色ある景観として宣伝している。その再生活動のなかで重視されているのは、巷という物理的環境だけでなく、巷にて生活を営む人々の生活スタイルも含まれる。逆に言えば、巷は、人々の生活スタイルが伴ってこそ、景観としての重要性をもつのである。その巷景観に伴う生活スタイルとして報道される内容は、第一に、「西関の巷には近隣が助け合う伝統が残されている」というものである。

このことについて例を挙げると、二〇〇六年一〇月の『中国共産党新聞』では、西関社区の巷の光景が描写されており、そこが「和諧」社会の縮図であると記載している。また、二〇〇六年一二月の『広州日報』でも同様の光景を描いたうえで、「いまだに近隣との平等かつ友好的な関係を保っており、相互扶助の伝統を残している」と報じていた。そして、この記事では、地域住民が近所間で助け合いの活動を実行していることについて触れ、「西関社区の巷が『和諧』社区の縮図である」と、類似の意見を書いている。さらに、他にも地域住民が自ら見回りをして近隣の治安維持に努めている光景などが宣伝されており、同様の報道は枚挙に暇がない(10)。

写真38　西関の巷景観。巷（小道）で生活する地域住民は、「和諧」の精神と西関文化を連綿と保有してきた人々と表象されている。（2007年1月、筆者撮影）

もう一つは、西関地区の巷には、「豊富な伝統文化が残されている」とする報道である。この報道では、巷の両脇に立ち並ぶ西関屋敷、西関小姐、広東音楽、嶺南書画、獅子舞（嶺南の「醒獅《センシー》」）などといった、西関文化のシンボルを重視している。併せて注目に値するのは、こうした巷のシンボルが、先ほどの「和諧」概念との関連で報じられてきた点であろう。たとえば、二〇〇六年二月の『羊城晩報』に掲載されたある記事では、西関社区で挙行された春節（旧正月）の獅子舞がカラー写真で大きく掲載されており、その光景が「和諧ある西関の巷」を、いかに具体的に体現しているかが書かれていた(11)。

さて、ここで問題となるのは、マス・メディアは、西関社区のなかのどの部分を報道したかということである。以上に挙げたいくつかの記事が示しているように、西関社区における巷をめぐる報道では、その絶対的多数がUクラブの諸活動で占められていた(12)。すなわち、Uクラブで実施されてきた近隣相互扶助の活動、自身の手による治安管理、そして表6に見るようなプログラムが、「伝統的な西関の巷」を表す生活スタイルとして恣意的に選択されてきたのである。

そのために、マス・メディアが着目してきたのは、広東音楽、書画、獅子舞、近隣食事会など、マス・メディアが、ひいては行政側が重視する「西関文化を内在した『和諧』ある巷景観」に関連する部分的事実であった。その一方で、Uクラブで一貫してメイン・プログラムであった英語班は全くとりあげられてこなかったし、また、嶺南文化を代表する切り紙が、Uクラブの会員の趣味に合わなかったことは一切報道されていない。加えて、マス・メディアは、これらの活動を、西関における伝統的な巷の生活スタイルとしてきたが、それらは往々にして外地から婚入してきた女性や外から移住してきた層によって担われてきた。その好例は、先に挙げた春節の獅子舞の写真であろう。この写真では、伝統的な西関文化と「和諧」に溢れたローカルな光景を写しており、説明文を加えることで、それに集合的なまなざしを向けさせている。しかも、誰によって獅子舞とその観客が担われたかについても、全く記されていない。しかし、西関社区で聞き取り調査をするにつれて明らかであったのは、この獅子舞集団は、二〇〇五年に外地の者が西関社区内で結成したものだという。さらに、写真に写っている観客は、筆者に見覚えのある顔ばかり――そう、Uクラブの会員で占められていたのである。

確認しておくと、Uクラブの会員の多くは、確かに西関社区の巷に住んでおり、そこの道で生活を営んでいる。しかし、彼／彼女らは、そこの巷における生活を決して代表しているわけではない。ところが、マス・メディアは、そこに西関の伝統文化が内在するという意図のもと、西関社区における一福祉施設の活動を、西関地区を代表する生活スタイルとして拾い上げてきた。こうしたマス・メディアによる報道は、もとはただの小道であったはずの西関の巷に別の主観的角度で眺めるまなざしを提供している。すなわち、巷という物理的環境は、生活スタイルという精神的要素を組み入れることで、景観へと姿を変えているのである。こうした巷へのまなざしは、目下、たとえばテレビ番組で西関を紹介する際の前提として語られるとともに、外地人または広州市の他区の住民による言説の一つを形成するようになっている［河合　二〇〇八ｂ：七〇―七二］。

以上、表象の検討を通して西関の巷景観が生産されていく動態的プロセスに焦点を当ててきたが、それでは、かように生産された巷景観のなかで、福祉士や会員はいかに振舞ってきたのだろうか。近隣食事会の事例に焦点を当てることで、この問いに答えていくとしたい。

二　〈場所〉の記憶と巷景観の再構築――福祉士と地域住民の視点

1　Uクラブ導入以前の西関社区

一九九八年一月、市の民政部[13]から開設許可が下りた後、香港Uクラブは、翌年の開設に向けて徐々に準備を開始した。香港Uクラブは、まず福祉活動をおこなう施設を確保し、福祉士にトレーニングを施しただけでなく、会員募集の宣伝をおこなった。中国では目下、国の許可なしにNGOが活動することは禁じられている。そこで、

Uクラブは、区政府と提携することで、これらの準備を進めてきた。その努力が実り、当時のUクラブの統計に基づけば、二〇〇〇年には三三二名の会員を集めることに成功した[14]。西関社区のUクラブは、技術指導などの問題で、最初の一年間は香港側の福祉士が指導し、二年目から現地の福祉士に委任する形式をとってきた。

さて、香港Uクラブが最初の一年間で重視してきたのは、福祉士だけでなく、高齢者ボランティアの募集と養成であった。なぜなら、香港Uクラブは、香港の「社区康復網絡」を母体としていたため、地域住民が相互に世話をし合うことが必須の条件であったからである。そのために、会員は、ただサービスを受けるだけの存在ではなく、自らサービスを与える「近隣」にならねばならなかった。Uクラブは、開設から一、二年のうちに、たちまち三〇〇名余りの会員を集めただけでなく、同時に、一〇〇名前後のボランティアを獲得することに成功した。

それでは、なぜ約三分の一の会員は、高齢者ボランティアになろうと決意したのであろうか。Uクラブの高齢者ボランティア一〇数名に話を伺うと、その絶対的多数が、特に目的はなかったと答えた。例外はただ一人だけで、大学卒の学歴をもつＩ氏（六〇歳代）は、Uクラブで社会活動をすることに意欲を燃やしていた。ただし、Ｉ氏は、頻繁にUクラブに足を運ぶことはなく、Uクラブで結成されているいくつかの〈場〉からは、外れた存在であった。ここでさらに焦点を絞り、次にUクラブにて結成されている〈場〉の一つに着目していくとしよう。

site ε は、Uクラブの会員間で結成されている〈場〉の一つである。この〈場〉には多くの会員が出入りするが、表7に示したのは、その代表メンバーである。表7を見ると一目瞭然であるように、site ε は、全員が老西関人、および新西関人で占められている。そもそもUクラブの会員の九五パーセント以上は、老西関人もしくは新西関人であり、外地人と「村民」は基本的には参与しない。なぜならば、第一に、西関社区とその近辺に居住する外地人は経済的に余裕がある商売人が多く、高齢の父母を養う経済的基盤が整えられている。第二に、すでに述べた通り「村民」は、「西関村」という別の〈場所〉に属している。彼らは、第五章で述べた通り、Ｘ公司

表7　site ε の主要メンバー

氏名	年齢	性別	身分	備考
ε1氏	80代	男	老西関人	西関社区出身
ε2氏	80代	女	新西関人	西関社区に50年以上居住／広東省外から婚入
ε3氏	70代	男	老西関人	西関社区の近郊出身者
ε4氏	70代	女	新西関人	西関社区に50年以上居住／海珠区から婚入
ε5氏	70代	男	老西関人	西関社区の近隣出身者
ε6氏	70代	女	老西関人	西関社区出身／今は芳村区に居住
ε7氏	60代	男	老西関人	西関社区出身
ε8氏	60代	女	老西関人	西関社区出身
ε9氏	60代	女	新西関人	西関社区に20年以上居住／広東省外から移入
ε10氏	60代	男	新西関人	西関社区に20年以上居住／広東省外から移入

から福祉サービスを享受したり土地から得られる権益を享受できたりするので、Uクラブに参与する必要性を感じていない。また、「村民」は、Uクラブとその活動内容を「居民」のものとして位置づけており〔河合　二〇〇九：七五〕、参与しづらいと考えている[15]。

ただし、だからと言って、site ε に参与するメンバーが昔から知り合いであったかというとそうではなく、その大半がUクラブの成立後に知り合っている。例を挙げると、site ε のメンバーのうち、Uクラブの成立前に知り合いだったのは、老西関人であるε6氏とε7氏、新西関人であるε9氏とε10氏だけであった。この状況は、〈村民の場〉であるsite β が若い頃からの友人で構成されていることと比較すれば、対照的である。つまり、site ε は、Uクラブの成立により新たに構築された社会的ネットワークであるということができよう。

では、site ε のメンバーがなぜUクラブに入会したのか。その理由を聞くと、一〇名全員が強い目的をもっていたわけではなかった。その回答の内訳は、「何となく」「友人が参加したから」「退職して暇だったから」「死ぬ前に功徳を積むため」で、いずれも近隣への福祉サービスを目的として入会していたわけではなかった。

このように目的が曖昧だったうえに、当時はボランティアとは何たるかが知られていなかったので、会員間で気楽におしゃべりをして過ごしていたという。そこで、堪忍袋の緒を切らした香港の福祉士が「遊んでばかりいないで仕事をしなさい」と怒ってきたので、それから慌ててボランティアのやり方を学んだそうである。

しかし、ε7氏の話によると、高齢者ボランティアの仕事は、実際のところ西関社区の高齢者が一九九〇年代以前におこなうべきとされていた「仕事」に関連性があると、後に気づくようになったのだという。社会人類学者の渡邊欣雄は、高齢者をめぐる人類学的研究で、「労働」と「仕事」を区別する必要性を唱えたことがある。渡邊によれば、「仕事」とは、高齢者が退職した後に行うべきと考えられている社会的な責務であり、雇用—非雇用関係に基づく「労働」とは異なっている［渡邊　二〇〇八：六—七］。この「仕事」論を借用するならば、西関社区で高齢者が慣習的な義務としてきた「仕事」は、コミュニティの活動や安全を管理することであった(16)。だから、西関社区ではかつて、退職した高齢者が居民委員会の役員となりコミュニティを管理することが、当然の義務として求められてきたという。

ところが、西関社区で生まれ育った者が次第にこの地を離れていくと、こうした観念は次第に薄れていったのだとε1氏やε6～8氏らは語る。また、二〇〇二年に居民委員会が撤廃され社区が成立すると、社区の役人には国家試験に通った若い者が選ばれ、高齢者はそれまでの「仕事」を遂行することはできなくなった。だが、そこに高齢者ボランティアという抜け道が提供されたわけである。Uクラブを通して新たな社会ネットワークを構築することで、老西関人は、〈場所〉にて慣習的になされてきたやり方を持続させることが可能になった。そして、区政府と社区がローカルな特色をもつ巷景観を生産するために近隣食事会を導入すると、高齢者ボランティアと化した老西関人たちは、彼／彼女らの記憶に残る往年の景観を、そこに投影するようになっていった。このことを例証する前に、Uクラブの意思決定システムについて検討を加えるとしよう。

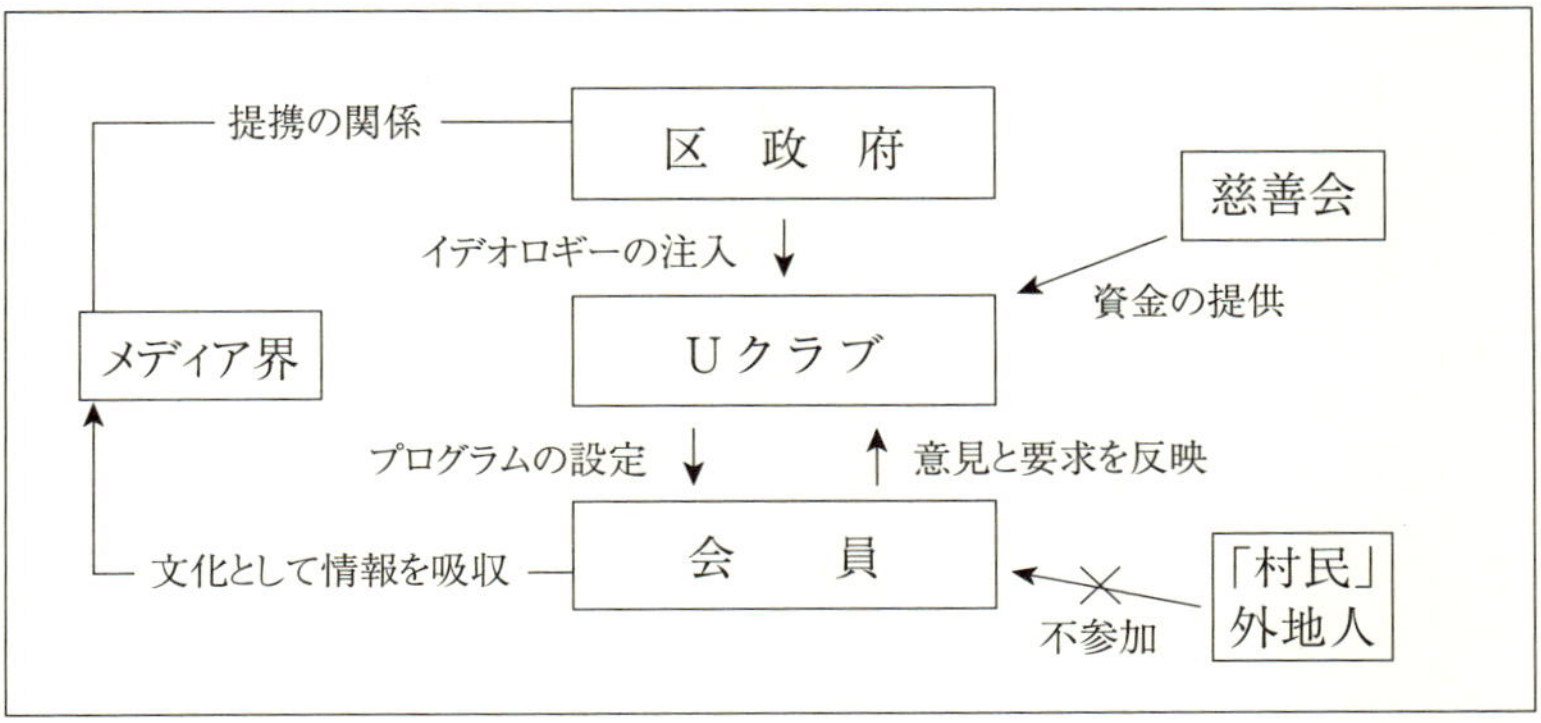

図15　Uクラブの意思決定システム

2　Uクラブの意思決定と西関文化——福祉士の目的

繰り返すと、Uクラブは設立二年目から、現地の福祉士によって諸活動が委任されるようになった。しかしながら、表6をみると分かるように、二年目（二〇〇〇年）以降も、基本的にはそれまでのプログラムが続けられてきた。それでは、二〇〇〇年以降、これらのプログラムがどのように決められてきたのだろうか。その意思決定システムを次に見てみるとしたい。

図15は、Uクラブの意思決定システムを示したものである。

Uクラブの主任であるJ氏が紹介するところによると、プログラムは基本的にはUクラブの福祉士が相談して決める。その時は会員の反応を見るが、もし会員から希望のプログラムがあれば、その要望を採用することもあるという。Uクラブの記録を見ると、この意志決定システムは、一年目にすでに存在した。たとえば一九九九年六月には会員の意見を取り入れて詩句のプログラムを追加している(17)。他方で、J氏が説明するには、会費が安いUクラブはそれほど財政的に豊かでないので、無償で講座を開いてくれるならば、基本的にはそれを拒否することはない。

さらに、J氏が述べるには、Uクラブの福祉士がプログラムを組む際、伝統的と考えられるそれを歓迎する傾向にあるという。その理由は、香港Uクラブの福祉理念において、伝統文化をプログラムに取り入れる傾向が強いからだそうだ。たとえば、香港Uクラブでは、往年の出来事を皆で懐古する「懐旧閣《かいきゅうかく》」なるプログラムが人気を博しているという。また、J主任の紹介によると、香港Uクラブは、老人は昔を懐かしむ心理があるという福祉理念を重視しており、そうした理念より、西関社区のUクラブでも、往年の出来事を懐古するプログラムを積極的に取り入れている。ここから、香港のUクラブと西関社区のUクラブは地理的に離れているが、共通の理念とコミュニケーション様式を共有した〈場〉が結成されるようになっていると推察できる。

西関社区のUクラブには、以上述べたような経営事情と福祉理念があるので、区政府が西関文化にまつわるプログラムをもちかけたとき、Uクラブがそれを断る理由はなかった。むしろ、歓迎の意をもってそれを迎えたとJ氏は語る。こうして外部から導入された西関文化の一つは、すでに論じた広東音楽である。そして、もう一つの西関文化が近隣食事会であった[18]。

「和諧」ある巷景観のビジョンを生産するために、第一回目の近隣食事会は、二〇〇五年七月に区政府と『南方都市報』社の主催により催された。この時に掲げられたテーマは、「良い近隣関係をつくりあげ、『和諧』ある社区を構築する」ことであった。まず、このイベントの午前中に、学者と西関社区の地域住民が集まり、近隣関係をめぐるシンポジウムがおこなわれた。このシンポジウムでは、西関地区における伝統的な巷の生活スタイルが主に回顧され、親密な近隣関係をもつ巷景観を再生させるよう提案がなされた。そして、午後には、地域住民たちが手づくりの料理を出し合い、食事会を行った。『南方都市報』はこの光景について、普段は挨拶のない近隣たちが交流を深め合ったと言及している［南方都市報　二〇〇五年七月一〇日］。

このイベントを契機に、区政府や社区は、その後も何かしらの形で近隣食事会を開催するようになった。たとえば、二〇〇六年一月には類似の近隣食事会が催され、西関社区の住民が集まった。マス・メディアは、その楽しげな巷の光景を画像で映し出しただけではなく、「このような社区活動は大衆化していないものの、近隣間の感情を深めることができる」という、ある社区住民の発言を報じている〔広州テレビ局　二〇〇六年一月二八日〕。さらに、二〇〇八年二月になると、区政府と社区の主催により元宵節[19]の宴が西関社区の巷で催され、広東音楽／広東劇の衣装を纏った地域住民も参加したが、この宴は、親密な近隣関係もつ西関地区の巷をまさに体現していると、写真付きで報道されている〔南方都市報　二〇〇八年二月二二日、新快報　二〇〇八年二月二二日、cf. 広州市政府ホームページ　二〇〇八年度〕。

ただし、マス・メディアは、あたかも西関社区の巷に住む地域住民が自発的に集まっているかのように報じているが、これらの近隣食事会に参加してきた者は、主に区政府や社区の関係者、文化センターで活動しているスタッフや広東音楽／劇の劇団員、そしてUクラブの会員とその親戚・友人・知人であった。後述するように、もちろん西関社区に住む住民も参加していたが、社区内の外地人や「村民」は蚊帳の外に置かれた。逆に、西関社区内の地域住民は、大多数がUクラブの会員とその関係者であり、西関社区の外に住む者も往々にして含まれていた。要するに、近隣食事会は、区政府やマス・メディアの思惑とは別に、社区という政治的な〈空間〉ではなく、その範囲からはみ出たUクラブの成員とその関係者によって担われていたのである。

写真39　近隣食事会の景観像。広州の各地方新聞は、西関社区の巷景観を写真付きで報道し、その景観像を視覚的に訴えかけている。（出典：『信息時報』／地点の特定を避けるため具体的な日時、版面の記載は控える）

こうしたUクラブの会員とその関係者をめぐる会

食は、実際のところ、区政府やマス・メディアが特色ある巷景観の創出に着手する以前から、別のかたちで催されていた。Uクラブで「油角《ようかく》」（詳しくは後述）という食べ物を一緒につくって食べるイベントがその一例である。後述するように、このイベントは二〇〇〇年という早い時期から福祉士の考案によって着手されており、二〇〇六年以降、巷における近隣食事会の一環として、テレビ局などにより報道されるようになった。Uクラブの高齢者ボランティアや会員は、この〈場所〉における往年の内的景観を再生すべく、近隣食事会を「領有」するようになっている。

だが、こうした区政府、マス・メディア、あるいはUクラブの会員の意図がどのようなものであれ、Uクラブの福祉士にとって、そうした報道は、Uクラブという福祉施設の内容を豊富にする糧となっている。J主任の話によると、Uクラブの一番重要な責務は、以上の活動を通して高齢者同士が「社交網絡《○シュージャオワンルオ》」（社会的交流のネットワーク）をつくりあげることにある。Uクラブの福祉士たちは、Uクラブのプログラムのいくつか（書画・詩歌、広東音楽、近隣食事会など）が、西関文化のシンボルであるか否かを意識してこなかったと語る。しかし、いずれにせよ、それらのプログラムは、高齢者が往年の出来事を皆で懐古し、「社交網絡」を構築する糧となっている。

3　〈場所〉と景観の再構築——会員の活動

繰り返し述べると、一九九九年にUクラブが成立すると、今まで挨拶もなかった一部の近隣間に、新たな社会的ネットワークが形成された。たとえばε1氏は、西関社区の一帯で生まれ育ってはきたが、一九九〇年代になると近隣や息子夫婦らが茘湾区の外に越していってしまい、寂しい生活を送ってきたという[20]。だが、彼もまた、高齢者ボランティアになることで、別の生き甲斐を感じるようになった。その生き甲斐とは、老人がコミュニティを管理せねばならないとする「仕事」である。彼は、「私が高齢者ボランティアになるのは当然のことだ。ここでは昔から老人が地域を管理してきたんだ。だから、私の家族もかつて退職後は居民委員会で働いてきたんだ」と語っていた。同様の声は site ε の他のメンバーにも共有されており、女性であるε6氏もまた、「老人は地域を管理するのが役割だから、ボランティアになるのは当然のことでしょう。周りが見知らぬ人になって、社区のスタッフは試験を通過した若い人しかなれなくなりましたが、高齢者ボランティアが代わりに地域と子孫の管理をできることを後に知りました。私たち老人はそうして地域と子孫の保護に努め、徳を積んでからあの世に旅立つものなのです」と主張していた。

Uクラブの高齢者ボランティアになった彼／彼女らの動機こそ曖昧であったが、筆者が調査した二〇〇六年から二〇〇七年頃には、往年の「仕事」をめぐる記憶を共に想起し、共に語るようになっていた。前述の通り、Uクラブの責務は「社交網絡」を構築することにあったが、それは老西関人にとっては別の形で、つまり往年の地域社会を想起させる社会的ネットワークを再形成させる意義を伴っていた。そして、こうした社会関係の基盤のうえで、site ε の老西関人は、政策的に生産されてきた巷景観像に、往年の地域社会の内的景観を重ね合わせようとしてきたのである。そうした景観をめぐる行為が顕著に表れていたのが、近隣食事会である。

近隣食事会は、既述の通り二〇〇五年七月にはじめて、区政府と『南方都市報』社との共同で、外地人も含めた近隣ネットワークを築く目的で開催された。しかし、site ε の老西関人たちが語るところによれば、この近隣食事会に招待されるメンバーは、図15に見る意思決定システムでもって、ある程度の要求を主張することも可能であった。それゆえ、Uクラブの高齢者ボランティアで近隣の食事会に招かれるのは、Uクラブの会員とその親戚・友人・知人であり、外地人や「村民」は除外された。それにより、「近隣が広東語で対話し助け合う往年の地域社会を再生させようとしたのだ」と、site ε の老西関人たちは述べる。

ここで注意すべきことは二つある。その一つは、近隣食事会に招待されたUクラブの会員とその関係者は、実際には西関社区の住民であるとは限らないことである。地理的にみると、西関社区という〈空間〉を超えた社会的ネットワークにより、「近隣」が捉えられている。逆に、同じ〈空間〉内にいても、言語、慣習、またはアイデンティティを異にする外地人や「村民」は蚊帳の外に置かれている。こうした状況は、Uクラブとかかわる他の社区活動でも同じである。[21]次に、こうした関係性の環は、高齢者ボランティアと化した老西関人を中心に形成されているが、そこに新西関人など、外部の者が組み込まれることは問題ない。そもそも、往年の地域社会においても、婚入してきた女性や外から来た下働きの者がいたわけであるから、言語、慣習、アイデンティティなどの面で齟齬がなければ、外部からの参入はむしろ歓迎されるものであった。重要なのは、アイデンティティ（広東語や「居民」意識を主とする）、社会関係（信頼できる「近隣」関係があり、高齢者の「仕事」など社会的役割が埋め込まれている）、歴史性（過去の出来事の記憶）が埋め込まれた空間的なわばり、つまり〈場所〉を形成することだったのである。そして、この〈場所〉には往年の地域社会に基づいた価値観があり、そのような〈場所〉を再構築する一環として、内的景観もまた想起されてきた。

もう一つの留意点は、〈場所〉の内的景観を想起する彼／彼女らの行為が、第二回以降の近隣食事会に表れていたことである。二〇〇六年一月に第二回目の近隣食事会が催されたとき、Uクラブの高齢者ボランティアを中心に集まった「近隣」たちは、手料理を自分たちで出し合って会食をおこなった。この際には、馬蹄糕《ばていこう》（シナクログワイでつくるウイロウの一種）や煎堆《せんたい》（もち米にゴマをまぶし揚げるゴマ団子の一種）や油角というような年越時に食していた料理も出されたが、こうしたローカルな特色のある手作り料理を出す表向きの理由は、「西関文化を内在する『和諧』ある巷景観」を故意に見せることであった。しかし、本当の理由は、馬蹄糕や煎堆や油角を通して往年の近隣関係をめぐる景観を思い出し、共有することにあった。特に、油角は、一九八〇年代までは春節につくり、それを隣人に分け与えるというのが、この地の慣わしであった。だから、こうした手作りの料理を出し合う本当の意義は、過去の記憶に基づき、新たに築き上げられた社会関係やアイデンティティを確認することで、〈場所感〉を充足させることにあったのである。

こうした〈場所〉とその内的景観の構築は、高齢者ボランティアを中心に、Uクラブのあらゆる活動を通して強化されている。そのなかで、区政府やマス・メディアが近隣食事会を正式に開催する前にUクラブでなされてきた類似のイベントが、前述の油角を包むイベントである。

油角とはピーナッツを具とし、それを包んで揚げる食べ物であり、写真40にみるように、形としては餃子に似ている。繰り返すと、一九八〇年代までの広州には、年越し時にそれを揚げて近隣に贈る習慣があった。それゆえ、このイベントは、往年の近隣関係を思い起こすために、Uクラブの福祉士がまず二〇〇〇年から始めたとのことである（表6の近隣食事会の項目に二〇〇〇年から二〇〇四年にかけて△印を打ったのは、油角を包むイベントが先駆けておこなわれていたことを示す）。

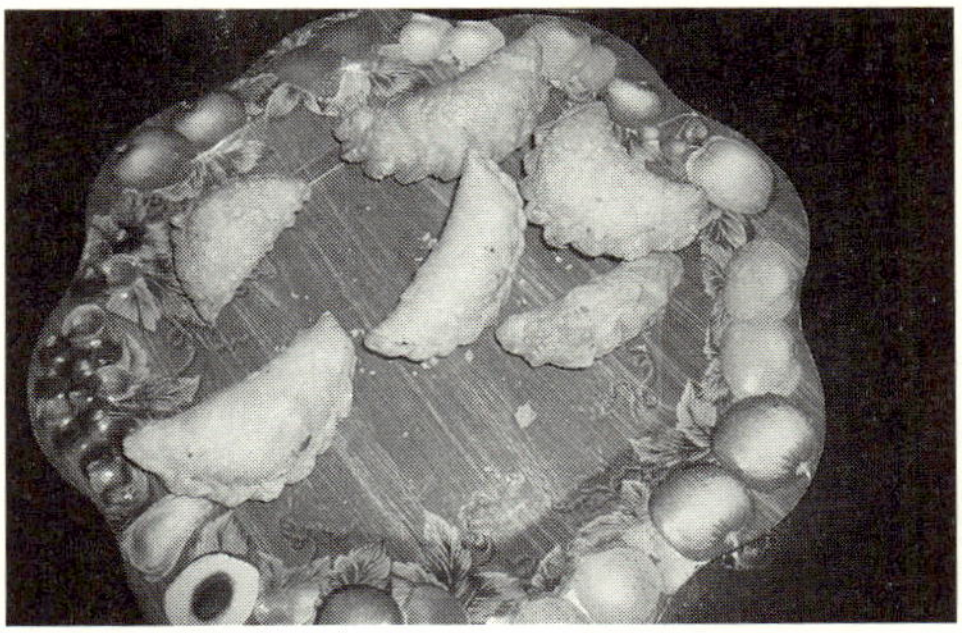

写真40　油角。（2008年1月、筆者撮影）

site ε のメンバーが語るところによると、油角を包むイベントは、当初は時代錯誤であると受け止められたという。なぜならば、Uクラブの高齢者ボランティアと会員は、「油角というのは貧しかった時に仕方なく包んでいたものであって、もともと油角は『熱い食べ物』[22]であり健康によくない」と考えたからである。こう述べていたのは、何も老西関人だけではない。新西関人であるε9氏もまた、油角の包み方を知っているが、いちいち包むのは面倒だし時代錯誤でもあるから、必要な時はスーパーで買うようにしていると述べる。このように、油角は日常生活では、すでに食されることの少ない食品となっているのだが、site ε のメンバーは、次第に油角を包むイベントそのものに別の意義を見出すようになったのだと語る。

まず、老西関人であるε3氏が語るに、油角は、近隣ネットワークを再構築し、往年の賑やかな西関の年越し風景を思い出す手段として都合がよいと気づいた。ε7氏もまた、油角そのものではなく、それを包むことを通して、地域住民が賑やかに年越しをすることが重要であると語っている。すなわち、site εのメンバーにとって、春節を近隣とともに賑やかに過ごす「意味」が、Uクラブによって提供された油角を包む景観に投影させることができれば、それでよかったのである。二〇〇六年度から、油角を包むイベントもまたテレビ局などマス・メディアによって報道されるようになった。その際、Uクラブの会員たちは表向きにはそれが「西関文化を内在する『和諧』ある巷景観」であるかのように見せ、裏では往年の〈場所〉における内的景観を想起していた。二〇〇五年以降に区政府やマス・メディアにより提供された近隣食事会もまた、同様の論理から、別の景観イメージをもって再構築されていたことが、ここから分かるであろう。

他方で、新西関人であるε9氏とε10氏は、老西関人を中心とする〈場〉（site ε）に加入することで、共通の話題や振る舞いを身につけている。両者は、一九六〇年代に広州に出稼ぎに来ていた元工場労働者で、一九八〇年代に「単位」から西関社区の一帯へ移住してきた。彼／彼女らは、生活保護を受けるほど貧しくないが豊かでもなく、また故郷の親戚と離れて寂しい生活を送っていた。だから、彼／彼女らにとってUクラブは生活の楽しみを与えてくれる存在であり、また近隣に友人をつくる機会でもあった。両氏はともに広東省の外の出身であるのだが、流暢な広東語を話し、ε9氏は広東音楽班に、ε10氏は書画班に出入りすることで、外地人との差異化を図っている。また、両氏はともに油角を包むこともでき、油角を包んで渡す習慣は西関の巷における伝統的な景観であると認識している。このようにして、ε9氏とε10氏は、すでに老西関人を中心とする「居民」側の〈場所〉の一員となっているのである。

site ε は老西関人が主流を占める〈場〉であり、Uクラブ一帯に沈殿してきた〈場所〉の論理を重視している。それゆえ、ε9氏とε10氏は、site ε に参入する限りにおいては、そこのコミュニケーション様式や振る舞いを理解しなければならなかった。しかし、ε9氏とε10氏は、もともと異なる習慣を幼少から身につけてきた者であり、地理的に離れている故郷の親戚や友人と、電話などを通じて別の〈場〉を形成している。それゆえ、両者は、近隣食事会や「油角」を包むイベントには site ε のやり方に合わせて参与するが、自宅に帰ると、故郷の流儀で年越しをおこなう。つまり、巷を離れて自宅に帰ると、別の〈場〉に参入するのである。

このように、近隣食事会とその関連のイベントは、区政府やマス・メディアにより、「和諧」ある巷景観として宣伝されてきたけれども、Uクラブの福祉士、高齢者ボランティアとなった老西関人、新西関人らは別の角度からその景観の創出に参与してきたのである。すなわち、巷景観の創出の動きは、福祉士にとっては、Uクラブの活動内容を豊富にし、「社交網交」を形成する絶好の機会になっていた。また、高齢者ボランティアとなった老西関人にとっては往年の〈場所〉と内的景観を再形成する資源となっていたし、新西関人にとっては生活の楽しみを与えるものとなっていた。巷景観は、こうした目的の異なる人々によって創出されていったが、結果的には互いの歯車が噛み合い、住民参与型の景観建設が実現されていたのである。

おわりに

本章では、西関の巷景観をめぐる創出を、いくつかの〈場〉から検討してきた。本文中に示したように、巷景観は、行政的に提示された「和諧」社区の概念を出発点としており、それを基盤として、区政府、マス・メディア、学術機構などは、「西関文化を内在した『和諧』ある巷景観」のビジョンを生産するようになっている。

すでに繰り返し述べたように、従来の景観人類学の議論では、そのように特色あるものとして生産される外的景観を地域住民の内的景観と対立的に示す傾向が強かった。このような視点から、地域住民による複数の内的景観と政策的に生産された外的景観との「競合」とを強調する論点が提示されてきたことも、第一章で見てきた通りである。

外的景観と内的景観の区別や「競合」の視点は、一方で、近隣食事会の事例を理解する助けとなりうる。なぜならば、主に区政府やマス・メディアによって生産された西関の巷景観は、Uクラブの福祉士や高齢者ボランティアによって、確かに異なる角度から眺められていたからである。しかし、同時に注意しなければならないのは、政策的に生産された巷景観は、時にはUクラブの福祉士や高齢者ボランティアにより眺められる内的景観と重なり合い、「並存」してきたことである。このことについて、三つの〈場〉から再整理してみると以下の通りになる。

まず第一に、福祉士が近隣食事会をはじめとする西関文化にまつわるプログラムを実施してきたのは、「西関文化を内在した『和諧』ある巷景観」を生産するためではなく、香港Uクラブの指針に従って、往年の出来事を懐古するプログラムを組む目的によっていた。すなわち、香港Uクラブの〈場〉との関係でもって、近隣食事会をはじめとするプログラムは組まれてきた。文中で示した通り、Uクラブの福祉士がこれらのプログラムを組んできた理由は、あくまで「社交網絡」を形成し、地域密着型の福祉サービスを促進することにあった。近隣食事会もまた、福祉士にとっては、往年の景観を再現し回顧することで、近隣間の社会的ネットワークを強化する手段であったのである。しかし、この〈場〉の方針は、社区建設の政策方針と共通点があったので、Uクラブの福祉士は、結果的には、西関の伝統的な巷景観の生産に協力してきた。

第二に、Uクラブの老西関人たちは、政策的に生産された巷景観に対して、彼／彼女らが記憶する別の景観イメージを重ね合わせてきた。すでに述べた通り、Uクラブが成立して以降、西関社区一帯では「居民」を中心とする新たな〈場所〉が形成された。そこでは、「居民」としてのアイデンティティ、共通の習慣や言語（広東語）をベースとする社会関係、往年の出来事と記憶が共有されるようになり、その一環として内的景観もまた想起され再現されるに至った。特に、近隣食事会においては、一方では西関の特色ある巷景観を再現する政策的行為に「草の根から」助力しながらも、他方では、彼／彼女が想起する巷の「意味」を持続させる試みも背後でなしてきた。そうすることによって、ある角度から見れば西関の特徴的な巷景観であるが、別の角度から見れば往年の油角などを贈与し合う慣習的な景観であるような、構造色の景観として立ち表れている。

第三に、新西関人は、Uクラブの福祉サービスを享受するために、老西関人のつくりだす景観に参与することができる。彼／彼女らは、老西関人の〈場〉に参入すると、そこの往年の景観を構築する助力をして、記者にインタビューされると、そこが「和諧」と西関文化の雰囲気に溢れていた巷であると相手に合わせて語る。しかし、老西関人が別の内的景観をもっていたように、新西関人もまた、こうした〈場〉を離れると自分たちの生活スタイルを選択することができる。このように、Uクラブの「場」は、表面的には政策的に提示された外的景観に歩調を合わせると同時に、同じ個人が別の〈場〉に戻ることで自分の世界に応じた内的景観をつくることができる。こうした個人による〈場〉の使い分けは、これまで景観人類学の議論においては、問われることのなかった側面である。

以上のように、西関の巷景観の創出は、区政府やマス・メディアにより一方的に推し進められてきたわけではない。それは、立場を異にする〈場〉より、さまざまに創出されてきたのである。したがって、西関の巷景観は、単なるローカルな特殊性をもつだけでなく、角度を変えてみれば、さまざまな性質をもつ異なる景観として立ち表れる。しかし、だからといって、各々の景観は、それぞれ覇権をめぐって争われてきたわけではない。むしろ、区政府やマス・メディアが巷景観の創出を重視し、Uクラブが「社交網絡」を形成することに積極的でなかったら、老西関人たちは自らの景観を再現する基盤を失っていたかもしれない。西関の巷景観は、多様な〈場〉が思い描く景観が「競合」するのではなく、「並存」することで創出されてきたのである。

注

(1) 湖北省荊州市（第三章でみた荊楚文化圏の中心地）でもまた、歴史的景観再生の政策的試みがあり、人工環境だけでなく、それに伴う民俗や生活スタイルの再生が図られてきた。たとえば、荊州城の東門一帯の川を整備し、屈原廟を保護するとともに、その対岸に竜舟レース場をつくり、そこで竜舟祭の景観を再生させるなどの工夫がなされてきた［劉克毅　二〇〇一：三四］。

(2) その他、西関社区では、娯楽施設や冷暖房施設を完備した老人センター、無償で娯楽や補習を提供する青少年センターも建設された。

(3) 救助ベル設置の制度は、広州市全体で広まりつつある［広州日報　二〇〇七年一二月二七日A３面］。

(4) 詳しくは、黎・童・蒋［二〇〇六：一五三］を参照のこと。人類学者・芹澤知広［一九九七：一三九］によると、こうした慈善組織は、香港の市民社会をめぐる論考のなかで注目されてきた。

(5) 一九六八年、スターフェリー会社の賃金値上げをめぐる暴動が生じてから、植民地政府は、公共福祉事業を積極的に推進することで住民の不満をそらそうとした。マニュエル・カステルらは、香港におけるこの運動は、〈空間〉の生産体系を草の根から変更させた好例であると考えた［Castells and Goh and Kwok 1990: 131-135］。

(6) 沢田ゆかり［二〇〇二：一三］によると、この予算審査制度は一九九五年に検討されはじめた。二〇〇二年二月、香港の社会福祉署が西関社区のUクラブに視察に来ている。

(7) もちろん会費だけではUクラブの運営資金は賄うことができない。その運営資金の多くは、慈善会に頼っている。荔湾区にあるこの慈善会は、G主任の呼びかけで一九九七年に成立しており、各界人士が寄付をしている。また、Uクラブの会員のなかでも経済的に余裕のある者は、会費の他に慈善会に寄付することもある。さらに、会員たちは年に数回開かれるバザー（これを「義売」という）にて、手作りの工芸品を街角で売り、Uクラブの運営資金の一部を賄うことがある。

(8) ただし、ボランティアは誰がなることもできる。たとえば、筆者も一時期、Uクラブでボランティアをしていた経験がある。

(9) 二〇〇二年一〇月、社区制度が敷かれてまもなく、中国曲芸家協会の会員が区政府から派遣され、高齢者たちに広東音楽の指導が無償でなされた。それから、Uクラブでは広東音楽が必須のプログラムになるとともに、西関地区が「広東音楽／

劇の中心地である」とする言説が流布するようになった。

(10)　二〇〇五年七月の『南方都市報』などにも同様の記載がある。さらに、学者たちは、西関を離れたくないと語る高齢者たちに着目することで、この地区で伝統的に培ってきたとされる近年ネットワークの強固さを強調している［周軍　二〇〇四a：一二一―一二三］。

(11)　香港で放映された連続ドラマ『西関大少』においても、その冒頭で、広東音楽の流れる巷の景観が映し出されている。

(12)　管見の限りにおいて、西関社区の巷をめぐる記事のうち、Uクラブ以外の近隣扶助活動をとりあげたものはない。

(13)　民政部は、社会保障、社会管理、基層政権建設の三つを主に担当する、国家の一部門である。

(14)　Uクラブに残されている活動記録に基づく。プライバシー保護のため、冊子の名称は省略する。

(15)　Uクラブには、約五パーセントほど、老西関人でも新西関人でもない者がいる。ただし、その絶対多数は高齢者ボランティアの親戚や友人で、なかには上海で暮らすものもいる。反面、「村落」の加入者は全くない。筆者のフィールド期間中、「村民」が訪れてきたことは一度もなかった。

(16)　高齢者の「仕事」が、コミュニティの活動や治安の管理であるとする考えは、梅州の都市部にも同様に存在している。ただし、梅州の社区では、高齢者ボランティアの制度が普及していないので、高齢者同士が各自でクラブを組織することがある。たとえば、筆者が参与観察した梅州のあるクラブでは、コミュニティと子孫の加護を神仏に求めるため、活動は必ず廟で開かなければならないとされていた（二〇〇八年一月、首都大学東京・伊藤眞教授との共同調査による。詳しくは、伊藤・何［二〇〇八：六六―六七］を参照のこと）。

(17)　Uクラブの活動記録に残されている（プライバシー保護のため、その冊子名は省略する）。

(18)　本章では、近隣食事会とその関連イベントに着目するが、他方で広東音楽の景観再生については別稿［河合　二〇〇八b］で記している。あわせてご参照いただきたい。

(19)　元宵節とは、旧暦一月一五日の夜（旧暦最初の満月の夜）に催される年中行事を指す。その活動内容は地域によって偏差があるが、一般的に灯篭を掲げて子供の出産を祝ったり、「湯円」と呼ばれる団子を食べたりする。広東省東部（特に潮州、スワトウ、掲陽、梅州の南部一帯）では、元宵節の前後に「公王祭」「火竜祭」など大きなイベントを催すことがあり、春節よりも派手に行事がおこなわれる傾向にある。それに比して、広州では元宵節に大イベントが催されることは少ないが、西関社区の「村民」のように、同盟村落が集い男児の出生を祝うところもある。西関社区の「居民」は、筆者の観察した二〇〇六年～二〇〇七年度の元宵節は特にイベントをおこなっていなかったが、二〇〇八年は巷を景観化する近隣食事会が開かれた。ちなみに、元宵節は近年になって商業化の対象となっており、当日は街角にイルミネーションが灯されるほか、「中国の伝統的なバレンタインデー」として宣伝されるようになっている。

（20）西関地区では、子供が外（時として海外）に移住したため、半分を西関、半分を外で暮らす高齢者が少なからずいる。この種の高齢者は、西関では俗に「渡り鳥老人」と呼ばれている。

（21）筆者が参与観察した限りでは、イベント日を除き、福祉サービスを与える―与えられる関係もまた〈場所〉の人間関係を基盤とする傾向があった。

（22）中国では、ほとんどの飲食物に「熱い」「冷たい」の区別がある。ここで言う「熱い」「冷たい」は温度の高低ではなく、身体に及ぼす作用をいう。「熱い」飲食物をとり過ぎると体は「熱い」状態（○上火、●熱気）となり、「冷たい」飲食物をとりすぎると「冷たい」状態（○体寒）となる。いずれの状態も異なった種類の病気を引き起こすので、中和の状態にせねばならないと民間で考えられている。こうした思考は中国医学の論理に基づく。一般的に、「熱い」飲食物には、揚げ物、唐辛子、羊肉、マクドナルドの食品などがあり、「冷たい」飲食物には、白菜、涼茶などがある。民間ではビールも「冷たい」飲み物と考えられることがあり、西関地区ではビールを「鬼佬涼茶」（外国の涼茶）ということもある。

●第Ⅳ部　景観人類学の課題

第十章　結論――景観人類学における第三のアプローチ

第一章で指摘したように、景観人類学の先行研究は、〈空間〉と〈場所〉の概念を軸として以下の二つの方向に展開されてきた。

①　行政関係者、学界関係者、メディア関係者、実業家など、複数の主体が、〈空間〉（境界をもった領土性）において、いかにローカルな特色としての外的景観を生産するのか。

②　生活を営む地域住民が、〈場所〉（生活実践の舞台）において、いかに慣習的に伝えられた内的景観を構築するのか。

景観人類学の諸研究は、時代的、地域的広がりをもって進められてきたが、その両者の景観の捉え方は乖離する傾向にあった。こうした景観に関する二つの見解は、本書の今までの考察から明らかであるように、西関の歴史的景観再生をめぐる事例でもさしあたり認めることができる。以下では、①の景観を生産する力学を〈空間〉律、②の景観を構築する力学を〈場所〉律と呼び、まずは、この二つの角度から本書の事例を要約していくとしよう。

一　〈空間〉律と〈場所〉律

1　〈空間〉律について

景観人類学は、一九九〇年代にイギリスの社会人類学界より興隆しはじめた新しい学問領域である。景観をめぐる人類学的な考察は、それまでも象徴人類学や認識人類学などによりなされてきたが、一九九〇年代より興隆した景観人類学の貢献は、〈空間〉および文化表象の視点を導入したことであった。つまり、文化を「書く」問題を、書く技法の問題に収斂させるのではなく、景観画のごとく異社会のビジョンをつくりだし、それを現実社会に反映させる装置として捉えなおすことに、斬新さがあった。こうした視点は、後に、筆者が景観の生産論と呼ぶパラダイムで展開してきた。

しかし、本書で論じてきたように、このパラダイムには重要な不足があった。文化を「書く」ことがローカルな特色をもつ景観像を描出する点を指摘したものの、そうした景観像が多様な主体により現実社会に反映されていった具体的なプロセスを、さして問題としてこなかったのである。それゆえ、本書では、西関の事例分析において、政府、学術機構、マス・メディア、開発業者、観光業者などの複数の主体を考慮し、それらが互いに役割を担って描出された景観像を現実のものとしてきた一連の手続きを考察してきた。その結果をまとめれば以下の通りである。

まず、景観の生産論で指摘されてきたように、文化を書いて分類する作業は、特色をもつ景観を〈空間〉において生産する際に、重要な役割を担ってきた。すなわち、西関の歴史的景観再生の動きにおいて、民族誌家の表象により提示された西関文化は、景観にイデオロギー的な「意味」を付与する科学的根拠になってきた。ただし、文化を「書く」営為により描出された景観のビジョンは、むしろ区政府、マス・メディア、開発業者など、他の主体によって利用されることで、現実の〈空間〉に体現されてきた。その具体的なプロセスは、大まかに分ければ以下の三つの手順を踏んでいる。

その第一は、他とは異なる特有の〈空間〉を演出しようとする、区政府の政策的努力に始まっている。第二章で述べたように、一九九二年に中国が市場経済化路線を採択した後、市政府は、直ちに国際都市建設の目標を掲げ、グローバル経済に参入した。しかし、広州は、グローバル経済への道を歩むにつれて、都市の魅力をつくる必要に迫られるようになった。デヴィド・ハーヴェイらが指摘する通り、情報社会は、〈空間〉の特色を醸成することで利潤を追求する経済体制を基盤とするからである。そこで、市政府が着目したのが、かつての繁華街であった下町——「西関」を抱える茘湾区——を活用することであった。そこで、区政府は、都市の特色を醸成する貢献をなすために、民間の漠然とした地理的範囲であった「西関」を、茘湾区という〈空間〉に一致させようとした。そうすることで、茘湾区は、西関文化という特色を備えた、他とは異なる〈空間〉として生産されていったのである。

そのうえで、第二に、その西関文化を科学的につくりだす役割を担ってきたのが、学者、特に文化の分類学に従事した民族誌家であった。第三章で論じたように、西関文化という概念自体は、西関が〈空間〉として生産された一九九〇年代後半のことであるが、その源流には、少なくとも清代からの「他者の文化」をめぐる描写が認められうる。こうしたなかで、一九八〇年代になると文化相対主義的な表象が盛んとなり、嶺南地区の文化は、広府文化、客家文化、潮汕文化に分類されることとになった。その文化の分類学のなかで、西関文化は、主に、広府文化、嶺南文化、ひいては中華文化の亜流としての位置が政治的に与えられるようになり、それは同時に、西関文化をめぐる学界の「常識」ともなった。このように西関文化を「特異」ではあるが中華の文化的系統であると位置づけることで、学術的研究は、茘湾区という〈空間〉にイデオロギー的な「意味」を投影するための科学的根拠を与えていったのである[1]。

第三に、かようなイデオロギー的「意味」が〈空間〉に埋め込まれると、今度は、その「意味」に即したシンボルが生み出されることになった。これらのシンボルを生成する媒体となったのが、学術でありマス・メディアであり博物館などであった。そのシンボルとは、たとえば、ライチ、青レンガの壁、西関門（特に趟櫳門）、満州窓、西関小姐、水神信仰など、西関文化と関連するそれである。これらのシンボルは、史料や現地取材を通して発掘されており、小は茘湾区から大は嶺南地区に至る〈空間〉において、政治経済的に利用される象徴資本として機能してきた。政府、マス・メディア、開発業者、観光業者、芸術家などは、各々の利害に応じて好みのシンボルを借用しており、その結果、景観は、〈空間〉の内部で徐々に拡がりを見せることができたのである。

以上のように、ローカルな特殊性をもつ景観は、(1)〈空間〉の生産（第二章）、(2)その〈空間〉に対する文化的「意味」の付与（第三章）、(3)その「意味」に即して生成されたシンボルの利用と可視化（第四章）、という三つの段階を経て生産されていたことが、本書の事例から明らかになった。また、第六章から第九章の事例より判明したように、景観が〈空間〉において生産されるには、特定の部分的事実が捨象される必要があった。たとえば、西関の巷景観が生産される際に、Uクラブにおける関連の活動だけが拾いあげられていたようにである。こうした表象行為により生産された景観像は、今度は、区政府、マス・メディア、開発業者など、他の主体により物質的に目に見える形で現実社会に反映されるようになっている。すなわち、景観人類学の〈空間〉分析は、これらの多様な表象の主体がいかなる役割を担い、どのように提携して現実の景観をつくりあげるのか、その生産のプロセスそのものを明らかにする必要がある。

2 〈場所〉律について

景観人類学において、地域住民による内的景観の構築をめぐる諸研究は、〈場所〉の概念とともに進められてきた。〈場所〉をめぐる議論として発展した景観の構築論は、地域住民の主体性を重んじてきた点で共通するが、第一章で論じたように、しばしば〈場〉の概念との区別を明確な形で論じてこなかった。それゆえ、本書では、〈場所〉を地理的な「なわばり」とし、〈場〉を個々人の対話により形成される状況の器とすることで、西関の歴史的景観再生をめぐる地域住民の取り組みを考察してきた。まず、第五章では、「西関村」など「なわばり」のある生活の舞台を〈場所〉の観点から説明するとともに、そこに住む複数のアイデンティティ集団──「村民」と「居民」(老西関人、新西関人、外地人)──と、彼/彼女らにより構成される〈場〉の存在について言及した。そのうえで、地域住民が、政策的に生産された景観をいかに眺め、さらに、自らの景観をいかに再構築していくのかについて、続く四つの章で検討を加えた。

その第一歩として第六章で検討したのは、西関の特色を最も表すといわれる西関屋敷、および相対的に知名度の低い麻石道である。近年、区政府は、都市再生計画において西関屋敷と麻石道の改造をおこなっているが、資金の不足から、特に地域住民の積極的な参与を求めている。マス・メディアが報じるように、一部の地域住民は実際に自腹を切って西関屋敷を改築しており、政府が主導する歴史的景観の再生に草の根から参与してきた。ところが、調査を進めていくうちに明らかになったことは、西関屋敷の改築に協力していた層は、土着の老西関人ではなく、往々にして商売を営む外地人や新西関人であったことである。彼/彼女らは、商人の間の〈場〉における対話を通して、西関屋敷が荔湾区を代表する景観であることを知り、商売上の便宜と適応戦略のために、そのシンボルを「領有」していた。他方で、知名度の低い麻石道は、彼/彼女らの関心の外にあり、西関の特色ある景観ではなく、ただの人工環境として眺められていた。

ところが、そこに長く居住する老西関人は、逆に、西関屋敷を異なる角度から眺めていた。老西関人たちにとって、近年宣伝されている西関屋敷は、しばしば彼／彼女らの記憶する「西関屋敷」と異なるため、受け入れがたいものだったのである。それゆえ、老西関人によって形成される〈場〉では、西関屋敷がいかにニセモノであるのかが語られるとともに、むしろ往年の記憶の詰まった麻石道への愛着を強めていた。すなわち、たとえ地域住民の記憶が政治経済的条件に左右されるとしても、景観は、地域住民のイマージュ（記憶により形成された慣習的なモノの見方）と合致しなければ受容されないといえる。

地域住民が、自己のイマージュに応じて別の角度から景観を捉えうることは、続く第七章から第九章のすべての事例も同様に表明している。地域住民、特に「村民」と老西関人は各集団間での対話を通すことにより、慣習的に培われてきた「意味」――記憶、価値観、説話、神話――を景観に投影してきた。

たとえば、第七章では、西関風情園に対する「村民」の真偽意識を検討したが、西関風情園は、区政府の意図とは全く異なる角度から「村民」によって眺められてきたことが分かった。区政府が〈空間〉的特色をもつ景観として西関風情園を建設してきたのに対し、「村民」は、祖先から伝えられてきたモノの見方に基づき、「北帝の視線」を軸とする別の景観イメージをそこに投影してきたのである。つまり、表1にみるように、表象を通して外側から景観を捉える〈空間〉律とは別に、イマージュを通して内側から景観を捉える〈場所〉律が確かに存在することが、ここから明らかとなる。さらに、西関風情園をめぐる「村民」の真意意識の探求からは、次の二点を明らかにすることができた。

第一に、地域住民の思い描く景観は、流動的だということである。地域住民は、彼／彼女らの考える慣習的な景観を持続させたいと考えているが、他方で、往年の景観をそのまま保持していくことに、何の意味もないと考えていた。景観の姿は、時代の流れに応じて臨機応変に「変化」していくのが自然であると、捉えられてきたからである。こうした景観をめぐる地域住民の見解は、政府の役人や学者など、表象の主体が捉える景観のビジョンとは対照的ですらある。なぜなら、文化表象は、史的検証や現地調査を通して、過去の部分的事実を捨象し、それを景観として固定化する作業から始まっているからである。しかし、北帝誕生祭の事例にも見られたように、地域住民は、時代にそぐわない往年の景観をそのまま現代に再生させることに、意義を感じていなかった。

第二に、「村民」は、区政府によって建設された西関風情園を別の角度から眺めていたにもかかわらず、その景観をすべてニセモノと決めつけず、部分的にはホンモノだと見なしてきたことである。ここから、政策的に生産された景観のすべてを地域住民が否定するわけではないことが明らかである。たとえば、牌坊建設の事例にみるように、「村民」は時代の流れに合わせて自らの内的景観を変えていくべきだと考えているので、かつて西関村に存在しなかった牌坊を建設することにも積極的であった。なぜならば、牌坊には、「西関村」としての内的景観を再構築する「意味」が付随していたからである。

第八章で検討したZ廟の年中行事（北帝誕生祭）でも同様のことがいえる。北帝誕生祭で「村民」は、現在の必要性に合わせて核心となる「意味」を持続させながら、彼／彼女らの内的景観を現在に保持させることに関心を払ってきた。「村民」は、意思決定システムに応じて、いくらでも彼／彼女らの記憶に残る往年の景観を北帝誕生祭に投影させることができたのに、故意にそうすることを選択しなかった。

「村民」と一言で言っても、その内部には多様性がある。ある者は、祖先から伝えられた景観への「意味」をただ残したいと願っていただけであったし、また別の者は、都市景観の特色を醸成し自己の土地権を守る道具として、北帝誕生祭を利用しようと考えていた。だが、いずれにせよ北帝誕生祭は現代の需要に合わせて変えるべきだと考えられていたので、「村民」たちは内部調整を通して、二面性のある景観を形成する努力をおこなってきた。その片面は、区政府ら表象の主体が提示する外的景観であり、それを「領有」して表面的に従うことで、北帝誕生祭を正統な伝統文化として権威づけた。もう片面は、地域住民のイマージュに基づく内的景観であり、Ｚ廟をめぐる彼／彼女の眼差しや行為に欠かすことのできない「意味」を連続させていた。

そのような二面性のある景観の創出は、姿かたちこそ違っても、「居民」による巷景観の創出にも認められた。昔ながらの社会的ネットワークを維持してきた「村民」に比べ、「居民」の多くは、新たな人的ネットワークを再形成する必要性に迫られていた。そのなかで、西関社区では、とりわけＵクラブが大きな役割を果たしており、そこで老西関人を中心とした〈場〉が形成されていた。まず、Ｕクラブとその諸活動は、福祉スタッフと区政府により西関文化にまつわる前景がつくられていただけでなく、そこから部分的事実が拾い出されることで、巷という人工環境を眺める主観的まなざし、つまり後景が生産されていた。まず、Ｕクラブの会員たちは、こうした景観が必ずしも自分たちの巷生活を代表していないことを自覚していたが、それを表面的には受け入れていた。そうすることで、Ｕクラブの活動を存続させ、さまざまな異なった内的景観をそこに投影させる余地をつくりだしていたのである。換言すれば、Ｕクラブの会員たちは、一方で西関の特色を具えた巷景観を生産する助力を表面的にはおこないつつ、その裏で、自らの記憶する景観の「意味」を持続させてきたといえる。

以上の事例から言えることは、次の通りである。すなわち、西関における歴史的景観再生の動きでは、外的景観を再生する力学（〈空間〉律）と内的景観を構築する力学（〈場所〉律）の存在を再度確認できるにとどまらない。両者を並存・平衡させて構造色としての景観を創出する第三の力学――相律をさらに見出すことができるのである。それでは次に、以上の事例から景観人類学の従来の研究に対して何が言えるのか、相律をめぐる考察を通して探ってみることとしたい。

二　相律へのアプローチ――構造色の景観をめぐって

これまで度々論じてきたように、景観人類学の議論は、主に二つの流れ――〈空間〉律と〈場所〉律――の探求に分かれて進展してきた。また、同様の図式は、情報社会時代の中国を扱った本書の事例でも、同様に確認することができた。しかしながら、本書の事例からは、〈空間〉律と〈場所〉律の乖離という先行研究の議論を確認できたにとどまらず、相律にまつわる力学を見出すこともできた。

相律とは、すでに述べた通り、「二つ以上の景観が一定の条件のもとで平衡しつつ一つの景観になる力学」を指す。「観光パンフレットにあるようなローカルな特色としての景観」と「地域住民の記憶や生活実践に基づく慣習的な景観」との平衡のあり方は地域や時代を跨いでさまざまであることが予想されるが、さしあたり本書の事例からのみ論じると、景観の相律のあり方として以下の三つの原則が存在していた。その三つの原則とは、「変易」の原則、「領有」の原則、および「譲歩」の原則である。

(A) 変易《へんえき》の原則

地域住民は、〈場〉における対話を通して、景観をめぐる記憶を共有している。しかし、彼/彼女らは、記憶に残る往年の景観をそのまま再生させることに意義を感じておらず、時代の流れに合わせてその姿かたちを変えるべきだと考えている。換言すれば、地域住民は、内的景観をめぐる核心的な「意味」さえ持続できたならば、環境の変化に合わせてそれを変貌させるのは当然だと考えている。だから、表象の主体（区政府、学者、マス・メディア、開発業者など）がいくら過去の光景の一部を切り取り、現代に景観として再生させても、それは時代錯誤なニセモノであるとして、地域住民に受容されない可能性がある。

地域住民は、時として政治経済的状況に応じて自らの内的景観を「変化」させているので、それは一見したところ、外圧によって変えられる性質をもつようにみえる。しかし、慣習的に伝えられた内的景観の「意味」が地域住民のなかで連続している限り、それは以前とは全く異なる様相を呈していることにはならない。つまり、たとえ政治経済的圧力により地域住民の思い描く景観が変化していても、核心となる「意味」さえ持続していたならば、それは地域住民の心のなかでは「変化した」ことにはならないのである。ここで北帝誕生祭の事例を挙げると、二〇〇五年に区政府が介入して以降、この廟会は、政策的な景観として行事内容が変えられてしまった。これを政治経済的な外圧による変化と受け止めることは、一応可能であろう。ところが、地域住民はいくつかの工夫を施すことで自身の内的景観をめぐる核心的な「意味」を連続させているので、彼／彼女らから見れば廟会の景観は根本的に変わったことにはならないのである。

それゆえ、変化にまつわる時間意識についてここで考察することは、無駄な作業ではなかろう。表象の主体（外部から観察する学者を往々に含む）によれば、景観Aが景観Bになることは、異なった景観へと断続することを意味する［cf. Boxer 1968］。しかし、本書の事例に見たように、地域住民の視点からすれば、景観Aが景観Bへと移行することは、断絶ではなく連続を意味することもある（ただし、連続するためには、AとBの間の核心的な「意味」に共通性がある必要がある）。

イギリスの哲学者であるボクサーは、英語の変化（change）がAからBへの断絶を示すのに対し、漢語の「変化」はAからBへの連続を示すことがあると主張する［Boxer 1968］。筆者は、英語のchangeと漢語の「変化」とを完全に分けることができるかどうかは再検討の余地があると考えているが、一方で、AからBへの移行を連続として捉える語彙が今後必要になってくるのではないかと考えている。それゆえ、第八章でも触れたように、筆者はこれを「変易」と呼ぶことにする。(2) 変易という語は東洋思想から借用しているが、筆者は、これを中華圏でのみ通用する概念として規定するつもりはない。むしろ、地域住民による内的な時間意識の一つとして、これを提唱したい。

（B）領有の原則

地域住民の内的景観は、時代の要請に合わせて変易するので、政策的な要求に歩調を合わせることが可能となる。その際、しばしば地域住民が採る選択肢は「領有」の行為である。つまり、地域住民は、慣習的に伝えられてきた内的景観の「意味」に適合する限りにおいて、外的景観にまつわるシンボルを自分のものとすることができる。外地人が西関屋敷のシンボルを、そして老西関人が麻石道のシンボルを選択したようにである。

第一章でも検討したように、「領有」は、内的景観（一次的景観）と外的景観（二次的景観）とを並存させる相律の一側面をなしてきた。しかし、景観人類学の従来の議論では、どの地域住民が何のためにシンボルを「領有」してきた／こなかったかについて、系統的には探求してこなかった。しかし、本書の事例からさらに明らかにすることができたのは、ローカルな特色を示すとして表象された外的景観のシンボルは、地域住民の内的景観を権威づけるために「領有」されうるということであった。(3)

その一例として、北帝誕生祭の景観行為を取りあげてみるとしよう。「村民」は、区政府により指示された「巡遊」の歩き方が往年の「行郷」と異なることを承知しながらも、その歩き方に表面的には従っていた。なぜならば、そうすることで景観を生産する助力となり、この廟会活動を続ける正当性を表すことになるからである。逆に言えば、政府主導の景観建設に参与しなければ、北帝誕生祭を続けていくことすら難しくなるかもしれない。そうなれば、「村民」は、祖先から伝えられた景観への「意味」を持続することすらままならないであろう。つまり、外的景観を「領有」して権威づける地域住民の行為なくしては、内的景観の「意味」を持続させるという本来的な目的すら達成できなくなる恐れがある。同様の事例は、Uクラブの会員が、現実を反映していないとは思いつつも、表象された巷景観の演出することに力を貸し、それにより〈場所〉における景観の「意味」を持続させていた行為ともつながることになる。

このように、地域住民は、政策的に提示された景観のシンボルを「領有」し権威を獲得することで、はじめて内的景観の本来的な「意味」を持続させることを可能にしている。その意味において、「観光パンフレットにあるようなローカルな特色としての景観」と「地域住民の記憶や生活実践に基づく慣習的な景観」とは、決して矛盾していないのである。

（C）譲歩の原則

地域住民は、慣習的に伝えられてきた内的景観を時代に合わせて変易させ、政策的に生産された外的景観を「領有」することで、外的景観でも内的景観でもある構造色としての景観を創出することができる。ただし、もし地域住民が、内的景観の「意味」を持続させることができなかったならば、すなわち政策的に提示された外的景観のなかに内的景観の「意味」の核心的な部分を投影させることができなかったならば、両者は整合されないままになってしまう。

たとえば、人工環境に付随する生活様式――北帝誕生祭と巷景観――は、慣習的な内的景観の「意味」を並存させることを可能にしていた。なぜなら、両者は、各々の意思決定システムに応じて、地域住民の核心となる「意味」を連続させることが可能だったからである。ところが、人工環境そのものの事例においては、内的景観の「意味」を、部分的にでも外的景観に投影させる隙が与えられていなかった。そのため、牌坊建設の事例がそうであったように、地域住民による内的景観の「意味」は全くこの外的景観に投影させることができず、不満となって表れていた。だが、もし地域住民による内的景観の「意味」を部分的にでも牌坊建設に投影させることができたならば、こうした不満は解消されたかもしれない。

要するに、外的景観を生産する諸主体が内的景観の「意味」を連続させる余地があって、はじめて二つの景観は相律することができる。表象の主体が、地域住民による内的景観の一部を取り入れ、外的景観を生産する自らの体制に妥協を与えるこうした行為を、本書では「譲歩」と称する。

以上、少なくとも本書の事例で見る限りにおいては、変易、領有、譲歩という三つの原則があって、はじめて二つの景観は相律することが可能になっていた。だが、牌坊建設の事例でみた通り、これらの三原則のうち一つが欠けていたならば、両者は相律しない。以上にみてきた相律をめぐる三つの原則は、あくまで本書の事例から導き出された、さしあたりの結論にすぎない。ただし、筆者は、相律をめぐる以上のモデルは、外的景観と内的景観の並存をめぐる従来の議論（とりわけ「領有」論）の補足となるとともに、今後の相律をめぐるアプローチの土台の一つになるのではないかと考えている。

本書では、相律の概念を提示することで、ローカルな特殊性をもちつつも慣習的な「意味」を持続させる、そうした二面性のある景観を構造色の景観と呼称してきた。繰り返し論ずると、構造色とは、玉虫の翅、シャボン玉、もしくはＣＤディスクのように見る角度によって変色する色彩を指す。

それでは、本書は、なぜ構造色という表現を使おうとするのであろうか。それは、景観人類学をめぐる従来の議論において、研究者が、構造色のうち一つの色しか見てこなかった可能性を示唆するためである。つまり、構造色は、本来は多彩な色を具えているが、右側から金色が見えればそれで満足してしまい、左側から見える緑色を見落としてしまうことがある。何度も繰り返すが、従来の景観人類学は、ローカルな特殊性のある政策的に色づけされた外的景観と、地域住民の記憶や慣習から色づけされた内的景観とを、乖離させたうえで議論を進めてきた。しかし、結局はいずれのアプローチも、構造色の一面しか見てこなかったのではなかろうか。換言すれば、これまでの景観人類学は、〈空間〉律と〈場所〉律を基軸とする別個の力学を扱う傾向が強かったので、全体としての構造色を見る視座を失ってきたのである。それゆえ、今後の景観人類学は、構造色としての景観を生み出す相律の概念を、第三の視座として組み込むことで、より総合的な景観へアプローチが求められる。

三　今後の課題——応用研究への可能性

1　相律論の四つの課題

本書では、これまでの景観人類学に対し、㈠景観を創出する第三の力学、つまり相律が存在すること、㈡その相律の一部として「領有」論を位置付けることが可能なこと、㈢相律するのは、変易と譲歩といった原則がはたらくこと、を提唱した。ただし、景観の相律論をめぐる本書の理論モデルは、広州の下町である西関における一事例から提示したものにすぎないので、当然のことながら、どの時代、どの地域にも通用するものとは限らない。したがって、本書で得られた相律をいかに補足・修正していくかが、相律論の今後の課題として残されている。景観人類学および相律論の課題として、今後発展させていくべきと筆者が考える課題として、少なくとも次の四つが挙げられる。

第一に、脱地域的な比較研究を通して、〈空間〉律をめぐる議論を精緻化していかなければならない。〈空間〉の概念を軸とした議論は、これまで生産論によって担われてきたが、第一章で論じたように、このパラダイムの多くは植民地主義やナショナリズムに基づいた歴史的研究であった。本書は、こうした不足を補うため、特に一九九〇年代以降の事例に焦点を当て、さらに、外的景観について、政府、学術機構、マス・メディア、開発業者などの表象の主体が互いに役割を担いつつ生産する視座を提供した。しかし、本書は社会主義体制をとる中国での事例を論じているために、政府、学術機構、マス・メディア、開発業者などの主体に、提携と協力の関係を見る傾向が強かった。だが、言うまでもないが、これらの主体間の関係性は、資本主義体制をとる諸国はもちろんのこと、他の社会主義体制をとる諸国、さらには中国の内部ですら多様である可能性が高い(4)。したがって、本書で提示した〈空間〉律をめぐる議論を、脱地域的な比較研究でもってさらに修正し、より普遍性の高いモデルに洗練させていく必要がある。

第二に、外的景観であれ内的景観であれ、景観が創出されるプロセスにおいて、移動の視座を、今まで以上に重視する必要がある。第一章でも触れたように、景観と移動をめぐる問題設定は、近年の景観人類学でも一つのトピックとなりつつある［Bender 2001: 5-13］。西関の歴史的景観再生をめぐる本書の事例においても、移動や外部の視点は少なからず関係していた。たとえば、西関屋敷の再生においては、香港の開発業者や外地人が重要な貢献をしていたし、また、投機売買者が西関屋敷に目をつけた要因も、香港や東南アジアに移住した華僑・華人のノスタルジックな眼差しにあった。西関の事例においては、外部者の存在は主として、外的景観をつくる側面において顕著であったが、地域によっては、内的景観の構築においても外部者のまなざしや存在が重要になってくるケースが考えられる。筆者は、二〇〇三年度に沖縄県久米島町において御嶽《ウタキ》(5)をめぐる景観再生の調査を実施したことがあるが、そこでは移動を繰り返して久米島に戻ってきた帰還者が、御嶽の記憶を喚起させ、そこの〈場所〉感覚と内的景観をつくりあげていた［河合　二〇〇四、深山　二〇〇四］。こうした外を知る知識人や帰還者が、移動を通して内的景観を構築する側面を、他地域の事例でもって検討していかねばならない。

第三に、外的景観と内的景観をめぐる歴史的な相互作用を探求していく方向性が今後必要となる。本書ではさしあたり、表象の主体によって生産される外的景観と、地域住民のイマージュを通して構築される内的景観とを分けて論じた。現在のところ、たとえば区政府により建設された西関風情園や巷景観のビジョンは、地域住民の思い描く内的景観と一定の距離があるが、時間が経つにつれ、外的景観が徐々に内的景観へと取り込まれていく可能性も考えられる。別の事例を挙げると、客家文化のシンボルである土楼型の建築物は、今では政策や商業ベースでもって〈空間〉内で生産されているが、台湾の客家地域では地域住民の会合や遊びの場になることで、徐々に地域住民にとって大切な内的景観となりつつある。

逆に、内的景観が外的景観へと変貌していくプロセスも同様に想定できるであろう。特に、景観人類学の議論で注意を払わなければならないのは、人類学者が内的景観を描く行為それ自体も、決して価値中立的ではないということである。景観人類学の構築論では、文化表象を通して生産される外的景観に対し、内的景観が存在することを「客観的」に描く傾向がしばしば認められる。だが、こうして描かれた内的景観にも、やはり調査者の主観性が入っているということを、我々は忘れるべきではない。本書で取り挙げた例でいえば、筆者が本書で描写した内的景観は、あくまで筆者が聞き込み調査をおこなった範囲内で抽出されたもので、西関には筆者が「発見」していない内的景観がいくつも存在するであろう。そのなかから、筆者が特定の内的景観を紹介し、それを本として出版した時点で、本書で描かれた内的景観はすで新たな外的景観へと変貌する可能性をもつようになっているのである。したがって、相律のアプローチは、二つの異なる景観を、静態的にではなく動態的な角度から発展させていかなければならない。

第四に、本書では、さしあたり景観人類学の先行研究に従い、〈空間〉律と〈場所〉律の視点から異なる二つの景観がつくりだされるプロセスを論じてきた。すでに述べてきたように、西関の歴史的景観再生をめぐる本書の事例では、こうした対立的な景観を一方で認めることができた。そのうえで、二つの景観が並存し平衡しながら一つの景観になっていく、相律の視座を提供した。しかし、ここで注意を促しておきたいのは、本書では権力／非権力という対立項との相律を論じたが、この図式をそのまますべての地域の事例に当てはめようと提唱しているのではないという点である。たとえば、キャロリン・ハンフリーは、視角の権力性にかかわる外的景観はモンゴルでは存在していないと述べており［Humphrey 1995: 135］、第一章で言及したように、彼女は二つの異なる内的景観の対立について考察した。現在のモンゴルに、本当に外的景観が存在しないのかどうかは別として、ハンフリーが主張するように、外的景観と内的景観の対立からではなく、異なる内的景観の間の対立と相律を考察していくアプローチも考えられるであろう。

2 相律論からみる応用研究の可能性

以上に挙げた課題は、景観人類学および相律の概念をさらに進展させていくために、今後考慮に入れておくべき問題であると筆者は考える。繰り返し言うと、相律論は、こうした方向性を視野に入れつつ、脱地域的、通時間的な考察を通して修正を加えていく必要があるだろう。それに加えて、筆者は、こうした相律の理論モデルを修正することの終着点は、応用実践の研究にあると考えている。

再度強調すると、相律とは、「観光パンフレットにあるようなローカルな特色としての景観」と「地域住民の記憶や生活実践に基づく慣習的な景観」とを平衡させ、構造色としての景観をつくりだす力学である。したがって、相律の研究は、二つ（あるいは三つ以上）の異なる景観を調整させ、矛盾なく一つの景観として並存・平衡させる力学を探求するアプローチであるといえる。

第一章でみたように、景観人類学は、これまでも応用実践の研究に取り組んできた。それらの議論では、開発側にとっては何でもない環境でも、地域住民から見ると重要な景観である可能性もあるので、地域住民にとっての景観の「意味」の理解が必要であることが強調されてきた。本書の事例においても、地域住民は、確かに政策的な意図とは別の角度から景観を眺めていた。したがって、開発の際に地域住民の景観を考慮すべきだとするこの見解には、筆者も同意する。しかし、こうした見解は、相律のアプローチからすれば出発点にすぎない。単に景観開発に反対するだけであるならば、人類学者は、偏狭な環境保護主義者に陥ってしまうだろう。そうではなく、さらに一歩進めて考えてみたいのは、それでは、ローカルな特色としての外的景観をつくる政策的努力に加担しつつも、地域住民の記憶や生活実践に基づく内的景観を持続させる、構造色としての景観をどのように創出すればいいのかという問題である。筆者は、ここにこそ相律の概念が有効になってくる理由があると考える。複数の異なる景観を対立的に捉えるのではなく、両者の調整と並存を考えるのが相律の役目だからである。では、そうした構造色としての景観を創出する可能性はいかなるものであるのか。以下、暫定的な案を提示することで筆者の今後の課題とすることにしたい。

まず、西関の歴史的景観再生をめぐる事例では、史料の検証や現地での聞き取りから、過去の光景の一部を固定化し、今現在にそれを再生していた。しかし、こうした歴史的景観再生の手法では、区政府をはじめとする表象の主体の欲求を満たすことはできても、必ずしも地域住民の内的景観を保持することにはつながらない。なぜなら、地域住民は、いまここの必要性に合わせて記憶を操作し、内的景観のあり方を変易させるからである。それゆえ、往年の光景を文字資料などから部分的に汲みあげるのではなく、地域住民の内的景観をめぐる核心的な「意味」を研究しなければならない。表象の主体は時間と空間を固定化するが、地域住民は時間と空間を流動的に見るということを、頭に入れておく必要があるだろう。

時間と空間を固定化して現地の景観を捉えてしまう習性は、民族誌家には抜けきれないものがある。その一例は、西関風情園において調査を開始した当初の筆者にも体現されていた。第七章で論じたように、筆者はV酒家とW酒家の真偽意識をめぐって、なぜV酒家のみがホンモノであると「村民」に考えられているのか、半年余り頭を悩ませてきた。しかし、当時の筆者の態度はというと、学界や行政界が〈空間〉において生成した記号を頭に入れ、そこからしか〈場所〉を見ないということであった。換言すれば、イデオロギー的に生成された記号のみを〈場所〉から汲み上げようとする、「空間の科学」に従事してきたのである。しかし、「村民」たちは、全く別の角度からこの景観を認識しうる。〈場所〉律の存在を考慮せず、景観の記号を拾い出すような研究のみに従事したならば、学術研究は——大半の西関文化の研究者が目下そうであるように——「空間の科学者」にしかならなくなるであろう。それを乗り越えるためにも、やはり人類学による内的景観の研究が必要となってくる。すなわち、現地社会の景観を把握するためには、調査者側も相応の現地の社会構造と価値観をめぐる知識が必要であり、そこに人類学的な異文化理解の必要性が生じてくるのである。

このことに基づき、研究者は、地域住民が内的景観の「意味」を変易させ、譲歩させる可能性を検討しなければならない。そのうえで、内的景観の「意味」を、外的景観に部分的にでも投影させる隙をつくる提案を、行政側に対しておこなう必要がある。本書で検討してきたように、学者は表象の主体の一つであるが、一方で、イデオロギー的な「意味」から新たな記号を発掘する仕事にも従事している。それゆえ、内的景観の「意味」のいくつかをローカルな文化として表象し、それを政策的に活かす方策も可能であるかもしれない。そうすることによって、学者は構造色としての景観をつくりだし、少しでも政策側と地域住民の間のコンフリクトを解消する潤滑油としての役割を果たしていく必要がある。

ただし、かような相律論を応用実践に活かすためには、繰り返すが、地域や時代を超えた比較研究を通して、そのモデルに修正を加えていく作業が必要である。また、それを実際に適用してみることで、実践面からこの理論に修正を加えていく必要もあろう。

以上のように、景観人類学の相律論とその応用実践をめぐる議論には、まだ解決されなければならない課題が多く残されている。本書は、そうした大海へ船出するための一歩にすぎない。筆者にとって本書が、それに値する貴重な礎石となることを願って、稿を結ぶことにしたい。

注

（1）このような文化の政治的位置づけは、「中華民族多元一体構造」あるいはそれを超えた枠組みのなかでなされている。「中華民族多元一体構造」は、中国の著名な人類学者である費孝通が提起した概念である。その詳細については、費孝通［編二〇〇八］を参照のこと。

（2）変易とは、たとえば四季のように、表面上は変わっていても、実際には一定の論理やサイクルから動いている状況を指す。つまり、表面的に全く異なったものにみえても、実際には同じメカニズムで連続している「変化」の様式をいう。

（3）こうした「領有」の現象は、少なくとも明清の時代から確認することができる。特に、華南学派の歴史学者たちは、時に明清期の民間信仰に着目し、政策にあわせつつ内的景観の「意味」を持続させる相律に似た現象について言及している［劉志偉　一九九四、肖文評　二〇〇八ほか］。ただし、華南学派の歴史学者は、「領有」ではなく、「正統化」という概念を使ってこれを表している。

（4）同じ中国においても、地方によって〈空間〉政策が異なることがある。たとえば、広州では宗教は華僑・華人を引き寄せるためのシンボルとして使われることがあるが、北京では宗教は厳しく規制されている。たとえば、二〇〇八年八月に北京オリンピックが開催された時、多くの宗教施設は閉鎖されていた（首都大学東京［現国学院大学］・渡邊欣雄教授との共同調査による）。だが、二〇一〇年一一月に広州で開催されたアジア・オリンピックでは、そうした規制はみられなかった。

（5）御嶽とは、沖縄の聖地であり、かつては琉球王国のピラミッド型宗教体制のもと、国家祭祀が執り行われていた。

あとがき

本書は、二〇〇九年三月に東京都立大学大学院社会科学研究科に提出した博士学位論文を加筆・訂正したものである。私事で恐縮であるが、本書の成り立ちの経緯を若干説明することをお許しいただきたい。

私が本書のテーマに関心を抱き始めたのは、今からおよそ、一〇年余り前のことである。他の多数の若手中国研究者と異なり、私の学部での専攻は理論社会学であり、地理学や人類学には大いに関心をもっていたが、中国史、中国文学などの授業は受けたことがなかった。中国語も選択科目で、少し親しんだ程度であった。

しかし、学部在学中の二〇〇〇年、中国に一人旅に出たのが契機となり、中国研究に関心をもつことになった。私にとって初めての中国訪問であり、特に広州は初めて訪れた中国の都市であった。広州では、旅行ガイドブックに掲載されている越秀公園や陳氏書院などの観光地を主に巡ったが、ある日、町を散策していたところ、西関と呼ばれる下町一帯に偶然、遭遇した。当時はここに清平自由市場という市場があったのだが、そこでは犬、猫、ウサギ、亀など、さまざまな食材が売られていた。また、市場の周囲には古びた民居が並んでおり、民居の前の小道（巷）で人々がおしゃべりをしたり、水タバコを吸ったりしていた。この時から私は異文化としての中国に大きな刺激を受け、それをもっと理解したいと思った。それで、日本の華人社会を卒業論文のテーマとしたが、さらに大学院で中国の人類学的研究を学びたいと考えるようになった。

二〇〇一年三月、東京都立大学大学院社会人類学専攻に進学することが決まっていた私は、卒業旅行を兼ねて、香港とドイツ、スイス、フランス、イギリスを旅行した。そのとき、社会人類学の発祥地であるロンドンの本屋に立ち寄った。そこで、イギリス社会人類学界には二つの領域が興隆しつつあることを知った。一つは人工環境（built environment）の人類学であり、もう一つは景観人類学である。それから一〇年余り経った今でも、未だにこの二つの分野は日本の人類学では知る人が少ない。しかし、私はずっと空間や建築をめぐる問題に関心を抱いていたので、それ以来、この二つの領域に関心をもってきた。今振りかえると、西関と景観人類学との出会いは、私が人類学を専攻しはじめた駆け出しの頃、すでにあったと思う。

大学院に進学して以降、私は日本の長野県や沖縄県、あるいは雲南省など東アジアのいくつかの地点でフィールドワークをする機会に恵まれた。他方、修士論文では、文献研究であるが、香港の人工環境をめぐる人類学的研究をおこなった。そして、博士課程に進学してからは、香港に隣接する広東省で景観人類学の立場からフィールドワークを実施した。

私が広東省に渡ったのは、二〇〇四年八月のことである。最初の一年間は広東語の学習などに従事し、翌年の九月から二年間は、中華人民共和国政府教育部国費奨学金を得て、中国人類学界の最高学府の一つである中山大学人類学部に留学した。だが、よく知られているように、外国人が中国で長期のフィールドワークをおこなうのは、それほど容易なことではない。華南地方のフィールドワークは比較的容易だとはいわれるが、それでも多くの制約がある。私は失敗と試行錯誤を重ねながら、最終的に、本書の研究対象地である西関および客家の集住地として知られる梅州で、集約的な調査をすることが可能になった。

当初、フィールドワークは順調ではなく、西関では二〇〇五年度から文献調査と観光程度の参与観察を始めたものの、本格的なフィールドワークをできる環境にはなかった。西関でフィールドワークが可能になったのは、特に二〇〇六年度の春以降である。だが、最初の一年間は短期のインタヴューを繰り返す調査を強いられ、二〇〇六年度は、梅州と広州を行き来して、短期調査を同時平行で進めるという方法をとらざるをえなかった。こうした状況をようやく打開できたのが、西関社区でボランティアとして参与観察する機会を与えられた、二〇〇七年度以降のことであった。

西関でのフィールドワークは、結果的に二〇〇六年四月から二〇〇八年二月までの二年近くにわたった。この二年間は、景観をめぐる問題設定だけでなく、宗族、民俗宗教、食、社区、福祉に至る多方面の第一次資料を収集した。また、二〇〇八年三月からは、梅州に位置する嘉応大学客家研究所で講師をする機会に恵まれ、中国の学術機構と社会との関係性についての理解を深めることができた。さらに、二〇一〇年三月には中山大学人類学部に教員資格を得て戻ったのを契機に、その後の西関の変化について補足調査をおこなうことができた。

本書は、このように一〇年余りの月日をかけて、試行錯誤しながら積み上げてきた成果の一つである。本書の完成に至るまでの間、私がお世話になった方々は数え知れない。景観人類学という新しい分野を選び、長期のフィールドワークが難しい中国で調査をおこなってきたため、これまで多くの困難に直面した。だが、多くの方々からいただいたご指導・ご協力のおかげで困難を乗り越えることができた。本書執筆にあたりこれまでお世話になった方々、格別にご指導・ご協力を賜った方々の全ての名前を挙げることはできないが、この場を借りて謝辞を述べさせていただきたい。

まず、二〇〇六年度から現在に至るまでお世話になった西関のキー・インフォーマント、および西関社区の住民の皆様、そして区政府、社区役場、Uクラブのスタッフの皆様に心からお礼を申し上げたい。プライバシーの関係からお名前を挙げることができないのは残念であるが、見知らぬ外国人である私に親切に接してくれた皆様のお心に感謝申し上げる。

もちろん、西関の調査にあたってお世話になったのは、現地の方々だけではない。中山大学人類学部の教員と学生には格別にお世話になった。特に、麻国慶先生には、留学時代に受け入れ教官になっていただき、さまざまな面でサポートしていただいた。王建新先生、周大鳴先生、劉昭瑞先生、張応強先生、何国強先生、劉志楊先生にも多くのアドバイスをいただいた。また、嘉応大学客家研究所の房学嘉先生には、外国人が就職するのが困難な時勢のなかで私の就業に尽力してくださり、中国において研究活動を続ける土台をつくっていただいた。同研究所の肖文評先生、宋徳剣先生、鐘晋蘭先生、夏遠鳴先生、冷剣波先生は歴史学と客家研究の視点から私の研究に対してアドバイスをしてくださり、本書執筆に際しても多くの示唆を与えていただいた。同様に、韓山師範大学の黄挺先生、贛南師範大学の羅勇先生、周建新先生、韓国大田大学の文智成先生をはじめとする多くの先生方から、ご助言や励ましの言葉などをいただいた。

西関でのフィールドワークでは、調査補助をしていただいた陳カンナさんにご助力いただいた。当時、中山大学英語科の学生であった陳カンナさんは、中国語や広東語だけでなく、英語、日本語、潮州語にも長けており、私の広東語が不十分であった前半期には通訳までしていただいた。彼女の明るく活発な性格が幸いして、調査のルートを大きく切り拓くことができた。その後、私が一人でフィールドワークできるようになってからも、時々調査補助を引き受けていただいた。さらに、彼女の出身地である潮汕地域でも、通訳を積極的に申し出ていただけた。本書のデーターには、陳カンナさんとの共同調査による成果も多分に含まれている。深く感謝申し上げたい。

本書の研究は、東京都立大学社会人類学専攻の先生方の指導の下でおこなわれたものである。修士課程・博士課程に在籍した八年間、指導教官である渡邊欣雄先生には並々ならぬご指導を賜った。風水や漢族の研究で有名な渡邊先生には、日本では馴染みの薄い人工環境の人類学や景観人類学の内容に理解を示していただき、いつも適切なアドバイスをいただいた。また、長野、沖縄、広州、梅州、贛州などでは、フィールドワークの仕方についても、現地指導をしていただいた。また、伊藤眞先生には、西関、梅州や香港などで調査をご一緒させていただき、現地調査について、多くのご指導を賜った。他方、故人となられた大塚和夫先生には、景観人類学の理論的基盤であるポストモダン空間論を紹介していただいた。同じく大学院在学中に、棚橋訓先生からも関連の理論面でのご指導をいただいた。大塚先生と棚橋先生のご指導がなければ、景観人類学という馴染みの薄い分野に取り組むのは困難であったかもしれない。

また、東京都立大学（首都大学東京）社会人類学研究室の鄭大均先生と何彬先生には、学位論文審査の副査としてさまざまな方面からアドバイスをいただいた。そして、同研究室の高桑史子先生、綾部真雄先生、石田慎一郎先生、澤井充生先生をはじめとする諸先生、先輩、同期、後輩の諸氏からは、多くのご助力をいただいた。ここに記して感謝申し上げる。

本書の執筆にあたり、貴重な助言や知的刺激を与えてくださったのは、東京都立大学（首都大学東京）社会人類学研究室の教員・院生にとどまらない。まず、学部在学中よりお世話になっている對馬路人先生（関西学院大学）、浜口尚先生（園田学園女子大学短期大学部）、佐々木伸一先生（京都外国語大学）には研究などさまざまな面でサポートいただいた。なかでも、佐々木伸一先生には、文部科学省補助金調査『中国東南部における宗教の市場経済化に関する調査研究』の調査協力者として、広東省の民俗宗教について調査する機会を与えていただいた。本書では、民俗宗教そのものは扱わなかったが、本書第八章に収録した北帝誕生祭の研究は、この調査プロジェクトの支援のもとで進めたものである。加えて、同プロジェクトの研究分担者であった志賀市子先生（茨城キリスト教大学）は私の博士論文にも目を通していただき、改稿点について貴重なご助言をいただいた。また、中生勝美先生（桜美林大学）からは、中国に来られる度に励ましの言葉をいただいた。さらに、本書推敲の段階で、末成道男先生（東洋文庫）と瀬川昌久先生（東北大学）からは、中国研究にまつわるさまざまなご意見やアドバイスをいただくことができ、本書の執筆の参考にさせていただいた。

その他、川口幸大さん（東北大学）、長沼さやかさん（日本学術振興会）、奈倉京子さん（静岡県立大学）、稲澤努さん（東北大学）など、中山大学に留学した同世代の人類学者には、広東省の調査事情や研究動向などについてご教示いただいた。加えて、藤野陽平さん（日本学術振興会）や櫻田涼子さん（京都大学）らとともに結成した「東アジア人類学研究会」で討論した内容は、本書に多くの知的な刺激と啓発を与えてくれた。また、首都大学東京博士課程の阿部朋恒君と同博士課程の川瀬由高君には、本書を草稿の段階で読んでいただき、ご意見をいただいた。関連各分野の教職員だけでなく大学院生など、広い層に読んでいただけることを希望している本書では、彼らの意見をいただけたのは有意義であった。その他、本書の執筆にあたって研究面と生活面の双方で常に支えてくれた家族にも感謝の意を表しておきたい。オセアニア研究者でもある父からは、本書第一章のオセアニアをめぐる記述などについて助言をいただいた。また母と二人の弟には生活のさまざまな側面でサポートをしてもらった。

本研究は、今まで記してきた大勢の方々のご指導と支援なくしては成しえなかったものである。ここにお名前をあげられなかった大勢の人を含め、今までご教示・ご協力をいただいたすべての方々に、改めて御礼申し上げたい。本書が、皆様のご指導やご期待に、少しでも応えるものになっていれば幸いである。

最後になるが、風響社の石井雅氏には、本書の企画の段階より多大なるお力添えをいただいた。本書の出版は、石井氏のご好意とご尽力なしにはなしえなかったものである。心より感謝申し上げたい。

二〇一二年八月二四日　大阪・千里万博公園にて

河合洋尚

参考文献

〈日本語文献（五十音字順）〉

青柳清孝

一九九七「中国の都市――農村研究をめぐって」綾部恒雄・青柳まちこ編『民族学コラージュ――共同体論その他』リブロポート、一三―三八頁

荒山正彦

二〇〇四「近代日本における風景論の系譜」松原隆一郎ほか編『〈景観〉を再考する』青弓社、八一―一二〇頁

飯島典子

二〇〇七『近代客家社会の形成――「他称」と「自称」のはざまで』風響社

伊藤眞、何彬

二〇〇八「中国広東省における高齢者と帰国華僑――広州市・梅県・新興県での調査」伊藤眞編『高齢化社会から熟年社会へII』平成十九年度傾斜的科研費研究成果報告書、五八―七四頁

稲澤　努

二〇一〇「消される差異、生み出される差異――広東省汕尾の『漁民』文化のポリティクス」『海港都市研究』五：三―二三頁

王　建新

二〇〇七「宗教文化類型論の可能性――中国民族学・人類学における民族研究の理論モデル再考」『超域文化科学紀要』一二：二九―六五頁

大杉高司

二〇〇一「非同一性による共同体へ／において」杉島敬志編『人類学的実践の再構築――ポストコロニアル転回以降』世界思想社、二七一―二九六頁
小田　亮
一九九六「ポストモダン人類学の代価」『国立民族学博物館研究報告』二一（四）：八〇七―八七五頁
二〇〇四「共同体という概念の脱／再構築」『文化人類学』六九（二）：二三六―二四六
梶原景昭
一九八七「シンボル・シンボリズム」石川榮吉ほか編『文化人類学事典』引文堂、三八七―三八八頁
春日直樹
一九九六「訳者あとがき」『文化を書く』（春日直樹ほか訳）紀伊国屋書店、五〇〇―五〇六頁
片桐雅隆
二〇〇三『過去と記憶の社会学――自己論からの展開』世界思想社
片山　剛
二〇〇四「『広東人』誕生・成立史の謎をめぐって――言説と史実のはざまから」『大阪大学大学院文学研究科紀要』四四：一―三二頁
二〇〇六「中国史における明代珠江デルタ史の位置――漢族の登場とその歴史的刻印」『大阪大学大学院文学研究科紀要』四六：三七―六四頁
河合洋尚
二〇〇三『人為的構築環境（built environment）の社会人類学的研究――植民地期香港の都市計画と新界宗族による風水解釈の一考察』東京都立大学提出修士学位論文
二〇〇四「〈場所〉創出の重層性――沖縄久米島における御嶽再生活動をめぐって」『民俗文化研究』五：九三―一一一頁
二〇〇七a「中国人類学における『本土化』の動向――一九八〇年代以降の指針と実践」『唯物論研究』一〇〇：一〇七―一二四頁
二〇〇七b「客家風水の表象と実践知――広東省梅州市における囲龍屋の事例から」『社会人類学年報』三三：六五―九四頁
二〇〇八a「広州市西関区域における竜舟祭の市場経済化――都市景観再生計画下の象徴資本」『中国東南部における宗教の市場経済化に関する調査研究』（科学研究費補助金成果報告書、佐々木伸一代表）、一〇六―一三四頁

二〇〇八b「中国広州市における『私伙局』ブームの一考察――本地人と客家人によるサウンドスケープの再生」『民俗文化研究』九：五八―八三頁
二〇〇九『相律する景観――中国広州市の都市景観再生をめぐる人類学的研究』東京都立大学提出博士学位論文
二〇一〇a「都市景観の再生計画と住民の選択的参与――広州市の下町の事例から」小長谷有紀・川口幸大・長沼さやか編『中国における社会主義的近代化――宗教・消費・エスニシティ』勉誠出版、一五五―一八四頁
川口幸大
二〇〇四「龍舟競渡にみる現代中国の〈伝統文化〉――広東省珠江デルタのフィールドから」『中国21』二〇：二〇九―二二六頁
川田順造
二〇〇四『人類学的認識論のために』岩波書店
河本英夫
二〇〇六『システム現象学――オートポイエーシスの第四領域』新曜社
木岡伸夫
二〇〇七『風景の論理――沈黙から語りへ』世界思想社
興亜院政務部
一九三九『廣州ヲ中心トスル對外貿易事情』興亜資料（経済編）一七号
小林宏至
二〇〇五「客家土楼における風水理論の再考」東京学芸大学卒業論文
二〇〇七「〈械闘〉の歴史からみる客家土楼と地域社会」『民俗文化研究』八：一六九―一八二頁
小松和彦
一九九三「文庫版解説」『空間の経験――身体から都市へ』（山本浩訳）ちくま学芸文庫、四一三―四二四頁
蔡　驎
二〇〇五『汀江流域の地域文化と客家――漢族の多様性と一体性に関する考察』風響社
砂井紫里
二〇〇四「〈ローカルなもの〉と〈ローカルでないもの〉――ワット・プー地域の日常食事と食べ物の記憶」『文化人類学年報』一：四四―五三頁

佐々木信彰
　二〇〇五　「中国の産業集積」田坂敏雄編『東アジア都市論の構想』御茶の水書房、一七一―一八二頁
佐藤久夫
　一九九九　「世界の障害者施策――香港の障害者差別禁止条例」『月刊福祉』八二（二）：七八―八三頁
沢田ゆかり
　二〇〇二　「香港／都市の福祉における行政―市民関係」『アジ研ワールド・トレンド』七六：一二―一五頁
沈潔編
　二〇〇三　『社会福祉改革とＮＰＯの勃興――中国・日本からの発信』日本僑報社
鈴木正崇
　一九九四　「祭りと象徴」佐々木宏幹・村武精一編『宗教人類学――宗教文化を解読する』新曜社、七九―九四頁
角田幸彦
　二〇〇一　『景観哲学をめざして――場所に住む・場所を見る・場所へ旅する』北樹出版
瀬川昌久
　一九九三　『客家――華南漢族のエスニシティーとその境界』風響社
瀬川昌久編
　二〇〇三　『文化のディスプレイ――中国周縁地域の歴史と現在』風響社
関根康正編
　二〇〇四　『〈都市的なるもの〉の現在――文化人類学的考察』東京大学出版会
芹澤知広
　一九九七　「公共住宅・慈善団体・地域アイデンティティ――戦後香港における社会変化の一面」瀬川昌久編『香港社会の人類学』風響社、一三七―一六一頁
高島嘉巳
　二〇〇五　「中国の土地制度改革」田坂敏雄編『東アジア都市論の構想』御茶の水書房、八三―九六頁
田中重光
　二〇〇五　「広州――都市化と中国の近代都市計画のはじまり」『近代中国の都市と建築』相模書房、一一―四三頁
陳　立行

一九九四『中国の都市空間と社会的ネットワーク』国際書院
二〇〇〇「中国都市における地域社会の実像――〈単位〉社会から〈社区〉社会への転換」菱田雅晴編『現代中国の構造変動（四）社会―国家との共棲関係』東京大学出版会、一三七―一六四頁
鳥越皓之編
一九九九『景観の創造』昭和堂
中村良夫
一九八二『風景学入門』中公新書局
西井涼子・田辺繁治編
二〇〇六『社会空間の人類学――マテリアリティ・主体・モダニティ』世界思想社
西村正雄
二〇〇四「ラオスチャンパサックのランドスケープと記憶」『文化人類学年報』（早稲田大学）一：二一―三〇頁
二〇〇七a「序論」ラオス地域人類学研究所編『ラオス南部――文化的景観と記憶の探求』雄山閣
二〇〇七b「遺産と記憶――チャンパサックの世界遺産とその遺産管理のために」ラオス地域人類学研究所編『ラオス南部――文化的景観と記憶の探求』雄山閣
野上弥生子
一九五九「広州――見たこと聞いたこと」『世界』一五八：二二三―二三六頁
長谷川清
二〇〇八「都市のなかの民族表象――西双版納・景洪市における〈文化〉の政治学」塚田誠之編『民族表象のポリティクス――中国南部における人類学・歴史学的研究』風響社、三八九―四一八頁
費孝通編
二〇〇八『中華民族の多元一体構造』（西澤治彦・塚田誠之・曾士才・菊池秀明・吉開将人訳）風響社
深山直子
二〇〇四「久米島儀間における御嶽の神屋建立」『民俗文化研究』五：七八―九二頁
ベルク、オーギュスタン
一九九三「日本語版解説」イーフー・トゥアン『空間の経験――身体から都市へ』（山本浩訳）ちくま学芸文庫、四〇五―四一〇頁

麻　国慶
　二〇〇六「江村から世界へ——費孝通・社会人類学思想の解説」（河合洋尚訳）『文明21』一五：二九—五九頁
牧野　巽
　一九八五『中国の移住伝説——広東原住民族考』御茶の水書房
松田素二
　一九九六『都市を飼い慣らす——アフリカの都市人類学』河出書房新社
　二〇〇四「変異する共同体——創発的連帯論を超えて」『文化人類学』六九（二）：二四七—二七〇頁
水岡不二雄
　一九九四「英国人による香港植民地統治と空間の包摂——序説」『一橋大学研究年報　経済学研究』三五：一〇五—二〇五頁
茂木計一郎
　一九八七「客家土楼」『季刊民族学』一一—四：一一四—一二二頁
茂木計一郎ほか編
　一九八九『中国民居研究——客家の方形・環形土楼について』住宅総合研究財団
山岸　健
　一九九三『風景とはなにか——都市・人間・日常的世界』日本放送出版協会
山岸美穂、山岸建
　二〇〇四『音の風景とは何か——サウンドスケープの社会誌』日本放送出版協会
山口昌男
　一九七一「人類学的認識の諸前提」『人類学的思考』せりか書房、一一—三二頁
　一九八三「文化人類学と現象学」『文化の詩学Ⅰ』岩波現代選書、一八五—二一六頁
山下晋司
　二〇〇七「序——資源化する文化」山下晋司編『資源化する文化』（資源人類学②）引文堂、一三—二四頁
横山廣子
　一九九七「少数民族の政治とディスコース」青木保ほか編『民族の生成と論理』（岩波講座文化人類学）、一六七—一七八頁
吉田世津子（編）・浮田恵・中条健吾（著）

二〇〇六　『四国学院大応用社会学部社会調査実習B報告（九）――広州市番禺区沙湾鎮』（【漢訳版】河合洋尚訳）四国学院大学

吉岡政徳
二〇〇五　『反ポストコロニアル人類学――ポストコロニアルを生きるメラネシア』風響社

ラオス地域人類学研究所編
二〇〇七　『ラオス南部――文化的景観と記憶の探求』雄山閣

李　秀英
一九九九　「中国・香港の医療・社会福祉の現状」『月刊福祉』八二（四）：三四―三七頁

魯　雪娜
二〇〇八　「客家土楼住民の出稼ぎの実態と地域社会の変容」『アクロス』五：一六―三七頁

若林幹夫
二〇〇四　「都市の景観／郊外の景観」松原隆一郎ほか編『〈景観〉を再考する』青弓社、一五九―二一六頁

渡邊欣雄
一九七九　「客家人の飲食習慣」『談交』七：四四―四五頁
一九八六　「民俗的知識の動態的研究――沖縄の象徴的世界再考」『国立民族学博物館研究報告別冊』三：一―二六頁
一九九〇　『風水――気の景観地理学』人文書院
一九九一　『漢民族の宗教――社会人類学的研究』第一書房
二〇〇一　『風水の社会人類学――中国とその周辺比較』風響社
二〇〇八　「高齢者生活理解のための仕事論――沖縄・久米島を例とした理論仮説として」伊藤眞編『高齢化社会から熟年社会へⅡ』平成一九度傾斜的科研費研究成果報告書、一―一二頁

〈中国語文献（ピンイン順）〉
安宇、沈山編
二〇〇五　『和諧社会的区域文化戦略』中国社会科学出版社

陳　彤
二〇〇五　『広東行知書』広東旅遊出版社

陳広万、曾新
一九九四「発揮広州名城特色、促進国際大都市旅遊業」広州市人民政府辦公庁名城中心・広州歴史文化名城研究会編『広州名城保護与現代化国際大都市建設』広東人民出版社、一四七―一五四頁
陳鴻釣
二〇〇三「広州西関在粤劇発展史上的重要地位」『嶺南文史』四：三三―三六頁
陳華新
一九九八「論西関文化在嶺南文化中的地位」広州市茘湾区地方志編纂委員会辦公室編『別有深情寄茘湾――広州西関文化研討会文選』広東省地図出版社、三九―四七頁
陳敬堂
一九九四「開発広州宗教文化旅遊、加促国際化大都市建設」広州市人民政府辦公庁名城中心・広州歴史文化名城研究会編『広州名城保護与現代化国際大都市建設』広東人民出版社、一五五―一五七頁
陳韶雯
二〇〇七「対広州市〈北優〉発展戦略的思考」『特区経済』一：四四―四五頁
陳運棟
一九八三『客家人』聯亜出版社（初版：一九七八年）
陳澤泓
一九九三「西関大屋亟待保護」広州市人民政府辦公庁名城中心・広州歴史文化名城研究会編『広州名城保護与現代化国際大都市建設』広東人民出版社、一〇九―一一四頁
一九九八「南国名園　海山仙館」「西関文化的継承与刷新」広州市茘湾区地方志編纂委員会辦公室編『別有深情寄茘湾――広州西関文化研討会文選』広東省地図出版社、一三一―一四四頁
一九九九『嶺南建築志』広東人民出版社
陳支平
一九九七『客家源流新論』広西教育出版社
程美宝
二〇〇一「地域文化与国家認同――晩清以来『広東文化』観的形成」楊念群編『空間・記憶・社会転型――「新社会史」研究論文精選集』上海人民出版社、三八七―四一七頁

二〇〇六　『地域文化与国家認同——晩清以来『広東文化』観的形成』生活・読書・新知三聯書店

崔婉瑞
二〇〇七　「関於荔湾区危房改造的現状与発展的思考」『広東建材』三：一四三—一四四頁

鄧其生
一九九四　「作為現代化国際大都市的広州名城風貌」広州市人民政府辦公庁名城中心・広州歴史文化名城研究会編『広州名城保護与現代化国際大都市建設』広東人民出版社、四五—五四頁

鄧圻同
二〇〇一　『荔園風華』中国文連出版社

丁培強
一九九八　「西関文化的継承与刷新」広州市荔湾区地方志編纂委員会辦公室編『別有深情寄荔湾——広州西関文化研討会文選』広東省地図出版社、六一—六五頁

董健梅
一九九六　「広東対外貿易与近代化」『羊城今古』五五：一〇—一五

飯島典子・河合洋尚
二〇一一　「日本的客家研究及其課題——歴史学・人類学方向」『客家学刊』二：三七—六〇

房学嘉
一九九六　『客家源流探奥』武陵出版有限公司

房学嘉・肖文評・周建新・宋剣徳編
二〇〇一　『客家文化導論』嘉応大学客家研究所

費孝通
一九九八　「略談我学習和研究中国社会学与人類学的経歴和体会」喬建編『社会学・人類学在中国的発展』新亜書院、一—二〇頁

管　華
二〇〇二　『嶺南文化的特点及其成因』中共広東校提綱滙編

関履権
一九九四　『宋代広州海外貿易』広州人民出版社

関啓明（選注）

　二〇〇〇　『広州茘湾詩釗百首』広州市城高有限公司

　二〇〇二　『広州茘湾文釗』広州茘湾博物館

　二〇〇五　『広州茘湾詞選』広州市城高有限公司

龔方方

　二〇〇二　『広州市茘湾区街道演変的初歩研究』中山大学地理学系修士論文

『広州街鎮大全』編委会編

　一九九八　「茘湾区」『広州街鎮大全』広東旅遊出版社、六八一一一六七頁

『広州市区街鎮大全』編委会編

　一九九七　「茘湾区」『広州市区街鎮大全』広東高等教育出版社、三三八―四六四頁

広東民族研究所編

　二〇〇七　『広東民族識別資料滙編――懐集県〈標話〉集団調査資料与龍門藍天瑶族調査』民族出版社

広州市地方志辦公室編

　二〇〇三　『広州近現代大事典』広州出版社

広州市茘湾区地方志編纂委員会辦公室編

　一九九四　『茘湾大事記』広東人民出版社

　一九九六　「小議茘湾風情」『羊城今古』一：五三―五八頁

　一九九七　『広州西関風華』広東省地図出版社

　一九九八ａ　『広州市茘湾区志』広東人民出版社

　一九九八ｂ　『別有深情寄茘湾――広州西関文化研討会文選』広東省地図出版社

　二〇〇四　『広州市茘湾区商貿文化旅遊年鑑』広東経済出版社

広州市茘湾区逢源街道辦事処・広州市茘湾区地方志編纂委員会辦事処編

　二〇〇六　『西関逢源』華南理工大学出版社

広州市茘湾区人口普査辦公室編

　二〇〇二　『広州市茘湾区二〇〇〇年人口普査資料』広州市茘湾区

広州市統計局ほか編

一九九五　『広州人口志』中国統計出版社
二〇〇五　『広州統計年鑑二〇〇四』中国統計出版社
広州市人民政府辦公庁名城中心・広州歴史文化名城研究会編
一九九四　『広州名城保護与現代化国際大都市建設』広東人民出版社
広州市文史研究館編
二〇〇六　『羊城風華録』花城出版社
国家統計局城市社会経済調査総隊編
二〇〇五　『中国城市統計年鑑二〇〇四年』中国統計出版社
郭　謙
二〇〇二　「重現街巷景観――倡導加速進行広州街巷体系研究」『新建築』五：六二―六三頁
郭暁瑩
二〇〇七　「従人的行為探討広州西関伝統公共空間設計」『山西建築』三三（一九）：三五―三六頁
何　薇
二〇〇四　「略論西関在広州中西文化交流中的歴史地位」『広州大学学報（社会科学版）』三（三）：一七―二二頁
何少雲
二〇〇八　「西関大屋之功能設計」『広東建材』五：一五四―一五六頁
河合洋尚
二〇〇八c　「日本客家民間信仰研究之我見――従〈空間―場所〉論的観点来看」『贛南師範学院学報』二九（一）：六―一二頁
二〇〇八d　「走向囲龍屋的多元分析――河源伝統民居初探」嘉応大学客家研究院編『粤東客家地域社会与文化学術討論会論文集』中共河源市宣伝部
二〇一〇b　「客家建築与文化遺産保護――囲繞客家人与現代生活的景観人類学研究」呉善平編『客家河源与天下客家』黒竜江人民出版社
二〇一二　「客家建築与文化遺産保護――景観人類学視覚」『学術研究』（印刷中）
黄愛東西
一九九九　『老広州』江蘇美術出版社

黄萼輝
　一九九八「重振荔枝湾風采的設想」広州市荔湾区地方志編纂委員会辦公室編『別有深情寄荔湾——広州西関文化研討会文選』広東省地図出版社、一一八—一二二頁
黄漢民
　一九九四『福建土楼』台湾漢声出版公司
黄佛頤・仇江編
　一九九四『広州城坊志』広州人民出版社
黄漢民
　一九九四『福建土楼』台湾漢声出版公司
黄淑娉編
　一九九九『広東族群与区域文化研究』広東高等教育出版社
黄旭波
　二〇〇六「浅談日本福岡愛藍島城中央公園国際交流庭園」『広東園林』二八（一）：二一—二二頁
黄暁蕙
　二〇〇六「論佛山祖廟北帝誕祭祀儀式及其価値功能」『佛山科学技術学院学報（社会科学版）』二四（三）：五八—六二頁
姜永興
　一九九七「論広州西関在広府文化中的地位」『広東史志』五四：二—六頁
金開誠編
　二〇一〇『嶺南文化』吉林出版集団有限責任公司
科大衛・劉志偉
　二〇〇〇「宗教与地方社会的国家認同」『歴史研究』第三期：三—一四頁
孔丘編
　二〇〇六「大雅・生民之什」『詩経』北京出版社、三一二—三一五頁
鄺綺玲
　二〇〇二「展示西関民俗風情、引揚民族文化——記荔湾区第三届北帝誕民間民俗文化活動」『羊城今古』八八：五〇頁
頼載華

頼際熙
二〇〇〇「広州荔湾区的旧城改造与房地産開発」『南方房地産』四：二一―二二頁
一九二四『崇正同仁系譜』香港崇正総会
李大華、周翠玲
二〇〇五『広州的深度組合』広東教育出版社
李江帆・卒闘闘・金瑜・江波
二〇〇三「河源市旅遊業発展定位与対策分析」『広東発展導刊』第二期：四六―五〇頁
李立勛
一九九八「商貿旅遊区――広州市荔湾区経済発展的新取向」『熱帯地理』一八（二）：一八二―一八七頁
李培林
二〇〇四『村落的終結――羊城村的故事』商務印書館
李権時
一九九三『嶺南文化』広東人民出版社
李穗梅
一九九八『広州旧影』人民美術出版社
李星星
二〇〇五「論〈民族走廊〉及〈二縦三横〉格局」『中華文化論壇』三：一二四―一三〇頁
李暁雲
一九九四「広州建設現代化国際大都市的問題与対策」『羊城今古』四七：六一―六四頁
李躍寧
二〇〇六「西関情懐」『広東建築装飾』三：六一―六五頁
李仲偉、林子雄、倪俊明編
二〇〇〇『広州文献書目提要』広東人民出版社
黎熙元、童暁頻、蒋康雄
二〇〇六『社区建設――理念、実践与模式比較』商務印書館
黎子流

一九九四「広州現代化国際大都市建設中心必須做名城保護工作」広州市人民政府辦公庁名城中心・広州歴史文化名城研究会編『広州名城保護与現代化国際大都市建設』広東人民出版社、三―一一頁
連玉明編
二〇〇五『中国城市年度報告　二〇〇四』中国時代経済出版社
梁基永
二〇〇四『西関風情』広東人民出版社
梁儼然
二〇〇〇『城西旧事』作家出版社
廖炳恵編
二〇〇六『関鍵詞二〇〇――文芸与批評研究的通用詞滙編』鳳凰出版伝媒集団
廖汝忠
一九九四「荔湾区与荔枝湾」広州市荔湾区地方志編纂委員会辦公室編『広州西関風華』広東省地図出版社、一―四頁
林樹森、戴逢、施紅平、王蒙徽、潘安
二〇〇六『規劃広州』中国建築工業出版社
林維迪
一九九六「西関雑記」羅雨林編『荔湾風采』広東人民出版、六五―八一頁
林耀華
一九八五「中国経済文化類型」『民族学研究』中国社会科学出版社、一〇四―一四二頁
劉克毅
二〇〇一「龍舟文化浅析」『湖北社会科学』六：三四頁
劉聖宜
二〇〇四『近代広州社会与文化』広東高等教育出版社
劉志偉
一九九四「神明的正統性与地方化――関於珠江三角洲北帝崇拝的一個解釈」『中山大学史学集刊』二：一〇七―一二五頁
一九九五「大族陰影下民間祭祀――沙湾的北帝崇拝」『寺廟与民間文化研討会論文集』行政院文化建設委員会・漢学研究中心、七〇七―七二二頁

参考文献

劉志文
二〇〇〇『広州民俗』広東省地図出版社
荔湾区地方志辦公室
二〇〇三「荔湾風情多姿彩」『羊城今古』九一：二六—二八頁
陸　琦
二〇〇〇「広州・西関」『広東建築装飾』六：五六—六〇頁
二〇〇三「広州西関民居保護規劃研究」『新建築』三：一三—一七頁
盧文魏
一九八八「広州西関大屋」『南方建築』三
羅香林
一九二九「広東民族概論」『民俗周刊』六三
一九九二『客家研究導論』上海文芸出版（初版：一九三三年）
羅雨林編
一九九六『荔湾風采』広東人民出版社
馬　楠
二〇〇二「西関大屋——嶺南民居建築的瑰宝」『神州民俗』二六：一四—一五
馬　強
二〇〇六『流動的精神社区——人類学視野的広州穆斯林哲瑪堤研究』中国社会科学出版社
馬向新
二〇〇七「鄺思雁情牽西関小姐」『新経済』六：八〇—八三頁
蒙丹珍
二〇〇七「利用西関大家資源、開発美術地方課程」『広東教育』六、五二—五三頁
倪錫英
一九三六『都市地理小叢書　広州』中華書局
潘　安
一九九六「広州城市伝統民居考」『華中建築』一四（四）：一〇四—一〇七頁

潘広慶
一九九三「重遡広州風情画——旧城西関茘枝湾之改造与保護」広州市人民政府辦公庁名城中心・広州歴史文化名城研究会編『広州名城保護与現代化国際大都市建設』広東人民出版社、九八—一〇三
皮遠長編
二〇〇〇『荊楚文化』武漢大学出版社
屈大均
二〇〇六『広東新語』（清代史料筆記）中華書局
饒展雄
二〇〇五「広州地区〈蛋家〉人」『羊城今古』一：一一—一九頁
阮桂城
二〇〇三「浅談西関文化」『嶺南文史』二：一五—一九頁
二〇〇四「西関大屋与西関文化」『嶺南文史』一：一六—一八頁
石立萍
二〇〇四「浅談西関民俗文化的源流与特色」『西関文博』二：一—五頁
司馬尚紀・江金波
二〇〇二「梅州市名城文化景観的保護与開発研究」『熱帯地理』二二（四）：三三五—三四〇頁
孫玉琴
二〇〇一「延展・公平・卓越」『中国民政』九：四九—五一頁
譚白薇
二〇〇三『西関小姐』広東人民出版社
湯　芸
二〇〇七「社会記憶・景観・叙事」王銘銘編『中国人類学評論（二）』世界図書出版公司、二四五—二五五頁
王衛紅
一九九四「簡述広州歴史文化名城保護規劃」広州市人民政府辦公庁名城中心・広州歴史文化名城研究会編『広州名城保護与現代化国際大都市建設』広東人民出版社、一一二—一一六頁
魏清泉

一九九七　『広州金花街旧城改造研究』中山大学出版社
温昌衍
二〇〇三　「略論粤中客家地区『蛇語』的性質及得名縁由」『客家研究輯刊』二三：二八―二九頁
温墨縁
二〇〇五　「広州西関都市景観文化的伝承和発展」『広東園林』二七（六）：六―八頁
文史組
一九九六ａ　「関於加強対広州西関大屋及其民俗風情的保護、開発、利用的意見」羅雨林編『荔湾風采』広東人民出版社、三―九頁
一九九六ｂ　「関於開僻荔湾文物文化旅遊線的建設」羅雨林編『荔湾風采』広東人民出版社、一〇―一六頁
一九九六ｃ　「荔枝湾史話」羅雨林編『荔湾風采』広東人民出版社、四六―五五頁
呉敏、王衛紅
二〇〇七　「広州西関伝統風貌分析及保護性開発建議研究」『中外建築』一〇、六七―六九頁
肖文評
二〇〇八　「明清之際粤東大埔県白堠村民間信仰与社会変遷」『客家研究輯刊』三二一：一三三―一三四頁
小林宏至
二〇〇九　「再次考慮『福建土楼』与『祠堂』的学説的分析」嘉応大学編『解読客家歴史与文化――人類学視野」論文集（下）』（第一六回国際人類学民族学大会プロシーディングス）
謝　剣
一九八九　『応用人類学』桂冠図書股份有限公司
徐南鉄、曾志編
一九九九　『広州旅遊百科』広東教育出版社
徐傑瞬編
一九九九　『雪球――漢民族的人類学分析』上海人民出版社
徐俊鳴
一九八四　『広州史話』上海人民出版社
徐耀勇

二〇〇五『荔湾区治安状況分析与治安対策研究』中山大学公共管理学修士論文
許永舜、周軍
一九九九『西関文化的形成――特点和影響』広東省地図出版社
楊宝霖
一九九八「広州地区荔枝史話」『羊城今古』一〇：二八―三六頁
楊万秀・鐘卓安編
一九九六『広州簡史』広州人民出版社
楊万秀
一九九八「引揚西関文化　服務現代化建設」広州市荔湾区地方志編纂委員会辦公室編『別有深情寄荔湾――広州西関文化研討会文選』広東省地図出版社、一一―一六頁
姚一民、談錦釗
二〇〇四「広州〈城中村〉転型和社区発展調研」『規劃師』二〇：八―一二頁
葉春生
二〇〇〇『嶺南民俗文化』広東高等教育出版社
葉錦詳
二〇〇七「広州荔湾――社区党建新探索」『社区』〇五S、一一―一二頁
葉曙明
一九九九『広州旧事』南方日報出版社
尹海林
二〇〇五『都市景観管理研究――以天津市為例』華中科技大学出版社
曾奇明
二〇〇〇「広州市危房改造実現歴史性突破」『南方房地産』四：二二―二三頁
曾応楓
二〇〇三『俗話広州』広州出版社
曾昭璇、曾憲珊
一九九六「西関地域変遷史」羅雨林編『荔湾風采』広東人民出版社、一九―四〇頁

張建明
　二〇〇三『広州城中村研究』広東人民出版社
張暁春
　二〇〇六『文化適応与中心転移――近現代上海空間変遷的都市人類学研究』東南大学出版
張顥瀚
　二〇〇五「社会転型与文化価値和戦略重構成」安宇・沈山編『和諧社会的区域文化戦略』中国社会科学出版社、一―一三頁
張　研
　二〇〇六『広州荔湾歴史街区文化保護与規劃実証研究』中山大学地理学系修士論文
張月瓊
　二〇〇八「広州〈中調〉戦略背景下荔湾特色文化旅遊発展探析」『探求』一七九：五五―五九頁
中共広州市委党校荔湾分校「城中村」調査課題組
　二〇〇七「広州市荔湾区〈城中村〉的現状調査及其評析」『探求』一六九：三一―三八頁
鐘肇鵬編
　二〇〇一「真武大帝」『道教小辞典』上海辞書出版社、一六一―一六二頁
鐘俊鳴、曾宝権編
　二〇〇一『走進西関』広東人民出版社
鐘群蓮
　二〇〇七「引揚西関文化伝統、創建特色品牌学校」『広東教育』七・八：一五―一六頁
周翠玲
　一九九八「論西関文化的民俗学意義」広州市荔湾区地方志編纂委員会辦公室編『別有深情寄荔湾――広州西関文化研討会文選』広東省地図出版社、四八―五三頁
周　軍
　二〇〇四a『歴史街区保護和復興的地理学研究――以広州西関民居民俗風情区為例』中山大学地理学系博士論文
　二〇〇四b「引揚嶺南文化――談広州西関城市建設」『規劃師』二〇―三：五八―六〇頁
周　霞
　二〇〇五『広州城市形態演進』中国建築工業出版社

朱伯強
二〇〇二「広州西関民居建築——西関大屋、騎楼和茶楼建築」『中外建築』六：三七—三八頁

朱光文
二〇〇五『嶺南水郷』広東人民出版社

朱小丹・呉慶洲
二〇〇〇『広州建築』広東省地図出版社

庄英章・高怡萍
二〇〇九「全球視野中的客家研究」『客家研究』創刊号：九四—一〇三

鄒魯・張煊
一九三二『漢族客福史』国立中山大学出版部（初版：一九一〇年）

〈英仏独語文献（アルファベット順）〉

Althabe, Gérard
1984 *Urbanisme et rehabilitation symbolique*. Paris: Ivry, Bologne, Amiens.
1998 "Ethnologie du contemporain et enquete de terrain," In G. Althabe et M. Selim, *Démarches Eethnologiques au Présent*. Paris: L'Hrmattan, pp. 37-47

Appadurai, Arjun
1988 "Introduction: Place and Voice in Anthropological Theory." *Cultural Anthropology* 3: 16-20
1995 "The Production of Locality," In R, Fardon (ed.), *Counterworks: Managing the Diversity of Knowledge*, London and New York: Routledge, pp. 204-225

Augé, Marc
1992 *Non- lieux: Introduction à une anthropologie de la surmodernité*. Paris: éditions du seuil.
1999 An Anthropology for Contemporaneous Worlds. translated by Amy Jacobs, Stanford Unirersity Press

Bahloul, Joelle
1992 *La maison de memoire: ethnologie d'une demeure judeoarade en Algerie*. Edition Metailie

Balzani, Marzia

2001 "Pilgrimage and Politics in the Desert of Rajasthan." In B. Bender and M. Winner (eds.) *Contested Landscapes: Movement, Exile and Place.* Oxford and New York: Berg, pp. 211-224

Basso, Keith H.

1997 "Wisdom Sits in Places: Notes on a Western Apache Landscape." In S. Feld and K. H. Basso (eds.) *Senses of Place.* Santa Fe, New Mexico: School of American Research Press, pp. 53-90

Basu, Paul

2001 "Hunting Down Home: Reflections on Homeland and the Search for Identity in the Scottish Diaspora," In B. Bender and M. Winner (eds.) *Contested Landscapes: Movement, Exile and Place.* Oxford: Berg, pp. 333-348

Bender, Barbara

1992 "Theorizing Landscapes, and the Prehistoric Landscapes of Stonehenge," *Man* 17: 735-755

1993a "Introduction: Landscape, Meaning and Action." In B. Bender (ed.) *Landscape: Politics and Perspectives.* Oxford: Berg, pp. 1-18

1993b "Stonehenge: Contested Landscape." In B. Bender (ed.) *Landscape: Politics and Perspectives.* Oxford: Berg, pp. 245-279

2001 "Introduction", In Bender and M. Winner (eds.) *Contested Landscapes: Movement, Exile and Place.* Oxford and New York: Berg, pp. 1-18

Bender, Barbara and M. Winner (eds.)

2001 *Contested Landscapes: Movement, Exile and Place.* Oxford: Berg

Bergson, Henri

1896 *Matiére et Mémoire.* Paris: Presses Universitaires de France〔ベルクソン、H／田島節夫訳（二〇〇一）『ベルクソン全集（二）物質と記憶』白水社〕

Benjamin, Walter

1969 *Ursprung des Deutschen Trauerspiels.* Frankfurt am Main: Suhrkamp〔ベンヤミン、W／岡部仁訳（二〇〇一）『ドイツ悲劇の根源』講談社〕

1982 *Das PassagenWerk,* Frankfurt am Main: Suhrkamp〔ベンヤミン、W／今村仁司・三島憲一ほか訳（一九九四）『パサージュ論（三）』岩波書店〕

Bourdieu Pierre

1980 *Le sens pratique*. Paris: Éditions de Minuit［ブルデュー、P／今村仁司ほか訳（一九八八）『実践感覚I』みすず書房］
1984 *La distinction: Critique sociale du jugement*. Paris: Éditions de Minuit［ブルデュー、P／石井洋二郎訳（一九九〇）『ディスタンクシオン』藤原書店］

Bourdieu Pierre et Boltanski
1976 *La production de l, idéologie dominate*. ARSS, jiin, pp. 3-71

Boxer, B.
1968 "Space, Chang and Feng-Shui in Tauen Wan's Urbanization," *Journal of Asian and African Studies*. 3 (3/4): 226-240

Bryson, Norman and Michael A. Holly and Keith Moxey (eds.)
1994 *Visual Culture: Images and Interpretations*. Hanover: Weleyan University Press

Butler, Beverley
2001 "Egypt: Constructed Exiles of the Imagination." In B. Bender and M. Winner (eds.) *Contested Landscapes: Movement, Exile and Place*. Oxford and New York: Berg, pp. 303-317

Caftanzoglou, Roxane
2001 "The Shadow of the Sacred Rock: Contrasting Discourses of Place under the Acropolis." In B. Bender and M. Winner (eds.) *Contested Landscapes: Movement, Exile and Place*. Oxford and New York: Berg, pp. 21-35

Casey, Edward
1993 *Remembering: A Phenomenological Study*. Bloomington: Indiana University Press

Cassirer, Ernst
1944 *An Essay on Man: An Introduction to a Philosophy of Human Culture*. Yale University Press［カッシーラー、E／宮城音弥訳（一九九七）『人間――シンボルを操るもの』岩波書店］

Castells, Manuel
1977 *Urban Question*. Cambridge. MIT Press (translated by Alan Sheridan)
1999 *Global Economy, Information Society, Cities and Regions*. Tokyo: Aoki Books［カステル、M／大澤善信訳（一九九九）『都市・情報・グローバル経済』青木書店］

Castells, Manuel and L. Goh and Kwok R.
1990 *The Shek Kip Mei Syndrome: Economic Development and Publish Housing in Hong Kong and Singapore*. Pion Limited

Chakrabarty, Dipesh
1998 “Reconstructing Liberalism? : Notes toward a Conversation between Area Studies and Diasporic Studies”, *Public Culture* 10 (3): 457-458

Champagne, Patric
1990 *Faire l’opinion: Le nouveau politique*. Paris: Édition de Minuit. 〔シャンパーニュ、P／宮島喬訳（二〇〇四）『世論をつくる——象徴闘争と民主主義』藤原書店、二〇〇四年〕
1997 “Die Sicht der Medien.” In P. Bourdieu (ed.) *Das Elend der Welt*. Konstabz, pp. 75-86

Chandler, Daniel
2002 *Semiotics: The Basics*. London: Routledge (second edition)

Clifford, James
1986a “On Ethnographic Self Fashioning: Conrad and Malinowski,” In T. Heller and D. Wellberg and M. Sosna (eds.) *Reconstructing Individualism*. Stanford: Stanford University Press, 140-162
1986b “Introduction: Partial Truths.” In J. Clifford and G. . Marcus (eds.) *Writing Culture: the Poetics and Politics of Ethnology*. Berkeley: University of California Press, pp. 1-26 〔クリフォード、J／足羽与志子訳（一九九六）『文化を書く』紀伊国屋書店〕

Clifford, James and Geroge Marcus (eds.)
1986 *Writing Culture: the Poetics and Politics of Ethnology*. Berkeley: University of California Press

Cooney, Gabriel
1999 “Social Landscapes in Irish Prehistory.” In P. Ucko and R. Layton (eds.) *The Archaeology and Anthropology of Landscape: Shaping your Landscape*. Routledge, pp. 46-64
2001 “Brinqing Contemporary Baggage to Neolithic Landscapes.” In B. Bender and M. Winner (eds.) Contesred Landscapes: Morement, Ecle and Place. Oxford: Berg, pp. 165-180

Cosgrove, Daniel and P. Jackson
1987 “New Directions in Cultural Geography,” *Area* 19: 95-101

Crumley, Carole L. (ed.)
2001 *New Directions in Anthropology and Environment: Interactions*. Oxford: Altamira

Dawson, Andrew and Mark Johnson

2001 “Migration, Exile and Landscapes of the Imagination.” In B. Bender and M. Winner (eds.) *Contested Landscapes: Movement, Exile and Place*. Oxford: Berg, pp. 319-332

de Certeau, Miche

1980a *L'invetion du quotien: Art de faire*. Paris: Sur les press de l'Imprimerie［セルトー、M／山田登世子訳（一九八七）『日常的実践のポイエティーク』国文社］

1980b *La culture au pluriel*. Paris: Christian Bourgois［セルトー、M／山田登世子訳（一九九〇）『文化の政治学』岩波書店］

Derrida, Jacques

1967a *L'écriture et la différence*. Paris Editions du Seuil［デリダ、J／若桑毅ほか訳（一九七七）『エクリチュールと差異』法政大学出版局］

1967b *De la grammatologie*. Paris: Editions de Minuit［デリダ、J／足立和浩訳（一九七二、一九七六）『根源の彼方に―グラマトロジーについて』現代思想新社］

1971 “Signature, événement, contexte,”［デリダ、J／高橋允昭訳（一九八八）「署名・出来事・コンテクスト」『現代思想』五、：一二一―四二］

Descola, Pillipe and Gisli Palsson

1996 “Introduction.” In P. Descola and G. Palsson (eds.) *Nature and Society: Anthropological Perspectives*. Routledge

Dresh, Paul K.

1988 “Segmentation: Its Roots in Arabia and its Flowering Elsewhere,” *Cultural Anthropology*, 3/1: 50-67

Duncan, James.

1990 *The City of Text: The Politics of Landscape Interpretation in the Kandyan Kingdom*. Cambridge: Cambridge University Press, chapter 2, p. 11-24［ダンカン、J／西部均訳（二〇〇六）「意味付与の体系としての景観」『空間・社会・地理思想』一〇、八四―九六頁］

Durkheim, Emile

1912 *Les formes elementaries de la vie religieuse*［デュルケーム、E／古野清人訳（一九四二）『宗教生活の原初形態（上）』岩波書店］

Eco, Umberto

1976 *A Theory of Semiotics*［エーコ、U／池上嘉彦訳（一九八〇）『記号論』岩波書店］

Esposito, Elena.

1996 “Observing Interpretation: A Sociological View of Hermeneutics,” *Modern Language Notes*, 111: 593-619

2002 *Soziales Vergessen. Formen und Medien des Gedächtnisses der Gessellschaft*, Frankfult/M.

Fabian, Johannes

1983 *Time and the Other: How Anthropology Makes its Objects*. New York: Colombia University Press.

Feld, Steven

1997 “Waterfalls of Song: An Acoustemology of Place Resounding in Bosavi, Papua New Guinea.” In S. Feld and K. H. Basso (eds.) *Senses of Place*. Santa Fe, New Mexico: School of American Research Press, pp. 91-136

Feld, Steven and K. H. Basso

1997 “Introduction.” In S. Feld and K. H. Basso (eds.) *Senses of Place*. Santa Fe, New Mexico: School of American Research Press, pp. 3-12

Feld, Steven and K. H. Basso (eds.)

1997 *Senses of Place*. Santa Fe, New Mexico: School of American Research Press

Feuchtwang, Stephan (ed.)

2004 *Making Place: State Projects, Globalization and Local Responses in China*. London: USL Press

Fisher, Christopher T. and Gary M. Feinman

2005 “Introduction to ‘Landscape over Time’,” *American Anthropologist* 107 (1): 62-69

Frank, Andre G.

1998 *Reorient: Global Economy in the Asian Age*［フランク、A・G／山下範久訳（二〇〇二）『リオリエント』藤原書店］

Freedman, Mavrice

1966 Chinase Lineage and Society: Fukien and Kwangtong［フリードマン、M／田村克己・瀬川昌久訳（一九八七）『中国の宗教と社会』弘文堂］

Fullager, Richard and Lesley Head

1999 “Exploring the Prehistory of Hunter- gatherer Attachments to Place.” In Peter UCKO and Robert LAYTON (eds.) The Archaeology and Anthropology of Landscape: Shaping your Landscape. Routledge, pp. 322-335

Foucault, Michel

1969 *L'archeologie du savoir*. Paris: Gillimard［フーコー、M／中村雄二郎訳（一九七〇）『知の考古学』河出書房新社］

1970 *The Order of Things*. New York: Random House.［フーコー、M／渡辺一民・佐々木明訳（一九七四）『言葉と物——人文科学の考古学』新潮社］

1975 *Surveiller et punir: naissance de la prison*. Paris: Gillimard［フーコー、M／田村俶訳（一九七七）『監獄の誕生——監視と処罰』新潮社］

1989 "Space, Knowledge and Power," *Foucault Live: Collected Interview 1961-1984*, edited by S. Lotringer, Semiotext, pp. 335-347

1994 *Die te ecrits* 1954-1988.［フーコー、M／小林康夫・石田英敬・松浦寿輝編（二〇〇六）『フーコー・コレクション（三）言説・表象』ちくま学芸文庫］

Geertz, Clifford

1973 *The Interpretation of Cultures*. New York: Basic Books［ギアツ、C／吉田禎吾ほか訳（一九八七）『文化の解釈学』岩波書店］

1980 *Negara: The Theatre State in Nineteenth-century Bali*. Princeton, N. J.: Princeton University Press

Giddens, Anthony

1984 *The Constitution of Society*: Outline of the Theory of Structuration. Cambridge: Polity Press.

Gow, Peter

1995 " Land, People, and Paper in Western Amazonia", In E. Hirsch and M. O'Hanlon (eds.) *The Anthropology of Landscape: Perspectives on Place and Space*. Oxford: Clarendon Press, pp. 43-62

Gray, John

1999 "Open Spaces and Dwelling Places: Being at Home on Hill Farms in the Scottish Borders." *American Anthropologist* 26 (2): 440-460

2003 "Iconic Images: Landscape and History in the Local Poetry of the Scottish Borders." In P. J. Stewart and A. Strathern (eds.) *Landscape, Memory and History*. London: Pulto Press, pp. 16-46

Green, Nicholas

1995 "Looking at the Landscape: Class Formation and the Visual." In E. Hirsch and M. O'Hanlon (eds.) *The Anthropology of Landscape: Perspectives on Place* and Space. Oxford: Clarendon Press, pp. 31-42

Guo, Pei-yi

2003 “Island Builders: Landscape and Historicity among the Langalanga, Solomon Islands.” In P. J. Stewart and A. Strathern (eds.) *Landscape, Memory and History*. London: Pulto Press, pp. 189-209

Gupta, Akhil and Ferguson, James

1997 “Culture, Power, Place: Ethnography at the End of an Era,” A. Gupta and J. Ferguson (eds.) *Culture, Power, Place: Explorations in Critical Anthropology*. Durham and London: Duke University Press

Halbwachs, Maurice

1950 *La mémpire collective*.［アルヴァックス、M／小関藤一郎訳（二〇〇六）『集合的記憶』（第三版）行路社］

Harper, Janice

2003 “Memories of Ancestry in the Forests of Madagascar.” In P. J. Stewart and A. Strathern (eds.) *Landscape, Memory and History*. London: Pulto Press, pp. 89-107

Harvey, David

1978 “Urban Process under Capitalism,” *International Journal of Urban and Regional/ Research* 2: 101-31

1982 *The Limits to Capital*, Oxford; Basil Blackwell; and Chicago: University of Chicago Press［ハーヴェイ、D／松石勝彦・水岡不二雄訳（一九八九、一九九〇）『空間編成の経済理論——資本の限界（上・下）』大明堂］

1985 *The Urbanization of Capital*, Baltimore: Johns Hopkins University Press［ハーヴェイ、D／水岡不二雄監訳（一九九一）『都市の資本論——都市空間形成の歴史と理論』青木書店］

1990 *The Condition of Postmodernity*. Oxford: Blackwell［ハーヴェイ、D／吉原直樹訳『ポストモダニティの条件』（一九九九）青木書店］

Harvey, Penelope

2001 “Landscape and Commerce: Creating Contexts for the Exercise of Power”, In B. Bender and M. Winner (eds.) *Contested Landscapes: Movement, Exile and Place*. Oxford and New York: Berg, pp. 197-210

Hirsch, Eric

1995 “Landscape: Between Place and Space.” In E. Hirsch and M. O'Hanlon (eds.) *The Anthropology of Landscape: Perspectives on Place and Space*. Oxford: Clarendon Press, pp. 1-30

Hirsch, Eric and M. O'Hanlon (eds.)

1995 *The Anthropology of Landscape: Perspectives on Place and Space*. Oxford: Clarendon Press

Hodsbawm, Eric. J. and T. O. Ranger

1983 *The Invention of Tradition*. Press of University of Cambridge. 〔ホブズボウム・レンジャー／前川啓二・梶原景昭訳（一九九二）『創られた伝統』紀伊国屋書店〕

Humphrey, Caroline

1995 "Chiefly and Shamanist Landscapes." In E. Hirsch and M. O'Hanlon (eds.) *The Anthropology of Landscape: Perspectives on Place and Space*. Oxford: Clarendon Press, pp. 135-162

2001 "Contested Landscapes in Inner Mongolia: Walls an Cairns", In B. Bender and M. Winner (eds.) *Contested Landscapes: Movement, Exile and Place*. Oxford and New York: Berg, pp. 55-68

Husserl, Edmund

1950 *Ideen zu einen Reiner Phänomenologie und Phänomelogischen Philosophie*. Martinvs Nijhoff, Haag 〔フッサール、E／渡邊二郎訳（一九七九）『イデーンI—I——純粋現象学への全般的序論』みすず書房〕

Ingold, Tim

1993 "The Temporality of Landscape," *World Archaeology*, 25: 152-74

2000 *The Perception of Environment*. London: Routledge

James, Allison, Jenny Hockey and Andrew Dawson (eds.)

1997 *After Writing Culture: Epistemology and Praxis in Contemporary Anthropology*. London and New York: Routledge

James, Allison, Jenny Hockey and Andrew Dawson

1997 "Introduction: The Road from Santa Fe," In J. Allison, J. Hockey and A. Dawson (eds.) *After Writing Culture: Epistemology and Praxis in Contemporary Anthropology*. London and New York: Routledge

Jencks, Charles

1977 *The Language of Postmodern Architecture*. New York: Rizzoli 〔ジェンクス、C／竹山実訳（一九七八）『ポスト・モダニズムの建築言語』エー・アンド・ユー〕

Kawai, Hironao

2009 "Reconsidering the Boundary of 'Feng-shui': Environmental Knowledge under the Construction of Hakka Landscape." In Jiaying University (ed.) *Interpretation of Hakka History and Culture in Anthropological View* (16th IUAES proceedings)

2011 "The Making of the Hakka Culture: The Socal Production of Space and Landscape in Global Era" *Asian Culture* 35: 50-68

Keesing, Roger

1982 *Kwaio Religion: The Living and the Dead in a Solomon Island Society*. New York: Columbia University Press

Küchler, Susanne

1993 "Landscape as Memory: The Mapping of Process and its Representation in a Melanesian Society." In B. Bender (ed.) *Landscape: Politics and Perspectives*. Oxford: Berg, pp. 85-106

Kristeva, Julia

1969 *Recherches pour une semanalyse*［クリステヴァ、J／原田邦夫訳（一九八三）『セメイチオケ――記号の解体学』、中沢新一訳（一九八四）『セメイチオケ――記号の生成学』せりか書房］

Lahire, Bernald

1995 *Leaux de familles: Heurs et malhers scolaires en milleux populaires*. Paris: Gallimard / Seuil

Lane, Ruth

2003 "History, Mobility and Land Use Interests of Aborigines and Farmers in the East Kimberly in North-West Australia." In P. J. Stewart and A. Strathern (eds.) *Landscape, Memory and History*. London: Pulto Press, pp. 136-165

Latour, Bruno

1987 *Science in Action: How to Follow Scientists and Engineers through Society*. Harvard University Press, Cambridge, MA［ラトゥール、B／川崎勝・高田紀寄志訳（一九九九）『科学が作られているとき――人類学的考察』産業図書］

Layton, Robert

1995 "Relating to the Reproduction of the Ancestral Past." In E. Hirsch and Michael O'Hanlon (eds.) *The Anthropology of Landscape: Perspectives on Place* and Space. Oxford: Clarendon Press, pp. 210-231

1997 "Representing and Translating People's Place in the Landscape of Northern Australia." In Allison James, Jenny Hockey and Andrew Dawson (eds.) *After Writing Culture: Epistemology and Praxis in Contemporary Anthropology*. London and New York: Routledge, pp. 122-143

1999 "The Alawa Totemic Landscape: Ecology, Religion and Politics." In Peter Ucko and Robert Layton (eds.) *The Archaeology and Anthropology of Landscape: Shaping your Landscape*. Routledge, pp. 219-239

Lefebvre, Henri

1974 *La production de l'espace*. Basil Bachelor.［ルフェーヴル、H／斉藤日出治訳（二〇〇〇）『空間の生産』青木書店］

1976 *The Survival of Capitalism*. London: Allison and Busby

Leonard, Karen

1997 "Finding One's Own Place: Asian Landscapes Revisioned Rural California." In A. Gupta and J. Ferguson (eds.) *Culture, Power, Place: Explorations in Critical Anthropology*. Durham and London: Duke University Press, pp. 118-136

Liu, Xin

2002 "Urban Anthropology and the 'Urban Question' in China," *Critique of Anthropology* 22 (2): 109-132

Low, Setha M.

1996 "The Anthropology of Cities: Imaging and Theorizing the City," *Annual Review of Anthropology* 25: 383-409

1999 "Spatializing Culture: The Social Production and Social Construction of Public Space in Costa Rica." In S. Low (ed.) *Theorizing the City: The New Urban Anthropology Reader*. New Brunswick, New Jersey, and London: Rutgers University Press, pp. 111-137

Low, Setha M. and Denis Lawrence (eds.)

2003 *Anthropology of Space and Place: Locating Culture*. Blackwell Publishing

Lu, Xiaobao and Elizabeth J. Perry (eds.)

1997 *Danwei: The Changing Chinese Workplace in Historical and Comparative Perspective*. New York: M. E. Sharpe

Luhmann, Niklas

1984 *Soziale Systeme: Grundriss einer Allgemeinen Theorie*. Frankfurt am Main: Suhrkamp［ルーマン、N／佐藤勉監訳（一九九三）『社会システム理論 上巻』恒星社厚生閣］

1989 "Kultur als Historicher Begriff," In *Gesellschaftsstruktur und Semantik. Studien zur Wissensoziologie der Modernen Gesellscaft*, Bd. 4, FrankfrutM. , S. 31ß55

Lyotard, Jean François

1979 *La condition postmoderne*. Paris: édition de Minuit［リオタール、J／小林康夫訳（一九八七）『ポスト・モダンの条件』星雲社］

Mathews, Gordon

2000 *Global Culture/Individual Identity: Searching for Home in the Cultural Supermarket*. London: Routledge

Mitchell, Don

1994 “Landscape and Surplus Value: The Making of the Ordinary,” *Environment and Society* 19: 545-577

1995 “There’s No Such Things as Culture,” *Transaction of the Institute of British Geographer N. S.* 20-1: 102-116［ミッチェル、D／森正人訳（2002）「文化なんてものはありゃしねえ」『空間・社会・地理思想』七、一一八—一三七頁］

Mitchell, Thomas

1995 *Picture Theory: Essays on Verbal and Visual Representation.* Chicago: University of Chicago Press

Mosher, Steven W.

1983 *Broken Earth: The Rural Chinese.* New York: Free Press［モーシャー、S／津藤清美訳（一九九四）『中国農民が語る隠された過去——一九七九—一九八九、中国広東省の農村で』どうぶつ社］

Morphy, Howard

1993 “Colonialism, History and the Construction of Place: The Politics of Landscape in Northern Australia.” In B. Bender (ed.) *Landscape: Politics and Perspectives.* Oxford: Berg, pp. 205-243

1995 “Landscapes and the Reproduction of the Ancestral Past.” In E. Hirsch and M. O’Hanlon (eds.) *The Anthropology of Landscape: Perspectives on Place* and Space. Oxford: Clarendon Press, pp. 184-209

Munn, Nancy

1990 “Constructing Regional Worlds in Experience: Kura Exchange, Witchcraft and Gawan Local Events,” *Man* 25: 1-17

Needham, Rodney

1979 *Symbolic Classification.* Santa Monica: Goodyear Publishers［ニーダム、R／吉田禎吾・白川琢磨訳（一九九三）『象徴的分類』みすず書房］

O’Hanlon, Michael and Linda Frankland

2003 “Co-present Landscape: Routes and Rootedness as Sources of Identity in Highlands New Guinea.” In P. J. Stewart and A. Strathern (eds.) *Landscape, Memory and History.* London: Pulto Press, pp. 166-188

Orford, Margie and Heike Becker

2001 “ Homes and Exiles: Owanbo Women’s Literature” In B. Bender and M. Winner (eds.) *Contested Landscapes: Movement, Exile and Place.* Oxford and New York: Berg, pp. 289-302

O’Sullivan, Aidan

2001 “Crannogs: Places of Resistance in the Contested Landscape of Early Modern Ireland” In In B. Bender and M. Winner (eds.)

Contested Landscapes: Movement, Exile and Place. Oxford and New York: Berg, pp. 87-101

Peirce, Charles Sanders

1931-35 *Collected Papers.* Cambridge, MA: Harvard University Press〔パース、C／内田種臣編訳（一九八六）『記号学』勁草書房〕

Pinney, Christopher

1995 "Moral Topophilia: The Significance of Landscape in Indian Oleographs." In E. Hirsch and M. O'Hanlon (eds.) *The Anthropology of Landscape: Perspectives on Place* and Space. Oxford: Clarendon Press, pp. 78-113

Rapaport, Amos

1994 "Spatial Organization and the Built Environment." In T. Ingold (ed.) *Encyclopedia of Cultural Anthropology.* London and New York Routledge, pp. 460-502

Rodman, Margaret

1992 "Empowering Place: Multilocality and Multivocality," *American Anthropologist* 94 (3): 640-656

Rodman, Margaret and Mathew Cooper

1989 "The Sociocultural Production of Urban Space: Building a Fully Accessible Toronto Housing Cooperative," *City and Society* 3: 9-22

Rotenberg, Robert

1993a "Introduction." In R. Rotenberg and G. McDonogh (eds.) *The Cultural meaning of Urban Space.* Westport, Connecticut and London: Bergin and Garvey, pp. xi-xix

1993b "On the Salubrity of Sites." In R. Rotenberg and G. McDonogh (eds.) *The Cultural Meaning of Urban Space.* Westport, Connecticut and London: Bergin and Garvey, pp. 17-30

1995 *Landscape and Power in Metropolitan Vienna.* Baltimore: Johns Hopkins Press

1999 "Landscape and Power in Vienna: Gardens of Discovery." In S. Low (ed.) *Theorizing the City: The New Urban Anthropology Reader. New Brunswick,* New Jersey, and London: Rutgers University Press, pp. 111-137

Rutheiser, Charles

1999 "Making Place in the Nonplace Urban Realm: Notes on the Revitalization of Downtown Atlanta." S. Low (ed.) In *Theorizing the City: The New Urban Anthropology Reader.* New Brunswick, New Jersey, and London: Rutgers University Press, pp. 317-341

Saake, Irmhild

2004 “Theorien der Empirie: Zur Spiegelbildlichkeit der Bourdieuschen Theorie der Praxis und der Luhmannschen Systhemtheorie.” In A. Nassehi und G. Nollmann (Hrsg.) *Bourdieu und Luhmann*, pp. 85-117［ザーケ、I／森川剛光訳（二〇〇六）「経験の理論」『ブルデューとルーマン』新泉社］

Said, Edward W

1979 *Orientalism*. New York: Vintage Books

Sahlins, Marshall

1981 *Historical Metaphors and Mythical Realities: Structure in the Early History of the Sandwich Islands Kingdom*. Ann Arbor: University of Michigan Press

Santos-Granero, Fernando

1998 “Writing History into the Landscape: Space, Myth, and Ritural in Contemporary Amazonia.” *American Ethnologist* 25 (2): 128-148

Saussure, Ferdinand

1974 *Cours de linguistique generale*.［ソシュール、F／小林英夫訳（一九七二）『一般言語学講義』岩波書店］

Schafer, R. M.

1977 *The Tuning of the World*. New York: Alfred A. Knopf［シェーファー、M・R／鳥越けい子他訳（一九八六）『世界の調律――サウンドスケープとは何か』平凡社］

Schama, Simon

1995 *Landscape and Memory*. London: Harpar Collins［シャーマ、S／高山宏訳『風景と記憶』河出書房新社］

Schroer, Markus

2004 “Zwischen Engagement und Distanzierung.” In A. Nassehi und G. Nollmann (Hrsg.) In *Bourdieu und Luhmann*, pp. 233-270［シュレーア、M／森川剛光訳（二〇〇六）「アンガジュマンと距離を置くことの間で」『ブルデューとルーマン』新泉社］

Selwyn, Tom

1995 “ Landscape of Liberation and Imprisonment: Toward an Anthropology of the Israel Landscape”, In E. Hirsch and M. O’Hanlon (ed.) *The Anthropology of Landscape: Perspectives on Place and Space*. Oxford: Clarendon Press, pp. 114-134

Shiratori, Yoshio (ed.)

1985 *Dragon Boat Festival in Hong Kong*. Tokyo: Sophia University

Sidky, Homayun

2003 *A Critique of Postmodern Anthropology: In Defence of Disciplinary Origins and Traditions*. Lewiston: The Edwin Mellen Press

Sinmmel, Georg

1908 "Philosophie der Landschaft. " *Aufsätze und Abhandlungen* 1908-1918, Band 1: Gesamtausgabe 12, Frankfurt am Main, Suhrkamp［ジンメル、G／杉野正訳（一九七八）「風景の哲学」『ジンメル著作集（一二）橋と扉』白水社］

Siu, Helen F.

2007 "Grounding Displacement: Uncivil Urban Spaces on Postform South China," *American Ethnologist* 34 (2): 329-350

Smith, Angele

2003 "Landscape Representation: Place and Identity in Nineteenth-century Ordnance Survey Maps of Ireland." In P. J. Stewart and A. Strathern (eds.) *Landscape, Memory and History*. London: Pulto Press, pp. 71-88

Soja, Edward W.

1996 *Thirdspace: Journey to Los Angeles and Other Real-and-Imagined Places*. Blackwell［ソジャ、E／加藤政洋訳（二〇〇五）『第三空間——ポストンの空間論転回』）青土社］

1999 "Thirdspace: Expanding the Scope of the Geographical Imagination." In D. Massey, J. Allen, and P. Sarre (eds.) *Human Geography Today*, pp. 260-278

Sperber, Dan

1974 *Le symbolisme en général. Paris*. éditeurs des sciences et des arts.［スペルベル、D／菅野盾樹訳『象徴表現とは何か』紀伊国屋書店］

Stewart, Pamela. J. and Andrew Strathern

1999a *"Death on the Move: Landscape and Violence on the Highlands Highway, Papua New Guinea." Anthropology and Humanism* 24 (1): 20-31

1999b "Female Spirit Cults as a Window on Gender Relations in the Highlands of Papua New Guania." *Journal of the Royal Anthropological Institute* 5 (3): 345-360

2000 "Naming Places: Duna Evocations of Landscapes in Papua New Guinea." *People and Culture in Oceania* 16: 87-107

2001 "Origins versus Creative Powers: The Interplay of Movement and Fixity." In A. Rumsey and J. Weiner (eds.) *Emplaced Myth: Space, Narrative and Knowledge in Aboriginal Australia and Papua New Guinea Societies*. Honolulu: University of Hawaii Press, pp. 79-98

2002a *Remaking the World: Myth, Mining and Ritual Change among the Duna of Papua New Guinea*. Washington, DC: Smithsonian Institution Press

2002b *Gender, Song and Sensibility: Folktales and Folksongs in the Highlands of New Guinea*. Westport, CT. and London: Praeger Publishers.

2003 "Introduction," In P. Stewart and A. Strathern (eds.) *Landscape, Memory and History: Anthropological Perspectives*. London: Pluto Press, pp. 1-15

2005 "Cosmology, Resources and Landscape: Agencies of the Dead and the Living in Duna, Papua New Guinea." *Ethnology* 44 (1): 35-47

Stewart, Pamela. J. and Andrew Strathern (eds.)

2003 "Introduction," In P. J. Stewart and A. Strathern (eds.) *Landscape, Memory and History*. London: Pulto Press

Strathern, Marilyn

1987 "Out of Context: The Persuasive Fictions of Anthropology," *Current Anthropology* 28: 251-281

Strang, Veronica

1997 *Uncommon Ground: Cultural Landscape and Environmental Values*. Oxford: Berg

1999 "Conpeting Perception of Landscape in Kowanyama, North Queensland." In P. Ucko and R. Layton (eds.) *The Archaeology and Anthropology of Landscape: Shaping your Landscape*. Routledge, pp. 206-218

2003 "Moon Shadows: Aborigial and Europe Heroes in an Australian Landscape." In P. Stewart and A. Strathern (eds.) Landscape, Memory and History: Anthropological Perspectives. London Pluto Press, pp. 108-135

Tilley, Christopher

1994 *A Phenomenology of Landscape: Places, Paths and Monuments*. Oxford: Berg.

Tuan, Yi-Fu

1974 *Topophilia: A Study of Environmental Perception*, Attitudes, and Values〔トゥアン、Y／阿部一・小野有五訳（一九九二）『トポフィリア――人間と環境』せりか書房〕

1977 *Space and Place*, Minneapolis: University of Minnesota［トゥアン、Y／山本浩訳（一九九三）『空間の経験――身体から都市へ』ちくま学芸文庫］

Turner, Victor

1967 *Forest of Symbols: Aspects of Ndembu Ritual*. London: Cornell University Press

1974 *Dramas, Fields, and Metaphors: Symbolic Action in Human Society*. London: Cornell University Press.［ターナー、V／梶原景昭訳（一九八一）『象徴と社会』紀伊国屋書店］

Vitebski, Piers

1997 "Landscape and Self-fetermination among the Eveny: The Political Environment of Siberian Reindeer Herders Today." In E. Croll and D. Parkin (eds.) *Bush Base: Forest Farm*. London and New York: Routledge, pp. 223-246

Vogel, Ezra F.

1989 *One Step Ahead in China: Guangdong under Reform*. Cambridge, Mass.: Harvard University Press［ヴォーゲル、E／中嶋嶺雄訳（一九九一）『中国の実験――改革下の広東』日本経済新聞社］

Wargner, Roy

1979 "The Talk of Koriki: A Daribi Contact Cult," *Social Research* 46-1: 140-165

1981 *The Invention of Culture*. Chicago: University of Chicago Press［ワーグナー、R／山崎美恵・谷口佳子訳（二〇〇〇）『文化のインベンション』玉川大学出版部］

Williams, Raymond

1982 *The Sociology of Culture*. New York: Schocken Books

1983 *Keywords: La Vocabulary of Culture and Society*, London: Fontana Press［ウィリアムズ、R／椎名美智ほか訳（二〇〇二）『完訳キーワード辞典』平凡社］

Winner, Margot

2001 "Landscapes, Fear and Land Loss on the Nineteenth-Century South African Colonial Frontier," In B. Bender and M. Winner (eds.) *Contested Landscapes: Movement, Exile and Place*. Oxford and New York: Berg, pp. 257-271

Ucko, Peter. J. and Robert Layton (eds.)

1999 *The Archaeology and Anthropology of Landscape*. London: Routledge

Ucko, Peter. J. and Robert Layton

1999　“Introduction: Gazing on the Landscape and Encountering the Environment.” In P. Ucko and R. Layton (eds.) *The Archaeology and Anthropology of Landscape: Shaping your Landscape*. Routledge, pp. 1-20

Zhang, Li

2006　“Contesting Spatial Modernity in Late-Socialist China,” *Current Anthropology* 47 (3): 461-483

〈新聞・ネット資料（ピンイン順）〉

1．新聞

『China Daily』中国日報社

『広州日報』広州日報報業集団

『美食導報』広州日報報業集団

『南方日報』南方日報報業集団

『南方都市報』南方日報報業集団

『人民日報』人民日報報業集団

『人民日報』（海外版）

『新快報』羊城晩報報業集団

『信息時報』広州日報報業集団

『羊城晩報』羊城晩報報業集団

『中国共産党新聞』

2．インターネット

大洋網　http://www.dayoo.com

広東省人民政府ホームページ　http://www.gd.gov.cn

広東建設信息網　http://www.gdcic.net

広西省チワン族自治省人民政府ホームページ　http://www.gxzf.gov.cn

広州茘湾区政府ホームページ　http://www.lw.gov.com

広州市政府ホームページ　http://www.gz.gov.cn

広州図書館ホームページ　http://www.gzlib.gov.cn
金羊網　http://www.ycwb.com
捜狐広東網　http://gd.sohu.com
捜狐旅遊網　http://travel.sohu.com
新華網　http://www.gd.xinhuanet.com

地図8　茘湾区行政地図（2005年4月以前）　*173*

図

図1　景観人類学の2つの景観をめぐる分析軸　*33*
図2　西関の四大観光地　*86*
図3　嶺南漢族の分布図　*106*
図4　中国漢族の6つの文化圏と嶺南文化　*119*
図5　漢族文化における西関文化の位置づけ（系統樹）　*120*
図6　『広州日報』（2006-2008年）における「西関」の記述とその分類　*142*
図7　漢族文化における西関文化の位置づけ（同心円）　*150*
図8　西関社区の見取り図　*179*
図9　「西関村」の村落関係図　*183*
図10　西関屋敷の平面図　*201*
図11　西関風情園の想像図　*232*
図12　北帝の視線をめぐる内的景観　*243*
図13　北帝誕生祭における意志決定システム　*271*
図14　「巡遊」における2つの巡回ルート　*276*
図15　Uクラブの意思決定システム　*301*

表

表1　民間社会における「西関」の地理的認識　*77*
表2　都市建設区における一人頭の国民生産高（1990年代）　*81*
表3　学界による広東省三大漢族の文化類型　*107*
表4　site α の主要メンバー　*215*
表5：site β の主要メンバー　*237*
表6　Uクラブの公共福祉サービス一覧（1999～2008年）　*292*
表7　site ε の主要メンバー　*299*

写真・地図・図表一覧

写真

写真1　旧時（民国期と推定）の西関　74
写真2　茘湾区の中心街　83
写真3　潮州市潮安県の円形土楼　110
写真4　西関の民居にみる青レンガの壁　136
写真5　満州窓　136
写真6　西関門（三件頭）　137
写真7　西関小姐による広東音楽の演奏　145
写真8　陳氏書院における趟櫳門の影像　146
写真9　西関角におけるライチ湾の壁画　146
写真10　茘湾湖公園におけるレプリカの展示　147
写真11　茘湾区の花市におけるシンボルの展示　148
写真12　上下九路の改装工事の様子　151
写真13　富力広場のマンションの外観　152
写真14　天河区にある広東料理店の外観　153
写真15　広州新白雲国際空港の売店　155
写真16　上下九路における鶏公欖　155
写真17　南海神廟における鶏公欖　156
写真18　梅州における円形土楼型のマンション　158
写真19　西関の装飾建造物　160
写真20　農地がなくなった「西関村」の光景　190
写真21　西関屋敷　202
写真22　麻石道　202
写真23　西関社区における改装中の民居　206
写真24　騎楼建築　216
写真25　西関地区におけるある店舗の門　217
写真26　民国期におけるライチ湾の光景　230
写真27　民国期におけるライチ湾の「遊河」　231
写真28　美食街のある店舗における小船の装飾　235
写真29　W酒家の入口の装飾　235
写真30　艇仔粥　241
写真31　西関村の牌坊　246
写真32　三元里村の牌坊　247
写真33　七星旗　257
写真34　Z廟と北帝誕生祭の景観　259
写真35　北帝誕生祭における「祈福」の儀式　262
写真36　北帝誕生祭における「巡遊」　262
写真37　牌坊の前の獅子舞　278
写真38　西関の巷景観　295
写真39　近隣食事会の景観像　303
写真40　油角　307

地図

地図1　中国地図における広州の位置　20
地図2　広州地図（2005年4月以前）　69
地図3　広州地図（2005年4月以降）　69
地図4　清代の西関地図　73
地図5　広州の自然地図地図　76
地図6　西関（旧茘湾区部分）地図　78
地図7　嶺南地図　97

マルチ・フェイズ（→相律）　*8*
マレーシア　*209*
麻石街（→麻石道）　*94*
麻石道　*7, 94, 138, 151, 153, 160, 179, 199, 200, 202-209, 213, 214, 219-226, 244, 285, 321, 322, 327*
満州窓　*137, 143, 144, 146-149, 151-155, 159-161, 202, 203, 206, 207, 209-212, 215, 217, 218, 225, 235, 240, 244, 249, 320*
民族誌　*4, 6, 28, 32, 34, 35, 43-45, 57-59, 61, 64, 91, 95, 96, 102-105, 107, 110, 122, 125-127, 266, 318, 319, 334*
モダニズム　*31, 34-36, 148, 195*
毛沢東　*63, 64, 80, 93*

ヤ・ラ・ワ

油角　*304, 306, 307, 308, 309, 311*

ライチ　*72, 123, 131, 132, 134, 136, 137, 139, 140, 143, 145-147, 149, 151, 163, 178, 228-240, 243, 244, 248-251, 320*
ライチ湾　*137, 147, 178, 228-235, 238-240, 249*
羅香林　*101, 102, 104, 108, 110, 127*
羅傘樹　*242-244, 248, 249, 252, 253, 267*
竜舟祭　*138, 143, 182, 184, 193, 196, 239, 242, 243, 252, 260, 281-283, 312*
領土性　*31, 317*
領有　*52-54, 59, 63, 199, 209, 210, 213, 214, 222, 223, 235, 252, 304, 321, 323, 325, 327-330, 336*
ルフェーヴル（Lefebvre, H.）　*31, 61, 68, 161*
レイトン（Layton, R.）　*27, 29, 34-36, 38, 40, 43, 44, 49*
嶺南
　——漢族　*96, 104, 105, 111, 118, 126, 129*
　——建築　*230, 236, 240, 246, 251, 260, 265*
　——三大民系　*99, 101, 102, 103, 105-108, 110, 112, 114, 115, 118, 119, 121, 126*
　——文化　*95, 96, 103, 107, 116-128, 135, 139-141, 146, 149-151, 157-160, 163, 166, 200-202, 207, 240, 260, 261, 265, 268, 292, 296, 319*
ローカル　*2-8, 10, 11, 27, 28, 38, 40, 42-44, 53, 56-59, 67, 82, 91, 126, 132, 145, 146, 149, 153, 162, 165, 171, 195, 199, 200, 203, 207-209, 211, 213, 214, 218, 223, 224, 227, 231, 234-236, 245, 249-251, 255, 256, 259, 265, 275, 278, 279, 285, 288, 293, 296, 300, 306, 311, 317, 318, 320, 325, 327-329, 333-335*
ローテンバーグ（Rotenberg, R.）　*53, 54, 58, 196, 199*

和諧　*176, 285-287, 291, 294-296, 302, 306, 308-311*
　——社会　*287*
渡邊欣雄　*26, 63, 184, 300, 336, 340, 347*

159, 162, 165, 167, 197, 224, 251, 281, 319, 332, 338, 339, 340

——文化　*104, 105, 111, 115, 118, 123, 125, 126, 128, 151, 157-159, 319, 332*

ビジョン　*4-6, 11, 27, 28, 32, 37, 39, 43, 44, 48, 50, 53-55, 57, 61, 63, 91, 95, 102, 111, 114, 115, 118, 124, 126, 138, 199, 210, 212, 214, 224, 231, 239, 249, 250, 302, 309, 318, 319, 323, 332*

表象　*11, 32, 35-38, 40, 43, 44, 53-55, 58-61, 75, 76, 79, 91, 95, 96, 98, 111-113, 115, 116, 119, 121, 126-128, 135, 137, 138, 143, 154, 163, 164, 199, 200, 202, 203, 209-212, 223-225, 227, 228, 233, 236, 249, 256, 257, 286, 292, 293, 297, 318-320, 322, 323, 325-329, 331, 332, 334, 335*

廟会　*156, 255, 256, 258-260, 263, 266, 269, 270, 275, 277-279, 281, 326, 327*

——景観　*255, 256, 259, 260, 263, 266, 269*

フーコー（Foucault, M.）　*31, 61, 140, 264*

ブルデュー（Bourdieu, P.）　*135, 142, 152, 180, 266*

胡同　*2, 286, 295*

風景　*4, 25, 26, 28, 29, 308*

風水　*32, 33, 63, 93, 110, 128, 165, 202, 218, 239, 249, 252, 282, 340*

福祉　*92, 174, 176, 177, 179, 188, 286, 288-292, 297-302, 304, 307, 309-312, 314, 324, 339*

——施設　*179, 188, 286, 288-290, 297, 304*

佛山　*68, 69, 80, 88, 89, 128, 146, 166, 184, 204, 263, 271, 281, 282*

文化

——公園　*144-148, 165*

——財　*2, 84, 85, 96, 129, 233, 258*

——相対主義　*102-104, 107, 319*

——的景観　*129*

——の分類学　*6, 59, 91, 125, 319*

——表象　*35-37, 44, 53, 54, 59, 91, 95, 115, 119, 126, 127, 227, 318, 323, 332*

——を書く　*35, 95*

——を読む　*95*

ベルクソン（Bergson, H.）　*30, 46*

ベンダー（Bender, B.）　*38, 46, 48, 50, 51, 58, 62, 331*

北京　*1, 2, 68, 161, 176, 251, 255, 259, 285, 295, 336*

——オリンピック　*336*

——憲章　*255, 259, 285*

変易　*250, 325, 327-330, 334, 335, 336*

ホンモノ　*164, 196, 215, 216, 218, 223, 228, 237, 238, 240-242, 244-247, 252, 323, 335*

——意識　*240, 242*

ポストモダニズム　*31, 34-36, 148, 195*

芳村　*69, 70, 76, 77, 89, 90, 152, 161, 165, 184, 225, 252*

北帝

——誕生祭　*7, 9, 142, 182, 222, 243, 245, 251, 255, 256, 258-276, 278-282, 285, 323, 324, 326-328, 341*

——の視線　*243, 248, 252, 253, 322*

本物の景観　*40*

香港　*1, 11, 68, 69, 73, 79, 80, 127, 128, 152, 195, 210, 211, 225, 281, 282, 288-290, 297, 298, 300, 302, 310, 312, 313, 331, 338, 341*

盆菜　*263, 264, 267, 270, 271, 281, 282*

マ

まなざし　*7, 9, 24-26, 30, 34, 41, 49, 51, 54, 59, 131, 148, 150, 207, 210, 214, 223, 236, 286, 294, 296, 297, 324, 331*

——の創出　*286*

マカオ　*1, 11, 68, 69, 79, 80, 128, 210, 211, 288*

マス・メディア　*2, 3, 5, 6, 9, 25, 44, 45, 57, 59, 74, 94, 139, 140, 143, 150, 154, 156, 159, 162, 206-210, 214, 217-219, 223, 262-268, 276, 277, 279, 282, 285, 286, 293, 294, 296, 297, 303, 304, 307-311, 318-321, 325, 331*

聴覚　28, 35, 36, 47
陳運棟　104, 105, 109, 123
陳氏書院　85, 146, 147, 165, 337
デリダ（Derrida, J.）　134, 231
艇仔粥　138, 231, 234-236, 240-242, 252
天河区　69, 85, 88, 153, 154, 166, 184, 192, 208, 211
天人合一　110, 202
都市　1-3, 5, 8, 10, 27, 32, 36, 37, 40,-42, 48, 53, 54, 58-60, 64, 68, 70-72, 74, 77, 79-89, 92-94, 123, 154, 156, 164, 171-174, 176-179, 181, 185, 189-192, 194, 196, 197, 200, 203-205, 208, 220, 224, 228, 229, 245, 252, 259, 260, 264, 271, 274, 282, 285, 286, 302, 303, 305, 313, 319, 321, 323, 337
——化　48, 54, 72, 92, 172, 181, 191, 192, 194
——改造　203, 204, 205
——計画　5, 32, 60, 74, 79, 84, 86, 87, 92, 156, 171, 203, 208, 224, 228
——景観　1-3, 8, 53, 59, 84, 323
——再生　203, 321
——人類学　64, 196
土地　4, 27, 31, 38, 43, 44, 47-50, 54, 62, 84, 100, 174, 178, 182, 185, 189-193, 197, 210, 211, 226, 247, 270, 274, 275, 282, 283, 299, 323
——権　44, 62, 190, 191, 192, 226, 247, 274, 275, 282, 283, 323
——制度　197
土楼　109, 111, 115, 128, 157, 158, 162, 167, 332
東山　10, 69, 70, 85, 88, 165, 166, 177
——少爺　10, 165
鄧小平　93, 233, 287

ナ

内的景観　29, 48-50, 52, 162, 172, 218, 224, 228, 240, 242-245, 249, 250, 253, 265, 268, 273, 274, 276, 279, 286, 304-311, 317, 321, 323-336
南海区　88, 166
南海神廟　156, 166
ニセモノ　6, 164, 215-217, 226, 228, 236-239, 241, 244-248, 250, 267, 322, 323, 325
——意識　236, 239
日本　1, 3, 11, 28, 30, 32, 60-64, 72, 79, 93, 109, 128, 131, 145, 149, 175, 197, 201, 205, 210-212, 225, 234, 242, 245, 252, 337, 338, 340, 342
西村正雄　3, 63, 280
認識的シェマ　50
認識人類学　4, 24, 26, 46, 61, 318

ハ

ハーシュ（Hirsch, E.）　4, 23-27, 29, 33, 60
ハーヴェイ（Harvey, D.）　36, 41, 52, 62, 83, 93, 319
ハンフリー（Humphrey, C.）　51, 63, 333
〈場〉の形成　180, 195
〈場所〉　5-7, 23, 29-31, 33, 34, 36-38, 43-48, 50-52, 54-63, 162, 163, 171-173, 179, 180, 183, 192, 194, 195, 196, 199, 222, 245, 252, 266, 273, 297, 298, 300, 304, 306-309, 311, 314, 317, 318, 321, 322, 324, 325, 328, 330-332, 335
——の記憶　266, 297
——の記憶と再生　266
——律　56, 57, 59, 317, 318, 321, 322, 324, 325, 330, 332, 335
場所の志向性　48
牌坊　178, 233, 237, 238, 244-250, 260, 269, 273, 274, 277, 278, 323, 328, 329
梅州　104, 108, 112-114, 128, 129, 151, 157-159, 161, 165, 167, 196, 313, 338, 339, 341
博物館　35, 38, 61, 111, 139, 140, 144, 145, 158, 163, 320
客家　99-115, 118, 121, 123, 125-129, 151, 157-

154, 166, 184, 251, 257
巡遊　262-265, 268, 270, 271, 274-277, 279, 281, 282, 327
象徴
——人類学　4, 24, 26, 46, 61, 133, 134, 160, 318
——資本　135, 152, 153, 161, 235, 265, 273, 275, 279, 281, 320
城中村　245
情報社会　40, 41, 46, 59, 83, 319, 325
譲歩　193, 325, 328-330, 335
植民地主義　38, 45, 61, 71, 82, 330
身体　3, 46-48, 54, 55, 61, 176, 314
——化　48, 54
——感覚　46
——論　3
人工環境　25, 53, 137, 146, 150, 155, 200, 203-208, 214, 222, 232, 251, 255, 286, 312, 321, 324, 328, 338, 340
スチュワート（Stewart, P.J.）　27-29, 39, 48-50, 61
ストラザーン（Strathern, A）　27-29, 32, 39, 48-50, 61
スワトウ　104, 108, 313
水上居民　93, 251
水上生活者　93, 100, 106, 112, 128, 129, 138, 230, 231, 234, 240, 242, 251
水平的景観　63
垂直的景観　63
相律　8, 56, 57, 60, 64, 255, 279, 324, 325, 327, 329, 330, 332-336
創出される巷景観　285
想像上の共同体　188
「村民」　59, 178-182, 184, 185, 188-197, 221, 222, 228, 232, 236-241, 243-253, 255, 256, 258, 259, 261-280, 282, 286, 298, 299, 303, 305, 306, 313, 321-324, 327, 335
——の記憶　243, 258, 266, 274, 279, 280
——の誕生　188
村民委員会　174, 178, 190, 191, 270, 282

タ

他者　11, 27-29, 32, 37-46, 57, 95, 98, 99, 102, 195, 280, 319
台湾　11, 54, 93, 104, 129, 157, 158, 167, 332
大坦沙島　76, 77, 178, 179, 183, 196, 238, 242, 252
第三の景観　52, 53
竹筒屋　138, 205, 206, 209, 215, 225
蛋家族（→水上生活者）　77, 242
地図　31, 38-40, 44, 68-70, 73, 76-78, 173
地勢図的書き込み　47, 58
地理学　23, 26, 31, 40, 41, 43, 62, 123, 126, 208, 337
巷　2, 7, 9, 108, 113, 129, 181, 203, 207, 219, 220, 222, 285, 286, 288, 291, 293-297, 300, 302-306, 308-313, 320, 324, 328, 332, 337
巷景観　285, 288, 291, 293-297, 300, 302, 304-306, 308-312, 320, 324, 328, 332
——の再構築　297
——の再生　294
巷をめぐる表象　286
中華　71, 73-75, 80, 95, 97, 99, 101, 102, 105, 106, 111, 114, 116-121, 125-129, 150, 151, 157, 159-161, 185, 189, 195, 202, 233, 240, 251, 271, 287, 319, 327, 336, 338
——文化　95, 105, 106, 116, 120, 121, 125, 126, 150, 151, 159, 160, 319
中原　97, 98, 100-102, 108, 110, 111, 117-122, 127, 202
中軸線　110, 201, 202, 224, 244
影像　35, 38, 147, 156, 239
潮州　99, 102, 108, 112-114, 127-129, 151, 196, 197, 252, 313, 340
潮汕　102, 104, 106-109, 111-115, 118, 125-127, 128, 151, 157, 319, 340
——文化　115, 118, 125, 126, 151, 157, 319

紅木　137, 144, 202, 209, 210-212, 225
高齢化問題　289
高齢者　47, 74, 77, 79, 93, 141, 173, 177, 179, 182, 186-188, 196, 204, 221, 223, 226, 239, 243, 251, 258, 260, 268, 273, 288-291, 293, 298, 300, 304-307, 309, 310, 312-314
——福祉施設　179, 288-290
——ボランティア　290, 291, 298, 300, 304-307, 309, 310, 313
構造色　8, 57, 64, 249, 279, 311, 324, 325, 328, 329, 330, 333, 334, 335
——としての景観　8, 57, 64, 249, 324, 328, 330, 333, 334, 335
——の景観　279, 311, 325, 329
国際都市建設　79, 81-84, 229, 319

サ

西関
——角　73, 74, 79, 85, 89, 93, 144, 146, 147, 149, 152, 164
——小姐　10, 11, 123, 138, 142, 143, 145-148, 165, 208, 213, 224, 294, 295, 320
——大屋（→西関屋敷）　200
——文化シンポジウム　87, 116, 201, 229, 230
——屋敷　7, 10, 94, 138, 141-144, 149, 152, 161, 165, 179, 180, 184, 195, 199-217, 219, 220, 222-226, 228, 229, 294, 295, 321, 322, 327, 331
西聯　85, 88, 90, 91, 94, 204
三元里村　184, 196, 247, 257, 261, 264, 277, 281
シンガポール　157, 158, 167, 233
シンボル　123, 126, 129, 132-166, 179, 199, 200, 202, 203, 206, 208-214, 219, 222-225, 227, 228, 234-238, 240-244, 248, 249, 252, 257, 259-261, 265, 275, 281, 293, 296, 304, 320, 321, 327, 328, 332, 336
——生成　132, 135
——の〈空間化〉　144, 206
——の散布　228
——の視覚化　144, 146
——の集中　234
——の生成　132, 144, 199
——の生成と選択　199
——の選択性　209
——の脱構築　214
——の「領有」　209
——の流布　200
市場経済化　79, 81, 82, 84, 93, 94, 185, 187, 189, 190, 196, 198, 211, 229, 267, 269, 274, 282, 319, 341
自然環境　10, 25, 33, 41, 131, 136, 140, 150, 232, 239, 240, 255
視覚　2, 3, 27, 28, 32, 35, 36, 40-42, 51, 53, 61, 131, 140, 144, 146-149, 156, 158-160
——化　2, 131, 144, 146, 158-160
獅子舞　32, 139, 146, 182, 261-263, 265, 267, 269, 273, 277, 278, 281, 295, 296
七星旗　257, 261, 265, 267, 269, 277, 278
社会学　40, 43, 82, 105, 135, 176, 182, 195, 280, 283, 337
社区　7, 162, 167, 171-181, 185-189, 191, 192, 194-196, 199, 203-216, 218-226, 229, 232, 237, 260, 261, 265, 266, 272, 273, 285-291, 293, 295-298, 300, 302-306, 308-310, 312, 313, 324, 339
——建設　176, 177, 286, 287, 291, 310
——制度　174-178, 194, 285-288, 291, 312
——役場　179, 206, 339
沙面　85, 89, 90, 146, 147, 149, 164
上海　1, 68, 73, 117, 176, 225, 286, 295, 313
上下九路　73, 147, 155, 156, 221
珠機巷　108, 113, 129, 181
珠江　68, 69, 77, 80, 90, 93, 108, 127, 128, 151, 154, 166, 184, 251, 257
——デルタ　68, 69, 80, 108, 127, 128, 151,

235
——業者　5, 57, 59, 161, 162, 318, 320
——パンフレット　5, 56, 111, 157, 171, 325, 328, 333
——ルート　89
記憶　3-7, 24, 25, 30, 47, 48, 54, 55, 58, 61, 63, 75, 93, 142, 155, 162, 171, 172, 178-180, 193, 195, 216, 218-224, 228, 236, 238, 242-244, 247-250, 258, 262, 264-269, 272-274, 276, 278-280, 283, 297, 300, 305-307, 310, 311, 322-325, 328, 330, 331, 333, 334
記号　6, 24, 132-135, 139, 140, 143, 144, 149, 159, 161-163, 200-202, 227, 335
騎楼　138, 152, 216, 226
居民　59, 93, 174-180, 185-196, 219-222, 239, 251, 272, 273, 275, 282, 285-288, 299, 300, 305, 306, 308, 310, 311, 313, 321, 324
——委員会　174-179, 196, 286, 287, 300, 305
境界　5, 6, 31-33, 37, 39, 68, 78, 79, 87, 89-91, 95, 122, 131, 161, 162, 171-173, 178, 183, 196, 246, 252, 262, 317
競合　46, 51, 52, 62, 286, 310, 312
近隣　1, 5, 177, 184, 186, 188, 194, 206, 211, 215, 226, 264, 287-291, 293, 295-300, 302-311, 313
グローバル経済　82, 83, 319
空間
——化　144, 156-159, 206
——の構築　61
——の生産　61, 68
〈——化〉現象　158
〈——〉政策　124, 336
〈——〉と〈場所〉　5, 6, 23, 29, 33, 34, 36, 37, 52, 56, 57, 60, 317
〈——〉の資源化　85
〈——〉律　56, 57, 59, 317, 318, 322, 324, 325, 330-332
下駄　207, 221, 223, 226
景観
——の構築論　37, 45, 321
——の再構築　297, 304
——の生産　7, 37, 39-43, 51, 52, 57, 58, 131, 132, 144, 149, 150, 157, 159, 228, 234, 249, 255, 310, 318
——の生産様式　41, 132, 149, 150, 157, 159
——の生産論　37, 318
——の想起　219
——（風景）画　27, 28, 34, 40, 44, 57, 91, 126, 147, 318
景観人類学　1, 3-11, 23, 25-37, 40-44, 46, 50, 52-54, 56-60, 62, 63, 95, 125, 126, 162, 172, 199, 249, 265, 280, 283, 310, 311, 317, 318, 320, 321, 324, 325, 327, 329-333, 336, 338-341
——の課題　59
——の基本的視座　23
——の研究史　6, 37
——の射程　56
——の分析軸　29
——の理論　27, 43, 341
鶏公欖　155, 156, 221-223
言説　44, 91, 94, 96, 99-101, 119, 129, 139, 140, 143, 144, 146, 159, 161, 174, 200, 213, 220, 286, 297, 313
——権　99-101
コミュニティ　161, 163, 171, 172, 175, 177, 286, 300, 304, 313
五秀　136-138, 143, 147, 149, 184, 196, 235, 236, 240-242, 252, 281
広府　102, 104, 106-109, 112-118, 120, 122, 125, 127-129, 135, 149-151, 153, 154, 156-159, 167, 281, 319
——文化　115,-118, 120, 122, 125, 128, 135, 150, 151, 153, 154, 156-159, 167, 281, 319
考古学　23, 29, 34, 35, 38, 43, 44, 48
光景　1, 2, 25, 84, 114, 152, 206, 224, 230, 231, 259, 265, 266, 294-296, 302, 303, 325, 334
後期資本主義　41

索引

ア

アイデンティティ　5, 7, 30, 47, 58, 98, 112, 113, 127, 129, 171, 172, 178-181, 185, 187, 188, 191, 193-195, 197, 222, 247, 256, 269, 306, 307, 311, 321
――集団　7, 98, 172, 179-181, 185, 188, 191, 194, 197, 321
アジア・オリンピック　2, 151, 155, 336
青レンガ　2, 129, 137, 144, 146-149, 151-154, 158-162, 164, 166, 167, 202, 203, 206, 207, 210-213, 215-218, 225, 226, 235, 236, 240, 246, 249, 265, 320
赤レンガ　154, 164, 206, 225
イギリス　3, 24, 25, 29, 39, 40, 41, 51, 134, 251, 257, 281, 282, 289, 318, 326, 338
――社会人類学　3, 24, 25, 338
――植民地政庁　289
イマージュ　30, 31, 47, 214, 239, 322, 324, 332
イデオロギー　5, 9, 31-37, 53, 61, 91, 123, 125, 131, 138, 145, 148, 161, 171, 201, 207, 318, 320, 335
意味
――体系　163
――づけ　6, 41, 51, 87, 91, 129, 268, 277
歌　47, 48, 50, 138, 139, 146, 165, 230, 234, 251, 288, 294, 304
エキゾチック　4, 27, 28, 32, 35, 54, 114
エスニシティ　54, 91, 100, 104, 122, 125, 126, 150
粤人　98-102, 125, 127, 128
越秀区　69-71, 88, 164, 166, 177
応用実践　50, 63, 333, 335, 336
沖縄　331, 336, 338, 341
音　132, 133, 207, 221, 226

カ

カステル（Castells, M）　41, 59, 82, 161, 201, 289, 312
科学　2, 5, 6, 8, 23, 29, 41, 44, 59, 87, 91, 95, 96, 103, 117-121, 123-125, 135, 138-140, 145, 150, 155, 163, 203, 234, 318-320, 335, 337, 341
河源　112, 113, 151, 165
華僑　80, 209, 210, 331, 336
華南　1, 68, 80, 128, 280, 336, 338
華林寺　85, 89, 92, 146, 147, 149, 165
回族　92, 106, 164
改革・開放　80, 81, 83-85, 93, 175, 185, 186, 211, 229
開発業者　5, 6, 50, 57, 59, 152, 153, 158, 159, 161, 162, 318-320, 325, 331
外的景観　48-50, 52, 224, 245, 249, 250, 265, 273, 279, 310, 311, 317, 323, 324, 327-335
学校　138, 140, 141, 164, 166
広東
――音楽　70, 74, 123, 138, 139, 141-143, 145, 146, 149, 164, 165, 261, 265, 292-296, 302-304, 308, 312, 313
――劇　74, 138, 139, 142, 145, 164, 165, 303
咸水歌　230, 234, 251
観光　5, 27, 32, 39-41, 44, 56, 57, 59, 63, 82, 83, 85, 89, 90, 94, 111, 116, 123, 131, 140, 144, 146-150, 152, 157, 158, 161, 162, 171, 203, 228, 235, 252, 255, 258, 259, 263, 275, 282, 286, 295, 318, 320, 325, 328, 333, 337, 338
――客　41, 63, 83, 131, 146, 148, 150, 228,

著者紹介
河合洋尚（かわい ひろなお）
1977 年、神奈川県生まれ。
2009 年、東京都立大学大学院社会科学研究科博士課程修了。
現在、国立民族学博物館研究戦略センター機関研究員。博士（社会人類学）。
主な業績：『相律する景観——中国広州市の都市景観再生をめぐる人類学的研究』（東京都立大学・博士論文、2009 年）、「都市景観の再生計画と住民の選択的参与——広州市の下町の事例から」（小長谷有紀・川口幸大・長沼さやか編『中国における社会主義的近代化——宗教・消費・エスニシティ』勉誠出版、2010 年）、Creating Multiculturalism among the Han Chinese: Production of Cultural Landscape in Urban Guangzhou, *Asia Pacific World* 3-1, Berghahn, 2012 他。

景観人類学の課題　中国広州における都市環境の表象と再生

2013 年 3 月 28 日　印刷
2013 年 4 月 10 日　発行

著　者　河 合 洋 尚

発行者　石 井　雅
発行所　株式会社　風響社

東京都北区田端 4-14-9 （〒 114-0014）
TEL 03(3828)9249　振替 00110-0-553554
印刷　シナノ パブリッシング プレス

ISBN978-4-89489-178-4 C3039